普通高等教育汽车类专业"十二五"规划教材

汽车电器与电子技术

主 编 吕红明 吴钟鸣
副主编 王建胜 熊 新 汤 沛

国防工业出版社

·北京·

内 容 简 介

本书共12章，主要介绍汽车电源系统、起动机、照明及仪表信号系统、车身电气装置、汽车电气设备总线路、发动机电子控制系统、电控自动变速器、汽车制动控制系统、电控悬架系统、电控动力转向系统、车身电子控制系统、汽车网络技术等。本书注重理论联系实际，力求内容系统、新颖、图文并茂、重点突出。各章节在讲解基本组成、结构原理时，尽量结合最新常见车型的典型电路进行分析讲解，注重培养学生的电路分析和应用能力。

本书是高等院校汽车类专业（方向）的规划教材，可供车辆工程、汽车服务工程、交通运输、载运工具运用工程等专业的学生使用，还可供相关工程技术人员参考。

图书在版编目（CIP）数据

汽车电器与电子技术／吕红明，吴钟鸣主编. —北京：国防工业出版社，2016.12 重印
 ISBN 978-7-118-07788-9

Ⅰ.①汽… Ⅱ.①吕… ②吴… Ⅲ.①汽车—电器—高等学校—教材 ②汽车—电子技术—高等学校—教材 Ⅳ.①U463.6

中国版本图书馆 CIP 数据核字（2011）第 257041 号

※

国防工业出版社出版发行
（北京市海淀区紫竹院南路23号　邮政编码100048）
三河市众誉天成印务有限公司印刷
新华书店经售

*

开本 787×1092　1/16　印张 16¾　字数 455 千字
2016年12月第1版第3次印刷　印数 7001—9000 册　定价 32.00 元

（本书如有印装错误，我社负责调换）

国防书店：(010) 88540777　　发行邮购：(010) 88540776
发行传真：(010) 88540755　　发行业务：(010) 88540717

普通高等教育汽车类专业"十二五"规划教材

编审委员会

主任委员

陈　南（东南大学）　　　　葛如海（江苏大学）

委　员（按姓氏拼音排序）

贝绍轶（江苏技术师范学院）	蔡伟义（南京林业大学）
常　绿（淮阴工学院）	陈靖芯（扬州大学）
陈庆樟（常熟理工学院）	戴建国（常州工学院）
葛友华（盐城工学院）	鞠全勇（金陵科技学院）
李舜酩（南京航空航天大学）	鲁植雄（南京农业大学）
王　琪（江苏科技大学）	王良模（南京理工大学）
吴建华（淮阴工学院）	殷晨波（南京工业大学）
张　雨（南京工程学院）	赵敖生（三江学院）
朱忠奎（苏州大学）	

编写委员会

主任委员

李舜酩　鲁植雄

副主任委员（按姓氏拼音排序）

常玉林　吕红明　沈　辉　司传胜　吴钟鸣　羊　玢

委　员（按姓氏拼音排序）

蔡隆玉　范炳良　葛慧敏　黄银娣　李国庆　李国忠　李守成　李书伟
李志臣　廖连莹　刘永臣　秦洪艳　屈　敏　孙　丽　王　军　王若平
王文山　夏基胜　谢君平　徐礼超　许兆棠　姚　明　姚嘉凌　余　伟
智淑亚　朱为国　邹政耀

前　言

随着电子技术、控制技术和计算机技术的发展，汽车电器与控制系统已成为现代汽车的重要组成部分，有效提高了汽车的各项性能。为了培养厚基础、宽口径的汽车专业人才，以适应市场对该类人才知识结构的需求，我们在总结几年来教学和科研经验、广泛收集资料和原有课程讲义的基础上，编写了该书。

全书共12章，其中第1~5章介绍了汽车电源系统、起动机、照明及仪表信号系统、车身电气装置、汽车电气设备总线路等汽车电气系统的内容；第6~12章为汽车电子控制技术，内容包括发动机电子控制系统、电控自动变速器、汽车制动控制系统、电控悬架系统、电控动力转向系统、车身电子控制系统、汽车网络技术等。本书在编写过程中注重理论联系实际，力求内容系统、新颖、图文并茂、重点突出。各章节在讲解基本组成、结构原理时，尽量结合最新常见车型典型电路进行分析讲解，注重培养学生的电路分析和应用能力。

本书可供车辆工程、汽车服务工程、交通运输、载运工具运用工程等汽车类专业的学生使用。

参加本书编写的有：盐城工学院熊新（第1章、第5章），汤沛（第2章、第3章、第4章），吕红明（第6章、第11章、第12章）；金陵科技学院吴钟鸣（第7章、第8章）；淮阴工学院王建胜（第9章、第10章）。全书由吕红明、吴钟鸣主编，吕红明负责统稿，并对全书进行了全面修改。

在本书的编写过程中，参考了大量的著作、文献和相关资料，在此对有关作者、编者和同行致以衷心的感谢。

限于编者的水平，书中错误疏漏之处在所难免，恳请广大读者批评指正。

编　者
2011年9月

目　　录

第1章　电源系统　1
1.1　蓄电池的结构与工作原理 …… 1
 1.1.1　铅酸蓄电池的性能指标 …… 2
 1.1.2　蓄电池的结构 …… 2
 1.1.3　铅酸蓄电池的工作原理 …… 4
 1.1.4　铅酸蓄电池的型号 …… 5
1.2　蓄电池的工作特性 …… 6
 1.2.1　蓄电池的电动势及内阻 …… 6
 1.2.2　蓄电池的充放电特性 …… 7
 1.2.3　蓄电池的容量及影响因素 …… 9
1.3　蓄电池的使用与维护 …… 10
 1.3.1　蓄电池的正确使用 …… 10
 1.3.2　蓄电池的维护 …… 10
 1.3.3　蓄电池的储存 …… 10
 1.3.4　蓄电池的充电 …… 11
1.4　新型铅酸蓄电池 …… 13
 1.4.1　干荷电蓄电池 …… 13
 1.4.2　免维护蓄电池 …… 14
 1.4.3　胶体电解质铅蓄电池 …… 14
 1.4.4　智慧型蓄电池 …… 15
1.5　交流发电机的类型与构造 …… 16
 1.5.1　交流发电机的类型 …… 16
 1.5.2　交流发电机的构造 …… 16
 1.5.3　国产交流发电机的型号 …… 18
1.6　交流发电机的工作原理与特性 …… 19
 1.6.1　交流发电机的工作原理 …… 19
 1.6.2　整流原理 …… 20
 1.6.3　励磁方式 …… 20
 1.6.4　交流发电机的特性 …… 21
1.7　电压调节器 …… 23
 1.7.1　交流发电机调节器的作用与原理 …… 23
 1.7.2　交流发电机调节器的分类与型号 …… 24
 1.7.3　电子调节器的工作过程 …… 25
1.8　交流发电机充电系统的使用与维护 …… 28
 1.8.1　交流发电机与电压调节器的使用注意事项 …… 28
 1.8.2　交流发电机的维护 …… 29
 1.8.3　交流发电机电压调节器的维护 …… 30

第2章　起动机　33
2.1　起动机的构造与型号 …… 33
 2.1.1　起动机的构造 …… 34
 2.1.2　起动机的型号 …… 34
2.2　直流串励式电动机 …… 34
 2.2.1　直流电动机的构造 …… 34
 2.2.2　直流电动机的工作原理 …… 35
 2.2.3　起动机的特性 …… 36
2.3　起动机的传动机构 …… 37
 2.3.1　滚柱式单向离合器 …… 38
 2.3.2　摩擦片式单向离合器 …… 39
 2.3.3　弹簧式单向离合器 …… 39
2.4　起动机的控制装置 …… 40
 2.4.1　机械式控制装置 …… 40
 2.4.2　电磁式控制装置 …… 40
2.5　新型起动机 …… 42
 2.5.1　电枢移动式起动机 …… 42
 2.5.2　齿轮移动式起动机 …… 43

2.5.3 减速起动机 ………………… 45
2.6 起动机的正确使用与维护 ………… 45
  2.6.1 起动机的正确使用 …………… 45
  2.6.2 起动机的维护 ………………… 46
  2.6.3 起动机的修理 ………………… 46

第3章 照明、信号及仪表系统 49

3.1 照明系统 …………………………… 49
  3.1.1 照明系统的基本组成及要求 …………………………… 49
  3.1.2 前照灯 ………………………… 50
  3.1.3 其他照明设备 ………………… 53
3.2 信号系统 …………………………… 54
  3.2.1 信号系统的基本组成及要求 …………………………… 54
  3.2.2 转向灯 ………………………… 54
  3.2.3 倒车信号装置 ………………… 56
  3.2.4 电喇叭 ………………………… 57
  3.2.5 其他信号装置 ………………… 59
3.3 仪表系统 …………………………… 60
  3.3.1 仪表系统的组成及要求 ……… 60
  3.3.2 车速里程表 …………………… 60
  3.3.3 发动机转速表 ………………… 62
  3.3.4 燃油表 ………………………… 63
  3.3.5 水温表 ………………………… 64
  3.3.6 机油压力表（油压表）及油压指示系统 ……………… 65
3.4 指示灯系统 ………………………… 67
  3.4.1 机油压力警告灯 ……………… 67
  3.4.2 液面不足警告灯 ……………… 68
  3.4.3 燃油油量警告灯 ……………… 68
3.5 照明与信号系统典型电路 ………… 69
  3.5.1 照明系统典型电路分析 ……… 69
  3.5.2 信号系统典型电路分析 ……… 70
  3.5.3 指示灯系统典型电路分析 …… 70

第4章 车身电器装置 72

4.1 电动刮水器 ………………………… 72
  4.1.1 电动刮水器的构造 …………… 72
  4.1.2 电动刮水器的工作原理 ……… 73
  4.1.3 永磁式电动刮水器 …………… 73
  4.1.4 间隙式电动刮水器 …………… 75
4.2 风窗玻璃洗涤器和除霜装置 ……… 75
  4.2.1 风窗玻璃洗涤器 ……………… 75
  4.2.2 风窗除霜（雾）装置 ………… 77
4.3 电动车窗 …………………………… 77
  4.3.1 结构组成 ……………………… 77
  4.3.2 工作原理 ……………………… 78
  4.3.3 桑塔纳2000型轿车电动车窗的组成及工作过程 …… 79
4.4 电动后视镜 ………………………… 81
  4.4.1 电动后视镜的组成 …………… 81
  4.4.2 电动后视镜的控制原理 ……… 81

第5章 汽车电器设备总线路 84

5.1 汽车电器设备线路分析 …………… 84
  5.1.1 汽车电器设备线路的特点 …… 84
  5.1.2 汽车电器设备线路的表示方法 …………………………… 85
  5.1.3 汽车电路的接线规律 ………… 86
  5.1.4 汽车电路分析的基本方法 …… 86
5.2 汽车电器配电器件 ………………… 87
  5.2.1 导线 …………………………… 87
  5.2.2 线束 …………………………… 88
  5.2.3 插接器 ………………………… 89
  5.2.4 开关 …………………………… 89
  5.2.5 继电器 ………………………… 91
  5.2.6 保险装置 ……………………… 91
  5.2.7 中央接线盒 …………………… 92
5.3 汽车电路图分析实例 ……………… 93
  5.3.1 捷达轿车蓄电池、起动机、发电机、点火开关部分电路图分析 ……………………… 93
  5.3.2 捷达轿车前大灯、变光开关及变光/超车灯开关电路 … 94

第6章 发动机电子控制系统 98

6.1 电控燃油喷射系统 ………………… 98
  6.1.1 汽车发动机燃油喷射系统的分类 …………………………… 98
  6.1.2 电控燃油喷射系统的组成 …………………………… 102
  6.1.3 电控燃油喷射系统的工作过程 …………………………… 111
6.2 电控点火系统 ……………………… 116
  6.2.1 汽车发动机点火系统的分类 …………………………… 116
  6.2.2 电控点火系统的组成 ……… 120

目录

6.2.3 电控点火系统的工作过程 …………………… 121
6.3 发动机辅助控制系统 ………… 126
  6.3.1 怠速控制 ………………… 126
  6.3.2 电子节气门控制 ………… 128
  6.3.3 可变配气相位控制 ……… 129
  6.3.4 燃油蒸发排放控制 ……… 133
  6.3.5 废气涡轮增压控制 ……… 135
  6.3.6 废气再循环控制 ………… 136

第7章 电控自动变速器   139
7.1 自动变速器的组成与工作原理…… 139
  7.1.1 自动变速器的类型 ……… 139
  7.1.2 电控自动变速器的基本组成 …………………… 141
  7.1.3 电控自动变速器的优缺点 …………………… 142
  7.1.4 液力变矩器的组成与原理 …………………… 142
7.2 自动变速器的行星齿轮系统…… 144
  7.2.1 行星齿轮机构 …………… 144
  7.2.2 换挡执行机构 …………… 145
  7.2.3 行星齿轮变速器 ………… 146
7.3 自动变速器液压控制系统 …… 152
  7.3.1 液压系统的组成 ………… 152
  7.3.2 液压控制系统的工作原理 …………………… 155
7.4 自动变速器电子控制系统 …… 156
  7.4.1 信号输入装置 …………… 156
  7.4.2 电子控制单元 …………… 160
  7.4.3 执行机构 ………………… 160
  7.4.4 电控自动变速器的工作原理 …………………… 161
7.5 金属带式无级变速器 ………… 166
  7.5.1 金属带式无级变速器的工作原理 ………………… 167
  7.5.2 金属带式无级变速器的主要部件 ………………… 168
  7.5.3 金属带式无级变速器的应用实例 ………………… 168

第8章 汽车制动控制系统   171
8.1 汽车防抱死制动系统 ………… 171
  8.1.1 汽车制动控制的理论基础 …………………… 171
  8.1.2 ABS的基本功能和特点 … 172
  8.1.3 ABS的种类 ……………… 173
  8.1.4 ABS的组成 ……………… 175
  8.1.5 ABS的控制过程 ………… 186
  8.1.6 典型ABS系统分析 …… 188
8.2 驱动防滑控制系统 …………… 193
  8.2.1 ASR的作用 ……………… 193
  8.2.2 ASR的基本组成 ………… 194
  8.2.3 ASR的工作原理 ………… 197
  8.2.4 ABS/ASR系统工作过程 …………………… 199
8.3 车辆稳定性控制系统 ………… 202
  8.3.1 ESP的作用 ……………… 202
  8.3.2 ESP的基本组成 ………… 203
  8.3.3 ESP的控制过程 ………… 203
  8.3.4 典型ESP系统分析 …… 203

第9章 电控悬架系统   209
9.1 概述 …………………………… 209
  9.1.1 电控悬架的功能 ………… 209
  9.1.2 电控悬架的分类 ………… 210
9.2 电控悬架系统的组成 ………… 213
  9.2.1 传感器 …………………… 214
  9.2.2 执行器 …………………… 217
  9.2.3 控制单元 ………………… 217
9.3 电控悬架的工作过程 ………… 218
  9.3.1 悬架刚度控制 …………… 218
  9.3.2 减振器阻尼控制 ………… 219
  9.3.3 车高控制 ………………… 219

第10章 电控动力转向系统   220
10.1 液压式EPS …………………… 220
  10.1.1 流量控制式EPS ……… 220
  10.1.2 反力控制式EPS ……… 220
  10.1.3 阀灵敏度控制式EPS … 222
10.2 电动助力转向系统 …………… 223
  10.2.1 转矩传感器 …………… 225
  10.2.2 转向角传感器 ………… 225
  10.2.3 电磁离合器 …………… 226
  10.2.4 电子控制系统 ………… 226

第11章 汽车车身电子控制系统   228
11.1 汽车自动空调 ………………… 228

11.1.1 概述 …………………… 228
11.1.2 自动空调的电子控制系统 …………………… 230
11.2 安全气囊 …………………… 235
11.2.1 概述 …………………… 235
11.2.2 安全气囊电子控制系统 … 236
11.3 汽车电控门锁 …………………… 241
11.3.1 电控门锁的类型 ………… 241
11.3.2 电控门锁的基本构成 …… 242
11.3.3 无线电遥控门锁系统工作原理 …………………… 245

第12章 汽车网络技术 247

12.1 汽车数据总线 …………………… 247
12.1.1 汽车数据总线的定义 …… 247
12.1.2 汽车数据总线的分类 …… 248
12.2 控制器局域网总线 …………………… 249
12.2.1 数据总线系统的组成及工作原理 …………………… 249
12.2.2 CAN总线的特点 ………… 250
12.2.3 CAN总线的通信协议 …… 250
12.2.4 CAN总线的报文类型 …… 251
12.3 CAN总线在汽车上的应用 …… 251
12.3.1 基于CAN总线的汽车舒适性系统 …………………… 252
12.3.2 CAN总线在宝来轿车上的应用 …………………… 255

参考文献 258

第1章 电源系统

汽车电源系统由蓄电池、发电机两个电源组成,如图1-1所示。两者并联协调工作对汽车用电设备供电。汽车启动时,由蓄电池向点火系及起动机提供电能;在发动机正常工作情况下,由发电机为全车用电设备供电,同时还对蓄电池充电。

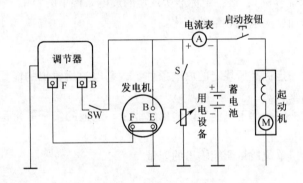

图1-1 汽车电源系统的组成

1.1 蓄电池的结构与工作原理

电能可由多种形式的能量变化得来,其中把化学能转换成电能的装置称为化学电池,一般简称为电池。电池有原电池和蓄电池之分。放电后不能用充电的方式使内部活性物质再生的电池称为原电池,也称一次性电池。放电后可以用充电的方式使内部活性物质再生,把电能储存为化学能,需要放电时再次把化学能转换为电能的电池,称为蓄电池,也称二次电池。一个蓄电池(组)由一个或几个电化学单元电池组成,单元电池是组成蓄电池(组)的"结构元"。这一"结构元"从技术角度来看,实际上也是一个蓄电池。不过实际使用时一个单元电池无论从电压还是从能量看都相对比较低,应用范围受到局限。因此蓄电池(组)这一概念往往是指一个或多个电化学单元电池按照一定电力方式(并联、串联)组合起来的直流电源装置。本节介绍的铅酸蓄电池就属于二次电池。

1.1.1　铅酸蓄电池的性能指标

1. 电压

（1）电动势：单格电池正负极之间的电位差。

（2）开路电压：电池在开路时的端电压，一般开路电压与电池的电动势近似相等。

（3）额定电压：电池在标准规定条件下工作时应达到的电压。

（4）工作电压（负载电压、放电电压）：在电池两端接上负载后，在放电过程中显示出的电压。等于电池的电动势减去放电电流在电池内阻 R_0 上的电压降。

（5）终止电压：电池在一定标准所规定的放电条件下放电时，其电压将逐渐降低，当电池不宜继续放电时，电池的最低工作电压称为终止电压。当电池的电压下降到终止电压后，再继续使用电池放电，因受到化学"活性物质"性能的限制，"活性物质"会遭到破坏。

2. 电池容量

（1）理论容量：根据蓄电池的活性物质的特性，按法拉第定律计算出的最高理论值，一般用质量容量 A·h/kg 或体积容量 A·h/L 来表示。

（2）实际容量：在一定条件下所能输出的电量，等于放电电流与放电时间的乘积。

（3）标称容量（公称容量）：用来鉴别电池适当的近似值。

（4）额定容量（保证容量）：按一定标准所规定的放电条件下的容量。

（5）充电状态：参加反应电池容量的变化。

3. 能量

（1）标称能量：按一定标准所规定的放电条件下，蓄电池所输出的能量。电池的标称能量是额定容量与额定电压的乘积。

（2）实际能量：在一定条件下电池所能输出的能量。电池的实际能量是电池的实际容量与平均工作电压的乘积。

（3）比能量：电池组单位质量所能输出的能量。

4. 电池的内阻

电流通过电池内部时受到的阻力，使电池的电压降低，此阻力称为电池的内阻。电池的内阻作用，使得电池在放电时端电压低于电动势和开路电压。在充电时充电的端电压高于电动势和开路电压。

5. 循环次数（次）

蓄电池的工作是一个充电—放电—充电—放电不断循环的过程，按一定标准的规定放电，当电池的容量降到某一个规定值时，就要停止继续放电，然后需要充电才能继续使用。循环次数是衡量电池寿命的重要指标。

1.1.2　蓄电池的结构

蓄电池由正负极板、隔板、壳体、电解液和接线桩头等组成，其结构如图 1-2 所示。其放电的化学反应依靠正极板活性物质（二氧化铅）和负极板活性物质（海绵状纯铅）在电解液（稀硫酸溶液）的作用下进行，其中极板的栅架，传统蓄电池用铅锑合金制造，免维护蓄电池是用铅钙合金制造，前者用锑，后者用钙，这是两者的根本区别点。不同的材料会产生不同的现象：传统蓄电池在使用过程中会发生减液现象，这是因为栅架上的锑会污染负极板上的海绵状纯铅，减弱了完全充电后蓄电池内的反电动势，造成水的过度分解，大量氧气和氢气分别从正负极板上逸出，使电解液减少。用钙代替锑，就可以改变完全充电后的蓄电池的反电动势，减少过充电流，液体汽化速度减低，从而减低了电解液的损失。

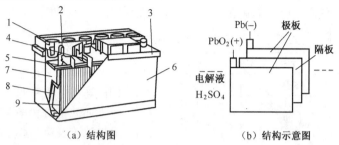

（a）结构图　　　　　　　（b）结构示意图

图1-2　铅酸蓄电池的结构

1—排气栓；2—负极柱；3—电池盖；4—穿壁连接；5—汇流条；6—整体槽；7—负极板；8—隔板；9—正极板。

1. 极板

蓄电池的极板由正极板和负极板组成，如图1-2（b）所示。蓄电池的充放电是依靠正负极板上的活性物质和电解液中硫酸的化学反应来实现的。正极板上的活性物质是二氧化铅（PbO_2），呈深棕色或棕红色。负极板上的活性物质是纯铅（Pb），呈青灰色或浅灰色，海绵状。正极板、负极板的活性物质分别填充在铅锑合金铸成的栅架上，加入锑的目的是提高栅架的机械强度和浇铸性能。但锑有一定的副作用，锑易从正极板栅架中解析出来而引起蓄电池的自行放电和栅架的膨胀、溃烂，从而影响蓄电池的使用寿命。负极板的厚度为1.8mm，正极板为2.2mm。

2. 隔板

为了减小蓄电池的内阻和尺寸，蓄电池内部正极板、负极板应尽可能地靠近，但为了避免彼此接触而短路，正极板、负极板之间要用隔板隔开（图1-2（b））。隔板处在正极、负极之间，必须允许离子自由通过保持电荷平衡，即电中性。隔板材料应具有多孔性，以便电解液渗透，且化学性能要稳定，即具有良好的耐酸性和抗氧化性。

隔板材料有木质、微孔橡胶、微孔塑料等。安装时，隔板带槽的一面应面向正极板，且沟槽与壳体底部垂直。因为沟槽能使电解液较顺利地上下流通，使气泡沿槽上升，还能使正极板上脱落的活性物质沿槽下沉。在现代新型蓄电池中，还采用了袋式隔板。使用时，正极板放置在袋式隔板中，脱落的活性物质保留在袋内，不仅可以防止极板短路，而且可以取消壳体的底部凸起的筋条，使极板上部容积增大，从而增大电解液的储存量。

3. 壳体

蓄电池的外壳是用来盛放电解液和极板组的，外壳应耐酸、耐热、耐震，以前多用硬橡胶制成。现在国内已开始生产聚丙烯塑料外壳。这种壳体不但耐酸、耐热、耐震，而且强度高，壳体壁较薄（一般为3.5mm，而硬橡胶壳体壁厚为10mm），质量小，外形美观、透明。壳体底部的凸筋是用来支持极板组的，并可使脱落的活性物质掉入凹槽中，以免正极板、负极板短路，若采用袋式隔板，则可取消凸筋以降低壳体高度。壳体为整体结构，壳内由隔壁分成3个或6个互不相通的单格。

4. 电解液

铅酸蓄电池的电解液是稀硫酸溶液；胶体蓄电池的电解质是具有一定浓度的硫酸和硅凝胶的

胶体电解质。电解质在铅酸蓄电池中的作用是：参加电化学反应，传导溶液的正负离子，扩散极板在反应时产生的温度。电解质是影响电池容量和使用寿命的主要因素。电解液由纯净的硫酸与蒸馏水按一定的比例配制而成。电解液的相对密度一般为 $1.24g/cm^3 \sim 1.31g/cm^3$（15℃）。密度过低，冬季易结冰；密度过高，则电解液黏度增加，蓄电池内阻增大，同时将加速极板的腐蚀而使其使用寿命缩短。使用时应根据制造厂的要求和当地的气温条件选择，见表1-1。

表1-1　不同地区和气候条件下的电解液的相对密度

使用地区	全充电25℃时的相对密度	
最低气温/℃	冬季	夏季
< -40	1.31	1.27
-30 ~ -40	1.29	1.26
-20 ~ -30	1.28	1.25
0 ~ 20	1.27	1.24

5. 联条

车用12V蓄电池的6个单格电池之间的连接方法有两种，一种是用装在盖子上面的铅质联条串联起来，联条露在蓄电池盖表面，这是一种传统的连接方式，不仅浪费铅材料，而且内阻较大，故这种连接方式正在逐渐被淘汰。第二种是采用穿壁式连接方式。

蓄电池各单格电池串联后，两端单格的正负极桩分别穿出蓄电池盖，形成蓄电池极桩。正极桩标"+"号或涂红色，负极桩标"-"号或涂蓝色、绿色、黑色等。

6. 加液孔盖

加液孔盖可防止电解液溅出。加液孔盖上有通气孔，便于排出蓄电池内的 H_2 和 O_2，以免发生事故，如在孔盖上安装氧过滤器，还可以避免水蒸气的溢出，减少水的消耗。

1.1.3　铅酸蓄电池的工作原理

蓄电池的种类虽然很多，但其工作原理完全相同，铅酸蓄电池的基本过程是电极反应过程与电池反应过程。根据双极硫酸盐理论，铅酸蓄电池释放能量的过程（即放电过程）是负极进行氧化，正极进行还原的过程；电池补充化学能（充电）的过程则是负极进行还原，正极进行氧化的过程。当电池在静置（开路）状态时，正极与负极的反应都趋于稳定（即氧化速率与还原速率趋于相等），进而使电极（正电极与负电极）电位达到稳定值，此时的电极称为平衡电极。铅酸蓄电池负极和正极平衡电极反应式如下：

正极（+）：$\quad PbO_2 + 3H^+ + HSO_4^- + 2e \Longrightarrow PbSO_4 + 2H_2O \quad$ (1-1)

负极（-）：$\quad Pb + HSO_4^- \Longrightarrow PbSO_4 + H^+ + 2e^- \quad$ (1-2)

从式（1-2）看出，自左至右的反应是放电反应，Pb 以最大溶解速率向外电路提供电子的同时，Pb^{2+} 还夺取电解液中的 HSO_4^- 而生成 $PbSO_4$；自右至左是充电反应，电极表面上 Pb^{2+} 以最大速率夺取外来电子，使 $PbSO_4$ 恢复为活性物质（Pb）。

从式（1-1）看出，自左至右的反应是放电反应，PbO_4 以最大速率吸取外来电路的电子，并以低价 Pb^{2+} 的形式与电极表面 HSO_4^- 形成 $PbSO_4$ 覆盖在电极表面。自右至左的反应是充电，在外电源作用下 Pb^{2+} 释放电子并与电解液作用生成 PbO_2。合并式（1-1）和式（1-2）即电池的充电/放电过程的电化学反应（式（1-3））。当外接电路未接通时，以上的平衡状态可以认为是蓄电池的静止电动势的建立，如图1-3所示。

$$Pb + 2H^+ + 2HSO_4^- + PbO_2 \underset{充电}{\overset{放电}{\Longleftrightarrow}} PbSO_4 + 2H_2O \quad (1-3)$$

1. 蓄电池的放电过程

当外电路接上负载后，铅蓄电池在正极板、负极板间电位差的作用下，电流从正极流出，经负载流向负极,也就是说,负极上的电子经负载进入正极,同时在蓄电池内部产生化学反应,如图1-4所示。电池向外电路输送电流的过程,称为电池的放电。

从放电反应式(1-3)看出,随着蓄电池放电,硫酸逐渐消耗,电解液的密度逐渐下降。电池放电以后,用外来直流电源以适当的反向电流通入,可以使已形成的新化合物还原成为原来的活性物质;而电池又能放电,这种用反向电流使活性物质还原的过程称为充电。

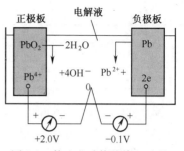

图1-3 静止电动势的建立过程

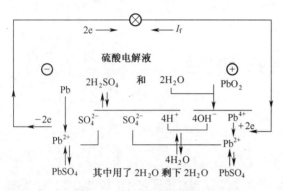

图1-4 蓄电池的放电过程

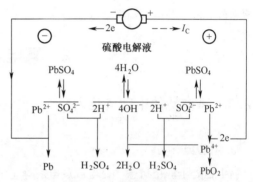

图1-5 蓄电池的充电过程

2. 蓄电池的充电过程

充电时,应在蓄电池上外接充电电源(整流模块),使正极板、负极板在放电时消耗了的活性物质还原,并把外加的电能转变为化学能储存起来。

在充电电源的作用下,外电路的电流自蓄电池的正极板流入,经电解液和负极板流出。于是,电源从正极板中不断取得电子输送给负极板,促使正极板、负极板上的硫酸铅不断进入电解液而被游离,因此在电池内部产生如图1-5所示的化学反应。

从充电反应式(1-3)看出,当蓄电池充电后,两极上原来被消耗的活性物质复原了,同时电解液中的硫酸成分增加,水分减少,电解液的密度升高。

1.1.4 铅酸蓄电池的型号

根据机械工业部机械行业标准JB/T 2599—93《铅酸蓄电池产品型号编制方法》规定,铅酸蓄电池型号由三部分组成,型号采用汉语拼音及阿拉伯数字表示。

串联的单体蓄电池数	蓄电池类型	蓄电池特征	额定容量

(1)串联的单体蓄电池数系指一电池组中包含的单体电池个数,用阿拉伯数字表示。

(2)蓄电池类型是根据其主要用途来划分的,如启动用蓄电池代号为Q,摩托车用蓄电池代号为M。

(3)蓄电池特征为附加部分,同类型蓄电池具有某种特征,在型号中必须加以区别时,按表1-2中的代号标志,当蓄电池同时具有几种特征时,应按表中顺序将代号并列标志,如以某一主要特征已能表达清楚时,应以该特征的代号来标志。

表 1-2 蓄电池特征代号

序号	1	2	3	4	5	6
蓄电池特征	密封式	免维护	干式荷电	湿式荷电	防酸式	带液式
代号	M	W	A	H	F	Y

(4) 额定容量是指 20h 放电率额定容量,单位为 A·h,用阿拉伯数字表示。

(5) 在产品具有某些特殊性能时,可用相应的代号加在产品型号的末尾。如 G 表示薄型极板的高启动蓄电池,S 表示采用工程塑料外壳、电池盖及热封工艺的蓄电池。

例如,6-QA-60S 型蓄电池是由 6 个单格电池组成,额定电压为 12V,额定容量为 60A·h,采用塑料外壳的干荷电启动型蓄电池。

1.2 蓄电池的工作特性

1.2.1 蓄电池的电动势及内阻

1. 电动势

蓄电池处于静止状态(充电或放电后静止 2h~3h)和标准相对密度时,单格电池正负极板之间的电位差(即开路电压)称为静止电动势。静止电动势的大小与电解液的相对密度和温度有关。在相对密度为 1.05g/m^3 ~ 1.30g/m^3 范围内,静止电动势 E_0 可用下述经验公式计算:

$$E_0 = 0.85 + \rho_{25℃} \tag{1-4}$$

式中 E_0——静止电动势(V);

$\rho_{25℃}$——25℃时电解液的相对密度。

实测电解液的相对密度,应按下式换算成相对密度

$$\rho_{25℃} = \rho_t + 0.00075(t - 25) \tag{1-5}$$

式中 ρ_t——实测电解液相对密度;

t——实测电解液温度(℃)。

即温度每升高 1℃,相对密度将降低 0.00075。汽车用蓄电池电解液的密度在充电时增高,放电时降低,一般在 1.12g/cm^3 ~ 1.30g/cm^3 之间变化,因此其静止电动势相应地在 1.97V~2.15V 之间变化。

2. 内阻

电流通过蓄电池时所受到的阻力称为蓄电池的内阻。蓄电池的内阻包括极板、隔板、电解液、联条的电阻。正常情况下,蓄电池的内阻很小,所以能够供给几百安培甚至上千安培的启动电流。极板电阻很小,且随其活性物质的变化而变化。充电时电阻变小,放电时电阻变大,特别是在放电终了时,由于活性物质转变为导电性能较差的硫酸铅,因此电阻大大增加。电解液的电阻与隔板的材料有关,木质隔板多孔性差,所以其电阻比微孔橡胶和塑料隔板的电阻大。电解液的电阻与其温度和密度有关,如 6-Q-75 型蓄电池在温度为 +40℃时的内阻为 0.01Ω,而在 -20℃时内阻为 0.019Ω。可见,内阻随温度降低而增大。电解液电阻与电解液相对密度的关系如图 1-6 所示。由图可见,电解液相对密度为 1.20g/cm^3(15℃)时,其电阻最小。即在该密度时,硫酸离解为离子的数量最多,同时电解液的黏度也比较小。密度过高和过低都会减少离子的数量。密度过高,不仅离子数量减少,而且电解液黏度增大,所以电阻增大。由分析可知,适当降低电解液密度和

提高温度（如冬季对蓄电池保温），对降低蓄电池的内阻，提高其启动性能都十分有利。

1.2.2 蓄电池的充放电特性

1. 放电特性

蓄电池的放电特性是指在恒流放电过程中，蓄电池的端电压 U_f 和电解液相对密度 $\rho_{25℃}$ 随放电时间 t 而变化的规律。图 1-7 所示为 6-QA-60 型干荷电蓄电池以 3A 电流放电时的特性曲线。电解液相对密度 $\rho_{25℃}$ 随放电时间 t_f

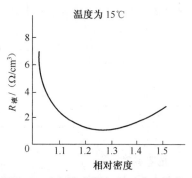

图 1-6 电解液电阻与相对密度的关系

的延长是按直线规律下降的。这是因为放电电流恒定，电化学反应速度也就一定，单位时间内消耗的硫酸量恒定。所以蓄电池的放电程度与电解液密度下降量成正比关系变化。一般情况下，电解液相对密度每下降 0.04，蓄电池约放电 25%。

在放电过程中，因为蓄电池内阻 R_0 上有电压降，所以其端电压 U 总是小于蓄电池的电动势 E，即

$$U_f = E - I_f R_0 \tag{1-6}$$

式中 U_f——放电时的端电压（V）；
E——电动势（V）；
I_f——放电电流（A）；
R_0——蓄电池的内阻（Ω）。

放电开始时，端电压从 2.14V 迅速下降到 2.1V 接着在较长时间内缓慢地下降到 1.85V 左右，随后又迅速下降到 1.75V，此时停止放电。如果继续放电，那么端电压在短时间内将急剧下降到零，致使蓄电池过度放电，

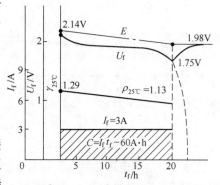

图 1-7 恒流放电特性曲线

从而导致蓄电池产生硫化故障，缩短蓄电池使用寿命。若适时切断放电电流，则端电压可逐渐回升到 1.98V。

端电压的变化规律可分以下三个阶段：

（1）开始放电阶段。放电开始时，极板空隙内的硫酸迅速消耗，电解液密度迅速下降。浓差极化显著增大，所以端电压迅速下降。

（2）相对稳定阶段。随着极板孔隙内电解液密度的迅速下降，硫酸向孔隙内扩散的速度也随之加快，使放电电流得以维持。

当空隙内消耗硫酸的速度与孔外向孔内补充的硫酸的速度达到动态平衡时，孔内外密度差将基本保持一定。这时孔内电解液密度将随孔外电解液密度一起缓慢下降。

（3）端电压迅速下降阶段。放电接近终了时，孔隙外的电解液密度已大大下降，难以维持足够的密度差，使离子扩散速度下降，浓差极化显著增大；与此同时，极板表面硫酸铅增多，孔隙堵塞使活性物质 PbO_2 和 Pb 的反应面积减小，电流密度增大，电化学极化也显著增大；此外，放电时间越长，硫酸铅越多，内阻越大。

由此可见，当放电临近终了时，由于浓差极化、电化学极化和欧姆极化都显著增大，所以端电压迅速下降。

蓄电池放电终了时的特征是：
① 单格电池电压降到放电终止电压（终止电压为 1.75V）；
② 电解液密度降到最小许可值。

放电终止电压与放电电流大小有关。放电电流越大,放完电的时间越短,允许的放电终止电压也越低,如表1-3所列。

表1-3 单格电池放电终止电压

放电电流/A	$0.05C_{20}$	$0.088C_{20}$	$0.22C_{20}$	C_{20}	$3C_{20}$
放电时间	20h	10h	3h	25min	4.5min
单格电池放电终止电压/V	1.75	1.70	1.65	1.55	1.50

2. 充电特性

蓄电池的充电特性是指在恒流充电过程中,蓄电池的端电压 U_c 和电解液相对密度 $\rho_{25℃}$ 随充电时间 t_c 而变化的规律。图1-8所示为6-QA-60型干荷电蓄电池以3A电流充电时的特性曲线图。

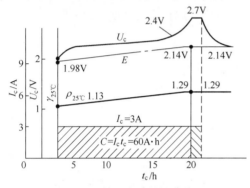

图1-8 恒流充电特性曲线

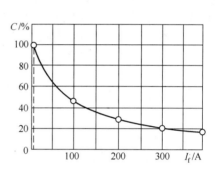

图1-9 放电电流对蓄电池容量的影响

充电时,电源电压必须克服蓄电池的电动势 E 和蓄电池的内部压降 I_cR_0,因此在充电过程中,蓄电池的端电压 U_c 总是高于电动势 E,即

$$U_c = E - I_cR_0 \tag{1-7}$$

因为充电电流恒定,单位时间内生成的硫酸量相等,因此电解液密度与充电时间成直线关系上升。蓄电池的端电压 U_c 是不断上升的,其变化规律是:开始充电阶段,电压迅速上升,接着进入稳定上升阶段,电压缓慢上升到2.4V左右;最后,电压又迅速上升到2.7V左右且稳定不变。若切断充电电流,则端电压逐渐下降,直到等于静止电动势。活性物质与电解液的化学反应是在极板上活性物质的表面进行的。在开始充电时,空隙内迅速生成硫酸,使空隙中电解液密度迅速增大,浓差极化增大,所以端电压迅速上升。当空隙内生成硫酸的速度与向外扩散的速度达到动态平衡时,端电压便随整个容器内电解液密度的变化而缓慢上升。

当端电压达到2.4V左右时,电解液中开始冒气泡。此现象说明蓄电池已基本充足电,极板上的活性物质已基本转化为 PbO_2 和 Pb,部分充电电流已用于电解水,产生了氢气和氧气,所以电解液冒气泡。继续充电时,电解水的电流增大,产生的氢气和氧气增多,电化学极化显著增大,所以端电压迅速上升,直到电压上升到2.7V左右,电解液中有大量气泡,形成"沸腾"现象为止。此时电解液密度不再变化。

为了确认蓄电池已完全充足电(端电压和电解液密度不再上升),往往需要过充电2h左右。活性物质还原反应结束以后的充电过程称为过充电。由于过充电时剧烈地放出气泡会导致活性物质脱落,蓄电池输出容量降低,使用寿命缩短,因此应尽量避免长时间的过充电。

停止充电后,因为欧姆极化立即消失,电化学极化随之消失,穴隙内硫酸逐渐向外扩散并扩散到与容器内电解液混合均匀为止,所以端电压逐渐下降到静止电动势数值。

蓄电池充电终了的特征是:

(1) 端电压和电解液密度上升到最大值,且 2h 内不再上升。
(2) 电解液中剧烈地冒气泡,呈"沸腾"状态。

1.2.3 蓄电池的容量及影响因素

1. 蓄电池的容量

蓄电池的容量是指在规定条件下蓄电池对外供电的能力,通常表示为蓄电池恒流放电情况下放电电流与放电时间的乘积,即

$$C = I_f t_f \tag{1-8}$$

式中 C——蓄电池的容量(A·h);
　　　I_f——恒流放电电流(A);
　　　t_f——放电时间(h)。

蓄电池的标称容量有两种。

(1) 额定容量。指完全充足电的蓄电池在电解液平均温度为 25℃ 的情况下,以 20h 放电率放电的电流(相当于额定容量的 1/20)连续放电至单格电压降为 1.75V 时所输出的电量,一般用 C 或 C_{20} 表示。

例如,3-Q-90 型蓄电池在电解液平均温度为 25℃ 时,以 4.5A 放电电流连续放电 20h 后,单格电压降为 1.75V,其额定容量 $C = 4.5 \times 20 = 90 \text{A} \cdot \text{h}$。

(2) 启动容量。表示蓄电池接起动机时的供电能力,有常温和低温两种启动容量。

① 常温启动容量。即电解液温度为 25℃ 时,以 5min 放电率放电的电流(3 倍额定容量的电流)连续放电至规定终止电压(12V 蓄电池为 9V)时所输出的电量,其放电持续时间应在 5min 以上。例如,3-Q-90 型蓄电池在 25℃ 时,以 270A 电流放电 5min,电池的端电压降到 4.5V,其启动容量为 $270 \times 5/60 = 22.5$ (A·h)。

② 低温启动容量。即电解液温度为 -18℃ 时,以 3 倍额定容量的电流连续放电至规定终止电压(6V 蓄电池为 3V,12V 蓄电池为 6V)时所输出的电量,其放电持续时间应在 25min 以上。

2. 蓄电池容量的影响因素

蓄电池的容量不是一个固定不变的常数,而与很多因素有关。除了活性物质的数量、极板的厚薄、活性物质的孔率等与生产工艺及产品结构有关的因素外,主要的影响因素是使用条件,如放电电流、电解液温度和电解液相对密度等。

1) 放电电流

放电电流大,则极板表面活性物质的孔隙会很快被生成的 $PbSO_4$ 所堵塞,使极板内层的活性物质不能参加化学反应,故蓄电池容量减小。蓄电池放电电流对容量的影响如图 1-9 所示。

2) 电解液的温度

若温度降低,容量则会减小,这是因为温度降低后,电解液的黏度增加,渗入极板内部困难,同时内阻增大,蓄电池端电压下降。由于温度对蓄电池端电压和容量均有较大影响,所以在寒冷地区要特别注意蓄电池的保温。蓄电池的额定容量是指在 15℃ 时的容量,不同温度下的容量可用下式换算成 15℃ 时的容量。

$$C_{15} = C_t [1 - k(t-15)] \tag{1-9}$$

式中　C_{15}——换算至 15℃ 时的容量;
　　　C_t——电解液温度为 t℃ 时的实测容量;
　　　k——容量的温度系数,取 0.01;

t——电解液的温度（℃）；

3）电解液的密度

适当增加电解液的密度，可以提高蓄电池的电动势和容量，减小内阻；但密度过大，又将导致黏度增加和内阻增大，反而使容量减小。一般情况下，采用密度偏低的电解液有利于提高放电电流和容量，同时也有利于延长铅酸蓄电池的使用寿命。铅酸蓄电池电解液的密度，应根据用户所在地区的气候条件不同而异，冬季使用的电解液，在不致结冰的条件下，尽可能使用密度稍低的电解液。

4）电解液的纯度

电解液的纯度对蓄电池的容量有很大的影响，因此电解液应用化学纯硫酸和蒸馏水配置。电解液中一些有害杂质会腐蚀栅架，使得附于极板上的杂质形成局部电池，而产生自放电。

1.3 蓄电池的使用与维护

蓄电池的电气性能和使用寿命不仅取决于蓄电池产品结构和质量，而且在很大程度上取决于对蓄电池的正确使用和认真、细致的维护。

1.3.1 蓄电池的正确使用

蓄电池正确使用的要求如下：

（1）不要连续使用起动机，每次启动的时间不得超过5s，如果一次未能启动，应停顿15s以上再做第2次启动。连续3次启动不成功时，应查明原因，排除故障后再启动发动机。

（2）严寒地区，在冬季应对蓄电池采取保温措施。

（3）安装搬运蓄电池时，应轻搬轻放，不可敲打或在地上拖拽。蓄电池在车上应固定牢固，以防行车时振动和移位。

1.3.2 蓄电池的维护

蓄电池维护的要求如下：

（1）经常清除蓄电池表面的灰尘污物，电解液溅到蓄电池表面时，应用抹布蘸10%浓度的苏打水或碱水擦净；电极桩和电线夹头上出现氧化物时应及时清除。

（2）经常疏通加液孔盖上的通气孔。

（3）放完电的蓄电池在24h内应及时充电。

（4）常用车辆的蓄电池放电程度冬季达25%时每3个月进行一次补充充电。夏季达50%时即应进行补充充电。

（5）拆卸蓄电池电缆时，应先拆下蓄电池负极，再拆下蓄电池正极；安装蓄电池电缆时，应先安装蓄电池正极，再安装蓄电池负极，以免拆卸过程中造成蓄电池短路。

1.3.3 蓄电池的储存

1. 未灌注电解液的新蓄电池

新蓄电池的存放时间不得超过产品使用说明书的规定：存放期不得超过两年。存放时应先封闭注液口盖的通气孔，桩表面应涂油。储存时应选择通风、干燥和室温在5℃~40℃的库房中，距热源（火炉、暖气片、直射阳光）1m以上；同房间中铅酸蓄电池应远离碱性蓄电池和其他化学药品。存放的蓄电池应单层摆放在木架上，不要直接接触地面或相互叠压。

2. 已使用过的蓄电池

已使用过的蓄电池存放时间较长，应采用干储法。方法是：先用补充充电的方法充足电，再以20h放电率放电至终止电压（1.75V），倒出电解液。灌注蒸馏水浸泡3h，再倒出，如此再注入新蒸馏水以浸泡不出酸来为止。最后倒出蒸馏水，旋紧注液口盖，用蜡封住通气孔。

1.3.4 蓄电池的充电

1. 蓄电池的充电种类

蓄电池的充电种类有初充电、补充充电和去硫化充电等。

1）初充电

新蓄电池或修复后的蓄电池在使用之前的首次充电称为初充电。首先按照厂家要求，并结合当地气候条件选择一定密度（一般为 $1.25g/cm^3 \sim 1.28g/cm^3$）的电解液。然后静置4h～6h，这期间因电解液渗入极板，液面有所下降，应补充电解液使之高出极板15mm，待电解液低于35℃即可充电。表1-4为蓄电池初充电电流规范。

初充电的程序一般分为两个阶段；第一阶段的充电电流约为额定容量的1/15，充电至电解液中逸出气泡，单格电池端电压至2.4V时为止；第二阶段将充电电流减半，继续充电到电解液沸腾，相对密度和端电压连续3h不变时为止，全部充电时间需要60h左右。

充电过程中应经常测量电解液温度，如果温度上升到40℃，应将充电电流减半。如果温度继续上升到45℃，应立即停止充电，待冷却至35℃以下后再进行充电。初充电接近完毕时，应测量电解液的密度。如果电解液密度不符合规定的数值，应用蒸馏水或相对密度为1.4的电解液进行调整。调整后，再充电2h直至符合规定为止。

表1-4 蓄电池的初充电电流规范

蓄电池型号	额定容量/A·h	额定电压/V	初充电				补充充电			
			第一阶段		第二阶段		第一阶段		第二阶段	
			电流/A	时间/h	电流/A	时间/h	电流/A	时间/h	电流/A	时间/h
3-Q-75	75	6	5	25～35	3	20～30	7.5	10～11	4	3～5
3-Q-90	90		6		3		9.0		5	
3-Q-105	105		7		4		1.05		5	
3-Q-120	120		8		4		1.20		6	
6-Q-60	60	12	4	25～35	2	20～30	6.0	10～11	3	3～5
6-Q-75	75		5		3		7.5		4	
6-Q-90	90		6		3		9.0		5	
6-Q-105	105		7		4		1.05		5	
6-Q-120	120		8		4		1.20		6	

2）补充充电

蓄电池在汽车上使用时，经常有充电不足的现象发生，应根据需要进行补充充电。如果发现下列现象之一的，必须随时进行补充充电。

电解液相对密度下降到 $1.20g/cm^3$ 以下；单格电池电压下降到1.7V以下；冬季放电超过

25%，夏季放电超过50%；启动无力。

补充充电也要按表1-4中规范的电流值充电，分两个阶段进行：第一阶段，充到单格电池电压为2.4V；第二阶段，充到单格电池电压为2.5V~2.7V，电解液的密度恢复到规定值，并且3h保持不变，则说明已经充足。补充充电一般共需要13h~16h。

3) 去硫化充电

蓄电池长期充电不足，或者放电后长时间未充电，极板上会逐渐生成一层白色的粗晶粒硫化铅，它在正常充电时不能转化为活性物质，这种现象称为硫化铅硬化，简称硫化。

极板硫化会使蓄电池内阻增加，汽车启动困难，去硫化充电的方法是：先倒出容器内的电解液，用蒸馏水反复冲洗数次，然后加注蒸馏水，使液面高出极板15mm。用初充电电流进行充电，随时测量电解液相对密度。当相对密度上升到$1.15g/cm^3$~$1.20g/cm^3$时，要加蒸馏水，继续充至相对密度不再上升，然后进行放电。反复进行6h之内，相对密度值不再变化为止。最后按初充电的方法进行充电，调整电解液相对密度至规定值。

2. 充电方法

蓄电池的充电有定流充电、定压充电和快速脉冲充电等方法。

1) 定流充电

在充电过程中，保持充电电流恒定的充电方法称为定流充电。采用定流充电法可以同时对多组蓄电池进行充电，各蓄电池之间采用串联连接，如图1-10所示。充电电流要按照蓄电池的容量确定，如果被充电蓄电池的容量不同，应先按照小容量蓄电池选择充电电流，待小容量蓄电池充足电后，将其摘除，再按余下蓄电池的容量重新选择充电电流，继续充电。

图1-10中定流充电的特性曲线一般分为两个阶段：第一阶段以规定的充电电流进行充电，但单格的电压升至2.4V，应将充电电流减为1/2转入第二阶段的充电，直到电解液的相对密度达到规定值且2h~3h不变，并有气泡冒出为止。

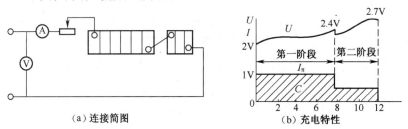

图1-10 定流充电的连接简图和充电特性

2) 定压充电

保持充电电压恒定的充电方法称为定压充电。

采用定压充电法也可以同时对多个蓄电池进行充电，但要求每组蓄电池端电压相同，各蓄电池组之间采用并联连接，如图1-11所示。随着蓄电池的电动势量的增加，充电电流会减小。

采用定压充电法，充电电压一般按每格2.5V选择，如电池组的额定端电压为12V，充电电压应选为15V，过大的充电电压会使蓄电池温度过高，造成活性物质脱落。定压充电法的特点是充电效率高，在充电开始的4h~5h内，就可以获得90%~95%的容量，可大大缩短充电时间。蓄电池充足电后，充电电流会趋于零，但采用这种方法不能确保蓄电池完全充足电。

3) 快速脉冲充电

采用常规的定流充电法充电时，由于充电时间太长，因此给使用带来很多不便。若加大充电电流或提高充电电压，则虽然会缩短充电时间，但会产生大量气泡，造成极板活性物质脱落，缩

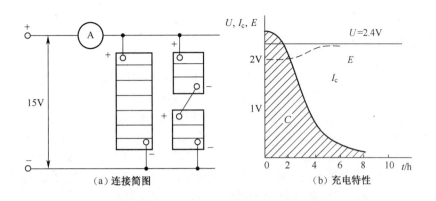

图 1-11 定压充电的连接简图和充电特性

短蓄电池的寿命。采用自动控制电路,对蓄电池进行正反向脉冲充电,可以大大提高充电效率,造成的不良影响较小。对蓄电池进行补充充电仅需 0.5h~1h。快速脉冲充电过程分为充电初期和脉冲期两个阶段,如图 1-12 所示。

充电初期。采用大电流 $0.8C_{20}$~$1.0C_{20}$ 进行定流充电,自充电开始至单格电池电压上升到 2.4V 左右且冒出气泡为止,使蓄电池在较短的时间内获得额定容量的 60% 左右,然后进入脉冲期。

脉冲期。先停止充电 25ms~40ms,接着反向放电(反充电)150μs~1000μs,脉冲深度(即反向放电电流的大小)为 $1.5C_{20}$~$3C_{20}$,再停止充电 25ms(后停充),然后正向充电一段时间。这一过程由充电机自动控制,往复不断地进行,直至蓄电池充足电。

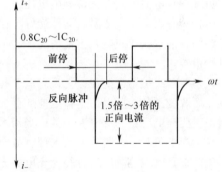

图 1-12 快速脉冲充电

1.4 新型铅酸蓄电池

1.4.1 干荷电蓄电池

干荷电蓄电池在使用之前,极板是干燥的,但能长期保存电荷。在规定的保存期内使用,只要加入适当密度的电解液,静置 35min 后,调整电解液至规定浓度,调整液面至规定高度即可使用,不需要初充电。荷电量为额定容量的 80%,是很好的后备电源。现已大批生产,基本上取代了一般铅酸蓄电池。

传统蓄电池正极板的活性物质,是二氧化铅,化学活性比较稳定,而其负极板上的活性物质是海绵状铅,表面积大,活性高,易氧化。干荷电蓄电池的极板采用不同于普通负极板的制造工艺,能够保证与空气长期接触时不会氧化。在干荷电池负极板的铅膏中添加有松香、油酸、硬脂酸等防氧化剂。在化成过程中进行一次次深放电循环,以使深层活化物质活化。之后,清水冲洗,放入防氧化剂溶液,即硼酸、水杨酸混合液,进行浸泡,使负极板形成一种保护膜。最后,进行绝氧干燥、装配、密封等操作。这样,使负极板的抗氧化能力大大提高。干荷电蓄电池储存期较长,因极板不是浸泡在电解液中,很难形成自放电。干荷电蓄电池的维护与普通电池基本一样,但如果储存期限已超过两年,因其极板已有部分氧化,交付使用之前,必须补充充电,充电 5h~10h。

1.4.2 免维护蓄电池

因为铅酸蓄电池存在放电严重、失水量大、极板易腐蚀、使用寿命短等缺点,在使用期间,为了保持其良好的技术状态,需定期维护,诸如,检查液面高度、加注蒸馏水等;对蓄电池进行补充充电时,还得将其从车上拆下、装上等等。如使用维护不当,还会使蓄电池寿命大大缩短,甚至提前报废。为了减少这些十分麻烦的工作并且避免维修人员与硫酸接触,各国竞相研制免维护蓄电池,且喜获成功,发展迅猛。自该产品进入市场以来,受到普遍欢迎,现在越来越多的汽车使用免维护蓄电池。免维护蓄电池在市区车辆上使用,约可行驶 8 万 km,在长途车上使用,可行驶 40 万 km~48 万 km,在此期间不需进行维护;通常可以使用 3.5 年~5 年,不用添加蒸馏水。

由于免维护蓄电池采用铅钙合金栅架,充电时产生的水分解量少,水分蒸发量低,加上外壳采用密封结构,释放出来的硫酸气体也很少,所以它与传统蓄电池相比,具有不需添加任何液体,对接线桩头、电线腐蚀少,抗过充电能力强,启动电流大,电量储存时间长等优点。

免维护蓄电池因其在正常充电电压下,电解液仅产生少量的气体,极板有很强的抗过充电能力,而且具有内阻小、低温启动性能好、比常规蓄电池使用寿命长等特点,因而在整个使用期间不需添加蒸馏水,在充电系正常情况下,不需拆下进行补充充电。但在保养时应对其电解液的密度进行检查。

大多数免维护蓄电池在盖上设有一个孔形液体(温度补偿型)密度计,它会根据电解液密度的变化而改变颜色。可以指示蓄电池的存放电状态和电解液液位的高度。当密度计的指示器呈绿色时,表明充电已足,蓄电池正常;当指示器绿点很少或为黑色时,表明蓄电池需要充电;当指示器显示淡黄色时,表明蓄电池内部有故障,需要修理或进行更换。

免维护蓄电池也可以进行补充充电,充电方式与普通蓄电池的充电方法基本一样。充电时每单格电压应限制在 2.3V~2.4V 间。注意,使用常规充电方法充电会消耗较多的水,充电时充电电流应稍小些(5A 以下)。不能进行快速充电,否则,蓄电池可能会发生爆炸,导致伤人。当免维护蓄电池的密度计显示为淡黄色或红色时,说明该蓄电池已接近报废,即使再充电,使用寿命也不长。此时的充电只能作为救急的权宜之计。

有条件时,对免维护蓄电池可用具有电流—电压特性的充电设备进行充电。该设备既可保证充足电,又可避免过充电而消耗较多的水。

一般这类免维护电池从出厂到使用可以存放 10 个月,其电压与电容保持不变,质量差的在出厂后的 3 个月左右电压和电容就会下降。在购买时选离生产日期有 3 个月的,当场就可以检查电池的电压和电容是否达到说明书上的要求,若电压和电容都有下降的情况,则说明其里面的材质不好,那么电池的质量肯定也不行,有可能是加水电池经过经销商充电后伪装而成的。

1.4.3 胶体电解质铅蓄电池

1. 胶体铅酸蓄电池的结构

胶体铅酸蓄电池是对液态电解质的普通铅酸蓄电池的改进,用胶体电解液代换了硫酸电解液,在安全性、蓄电量、放电性能和使用寿命等方面较普通电池有所改善。胶体铅酸蓄电池采用凝胶状电解质,内部无游离液体存在,在同等体积下电解质容量大、热容量大、热消散能力强,能避免一般蓄电池易产生热失控现象;电解质浓度低,对极板的腐蚀作用弱;浓度均匀,存在电解液分层现象。

胶体铅酸蓄电池的性能优于阀控密封铅酸蓄电池,胶体铅酸蓄电池具有使用性能稳定,可靠性高,使用寿命长,对环境温度的适应能力(高、低温)强,承受长时间放电能力、循环放电能力、深度放电及大电流放电能力强，有过充电及过放电自我保护等优点。

目前用于电动自行车的国产胶体铅酸蓄电池是在 AGM 隔板中通过真空灌注，把硅胶和硫酸溶液灌到蓄电池正负极板之间。胶体铅酸蓄电池在使用初期无法进行氧循环，这是因为胶体把正负极板都包围起来了，正极板上面产生的氧气无法扩散到负极板，无法实现与负极板上的活性物质进行铅还原，只能由排气阀排出，与富液式蓄电池一致。

胶体铅酸蓄电池使用一段时间后胶体开始干裂和收缩，产生裂缝，氧气通过裂缝直接到负极板进行氧循环。排气阀就不再经常开启，胶体铅酸蓄电池接近于密封工作，失水很少。所以电动自行车蓄电池主要失效是失水机理，采用胶体铅酸蓄电池可获得非常好的效果。胶体电解质是通过在电解液中加入凝胶剂将硫酸电解液凝固成胶状物质，通常胶体电解液中还加有胶体稳定剂和增容剂，有些胶体配方中还加有延缓胶体凝固的延缓剂，以便于胶体加注。

2. 胶体电解质的优缺点

胶体电解质和普通液态电解质相比具有如下优点：

（1）可以明显延长蓄电池的使用寿命。根据有关文献，可以延长蓄电池寿命 2 倍～3 倍。

（2）胶体铅酸蓄电池的自放电性能得到明显改善，在同样的硫酸纯度和水质情况下，蓄电池的存放时间可以延长 2 倍以上。

（3）胶体铅酸蓄电池在严重缺电的情况下，抗硫化性能很明显。

（4）胶体铅酸蓄电池在严重放电情况下的恢复能力强。

（5）胶体铅酸蓄电池抗过充能力强，通过对两只铅酸蓄电池（一只胶体铅酸蓄电池，一只阀控密封铅酸蓄电池）同样反复进行数次过充电试验，胶体铅酸蓄电池容量下降得较慢，而阀控密封铅酸蓄电池因为失水过快，其容量下降显著。

（6）胶体铅酸蓄电池后期放电性能得到明显改善。

（7）胶体铅酸蓄电池不会出现漏液、渗酸等现象，逸气量小，对环境危害很小。

虽然胶体电解质具有以上诸多优点，但是也有一定的缺陷，具体表现在以下方面：

（1）胶体电解质相对于普通电解液来说加注比较困难，这一点需要通过改变胶体配方、加注缓凝剂来改变。

（2）如果在胶体的配制过程中生产工艺不合理或控制不好，蓄电池的初容量会比较小。

（3）胶体铅酸蓄电池早期排气带出的胶粒是含酸的，胶粒容易贴附在蓄电池的外壳上，所以，可以反映出蓄电池假漏酸现象。

（4）氧循环虽然抑制了失水，但优秀的氧循环也产生热量，使蓄电池内部温升较高，甚至形成热失控。

（5）经验表明，胶体铅酸蓄电池要在极板生产、胶体电解质配方、灌装方法、充电工艺等方面制定一套完善的工艺流程，以保证胶体铅酸蓄电池性能的更好发挥。

1.4.4 智慧型蓄电池

铅酸蓄电池的主要缺点是寿命短、比能低。根据国外一些汽车协会的统计，汽车需要修理的次数中，有 50% 是电池耗损过度所致。电池失灵是汽车故障最普遍的原因，如何延长电池的寿命，使电池安全可靠是一个重要的课题。

免维护电池可以说是第二代的铅酸蓄电池，它采用了低锑合金和铅钙合金，失水量少，自放电率也比普通电池要小 1/3，它做成全密封状态，终生不用加水，使用方便，也延长了寿命。

智慧型电池是第三代的铅酸蓄电池，它在一个电池箱内有两组电池，并且采用了微电子技术的 EMC 能量管理器进行控制，寿命更长，性能更可靠。

电池的负载有两种，一种是起动机，一种是其他的辅助用电，如照明、风扇、加热器、音响、电动窗的起动机等。这两种负载的性质完全不同，传统电池要同时兼顾启动和辅助用电的要求，在设计上不得不进行折中，结果降低了它的性能。对启动来说，在短时间里需要大的电流，为此，需要有多片薄的极板以使电池的每一格栅里活性材料有大的表面积，活性材料希望具有低密度，电池的内阻必须要小，以维持足够的电压。这样的电池，如果经常充电放电或长时间充电容易受损，寿命比较短；面对启动以外的辅助用电，使用的时间相对较长，需要的是中小强度的电流，针对这样的要求，极板的设计应该比较厚，活性材料的密度应比较大，它的板栅应该选用能经受深度放电而不会发生严重损坏的合金，这样的合金会增加电池的内阻、气泡率和水分损失，它不适合于启动。

智慧型电池分启动和辅助两个电池，这样就可以针对各自的特点而进行优化。

1.5 交流发电机的类型与构造

发电机是汽车的主要电源，在发动机正常工作的情况下，汽车的用电设备主要靠发电机供电；同时，当蓄电池存电不足时，发电机又是蓄电池的充电电源。

车用交流发电机包括一个三相同步交流发电机和数个整流二极管，它利用硅二极管将发电机定子绕组中所感应的三相交流电整流为直流电。

1.5.1 交流发电机的类型

按照交流发电机总体结构，交流发电机可分为普通型交流发电机、整体式交流发电机、带泵交流发电机、无刷交流发电机和永磁交流发电机等类型。交流发电机的结构类型见表1-5。

表1-5 交流发电机的结构类型

基本结构类型	结构特点	应用实例
普通交流发电机	三相交流发电机；6支硅整流二极管组成全波控流器；外置式电压调节器	解放CA1091汽车用JF1522A型、JF152D型发电机；东风EQ1090型JF132型发电机
整体式交流发电机	三相交流发电机；带中性点输出；6支硅整流二极管组成全波整流器；或增加2支中性点二极管；或增加3支磁场二极管；内装式电子调节器	奥迪100、桑塔纳等轿车均用JFZ1813Z型发电机，采用11只硅整流二极管整流器
带泵交流发电机	带真空制动助力泵的交流发电机	依维柯汽车用JFZ1912Z型发电机
无刷交流发电机	无刷交流发电机	JFW1913型发电机
永磁交流发电机	采用永磁材料转子磁极	农用运输车用小功率发电机

1.5.2 交流发电机的构造

汽车用交流发电机多采用三相同步交流发电机，由6只二极管构成三相桥式全波整流器。各国生产的交流发电机都大同小异，主要由定子、转子、电刷、整流二极管、前后端盖、风扇及带轮等组成。有的还将调节器与发电机装在一起，如图1-13所示。转子用来建立磁场。定子中产生的交变电动势，经过二极管整流器整流后输出直流电。

1. 转子

转子是交流发电机的磁场部分，主要是由爪极、磁场绕组、滑环等组成，其结构如图1-14所

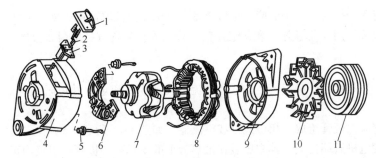

图 1-13　JF132 型交流发电机的组成

1—电刷弹簧压盖；2—电刷；3—电刷架；4—后端盖；5—硅二极管；6—散热板；7—转子；
8—定子总成；9—前端盖；10—风扇；11—带轮。

示。两块爪极压装在转子轴上，内腔装有磁轭，磁轭上绕有磁场绕组，绕组两端的引线分别焊在与转子轴绝缘的两个滑环上。两个电刷装在与端盖绝缘的电刷架内，通过弹簧使电刷与滑环保持接触。当发电机工作时，两电刷与直流电源连通，为磁场绕组提供定向电流并产生轴向磁通，使两块爪极分别磁化为 N 极和 S 极，从而形成犬牙交错的磁极对并沿圆周方向均匀分布。磁极对数可为 4 对、5 对和 6 对，我国设计的交流发电机的磁极对数多为 6 对。爪极凸缘的外形呈鸟嘴形，当发电机工作时，可在定子铁芯内部形成近似正弦变化的交变磁场。

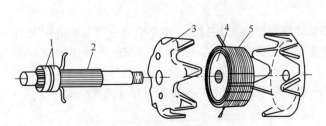

图 1-14　交流发电机的转子

1—滑环；2—轴；3—爪极；4—磁轭；5—磁场绕组。

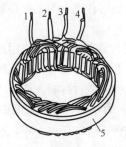

图 1-15　定子总成结构

1，2，3，4—绕组引线；5—定子铁芯。

2. 定子

定子又称电枢，由定子铁芯和定子绕组组成，如图 1-15 所示。定子铁芯由一组相互绝缘且内圆带有嵌线槽的环状钢片叠制而成，定子槽内嵌有三相对称绕组。

三相绕组的连接方法有星形接法（又称 Y 形接法）和三角形接法（又称△形接法）两种。Y 形接法是将三相绕组的三个末端 X，Y，Z 接在一起，将三相绕组的首端 A，B，C 作为交流发电机的交流输出端，如图 1-16（a）所示。△形接法则是将每相绕组的首端和另一相绕组的末端依次

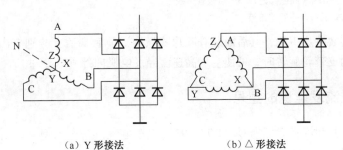

(a) Y 形接法　　　　(b) △形接法

图 1-16　交流发电机定子及定子绕组的连接方法

相连接，因而有3个接点，这3个接点即为交流发电机的交流输出端，如图1-16（b）所示。汽车用交流发电机大多采用Y形接法，美国通用汽车公司等交流发电机采用△形接法。

3. 整流器

整流器的作用是将定子绕组产生的三相交流电转换为直流电，并可阻止蓄电池电流向发电机倒流。

由6只硅整流二极管组成三相桥式全波整流器，如图1-17所示。硅整流二极管通常直接压装在散热板上或发电机后端盖上。其中压装在散热板上的3只硅二极管，引线为正极，外壳为负极，称为"正极管"，引线端一般涂有红色标记；压装在后端盖上的二极管，引线为负极，外壳为正极，称为"负极管"，引线端一般涂有黑色标记。新型的交流发电机将6只硅整流二极管分别安装在不同的散热板上。

为了便于散热，散热板通常用铝合金制成，它与后端盖用绝缘材料垫片隔开，固定在后端盖上，用螺栓引至后端盖外部作为发电机的电源输出端，并在后端盖上铸有标记B或"+"、A、"电枢"。

4. 端盖与电刷总成

前后端盖均由铝合金压铸或用砂模铸造而成。铝合金为非导磁材料，可减少漏磁并具有轻便、散热性能良好等优点。为了提高轴承孔的机械强度，增加其耐磨性，有的发电机端盖的轴承座内镶有钢套。

后端盖上装有电刷架，它用酚醛塑料或玻璃纤维增强尼龙制成。两个电刷分别装在电刷架的孔内，借弹簧压力与滑环保持接触。国产交流发电机的电刷架有两种结构形式：一种电刷架可直接从发电机外部进行拆装，如图1-18（a）所示；另一种则不能直接在发电机外部进行拆装，如图1-18（b）所示，若需更换电刷，必须将发电机拆开，故这种结构的电刷将逐渐被淘汰。

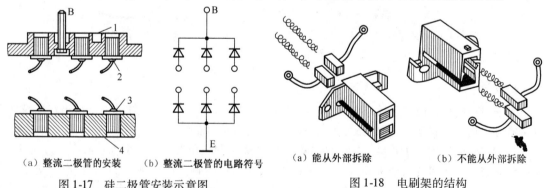

图1-17　硅二极管安装示意图　　　　图1-18　电刷架的结构
（a）整流二极管的安装　（b）整流二极管的电路符号　　（a）能从外部拆除　（b）不能从外部拆除

1—元件板；2—正极管引线（红色标记）；3—负极管引线
（黑色标记）；4—后端盖板。

发电机的前端装有皮带轮，其后面装有叶片式风扇，前后端盖上分别有出风口和进风口，当发动机的曲轴驱动皮带轮旋转时，可使空气高速流经发电机内部进行冷却。

1.5.3　国产交流发电机的型号

根据中华人民共和国行业标准QC/T 73—93《汽车电气设备产品型号编制方法》的规定，汽车交流发电机的型号组成如下：

| 1 | 2 | 3 | 4 | 5 |

第 1 部分为产品代号,交流发电机的产品代号有 JF,JFZ,JFB,JFW 四种,分别表示交流发电机、整体式交流发电机、带泵交流发电机和无刷交流发电机。

第 2 部分为电压等级代号,用 1 位阿拉伯数字表示:1 代表 12 V;2 代表 24 V;6 代表 6 V。

第 3 部分为电流等级代号,用 1 位阿拉伯数字表示,其含义见表 1-6。

表 1-6 电流等级代号

电流等级代号	1	2	3	4	5	6	7	8	9
电流值/A	0~19	≥20~29	≥30~39	≥40~49	≥50~59	≥60~69	≥70~79	≥80~89	≥90

第 4 部分为设计序号,按产品的先后顺序,用阿拉伯数字表示。

第 5 部分为变型代号,交流发电机是以调整臂的位置作为变型代号,从驱动端看,Y 代表右边;Z 代表左边;无字母则表示在中间位置。

例如,桑塔纳、奥迪 100 型轿车用 JFZ1913Z 型交流发电机,其含义为:电压等级为 12V、输出电流大于 90A、第 13 次设计、调整臂位于左边的整体式交流发电机。

1.6 交流发电机的工作原理与特性

1.6.1 交流发电机的工作原理

交流发电机的工作原理如图 1-19 所示。当转子旋转时,定子绕组与磁力线之间产生相对运动,在三相绕组中产生交变电动势,其频率为

$$f = \frac{pn}{60} \quad (\text{Hz}) \tag{1-10}$$

式中 p——磁极对数;
n——发电机转速(r/min)。

在汽车用交流发电机中,由于转子磁极呈鸟嘴形,其磁场的分布近似正弦规律,所以交流电动势也近似正弦波形。三相定子绕组对称分布在发电机的定子槽中,产生的三相电动势也是对称的,所以在三相绕组中产生频率相同、复制相等、相位互差 120°电角度的电动势 e_A,e_B,e_C,其波形如图 1-20 (b) 所示。

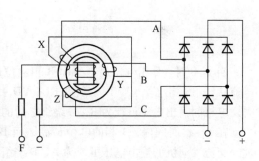

图 1-19 交流发电机的工作原理

每相电动势的有效值为

$$E_\varphi = 4.44 K f N \Phi \quad (\text{V}) \tag{1-11}$$

式中 E_φ——每相电动势的有效值(V);
K——绕组系数(交流发电机采用整距集中绕组时,$K=1$);
f——感应电动势的频率(Hz),$f = pn/60$(p 为磁极对数,n 为转速);
N——每相绕组的匝数(匝);
Φ——每极磁通(Wb)。

对定型发电机,式(1-11)中的 K,f,N 均为定值,以发电机常数 C 代替,这样就简化为

$$E_\varphi = Cn\Phi \quad (\text{V}) \tag{1-12}$$

交流发电机定子绕组内感应电动势的大小与每相绕组串联的匝数以及感应电动势的频率成正比,即定子绕组的匝数越多,转速越高,则绕组内感应电动势也越高。

1.6.2 整流原理

交流发电机定子绕组产生的交流电,通过硅整流二极管组成的整流电路转变为直流电。二极管具有单向导电性,当二极管加上正向电压时,二极管导通,呈现低阻状态;当二极管加上反向电压时,二极管截止,呈现高阻状态。利用二极管的单向导电性,即可把交流电转变成直流电。

六管交流发电机的整流装置实际是一个由 6 个硅整流二极管组成的三相桥式整流电路,如图 1-20 所示。3 个二极管 VD_2,VD_4,VD_6 组成共阳极组接法,3 个二极管 VD_1,VD_3,VD_5 组成共阴极组接法。每个时刻有 2 个二极管同时导通,其中 1 个在共阴极组,1 个在共阳极组,同时导通的 2 个管子总是将发电机的电压加在负荷两端。

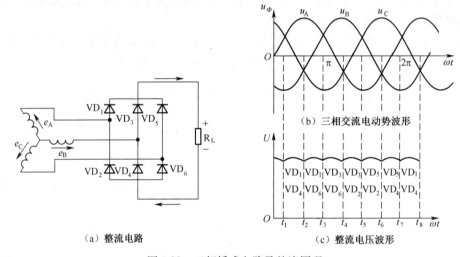

图 1-20 三相桥式电路及整流原理

当 $t=0$ 时,C 相电位最高,而 B 相电位最低,所对应的二极管 VD_5,VD_4 均处于正向导通。电流从绕组 C 出发,经 VD_5—负载 RL—VD_4—绕组 B 构成回路。由于二极管的内阻很小,所以此时发电机的输出电压可视为 B,C 绕组之间的线电压。

在 $t_1 \sim t_2$ 时间内,A 相的电位最高,而 B 相电位最低,故对应 VD_1,VD_4 处于正向导通。同理,交流发动机的输出电压可视为 A,B 绕组之间的线电压。

在 $t_2 \sim t_3$ 时间内,A 相电位最高,而 C 相电位最低,故 VD_1,VD_6 处于正向导通。同理,交流发动机的输出电压可视为 A,C 绕组之间的线电压。

在 $t_3 \sim t_4$ 时间内,B 相电压最高,C 相电压最低,VD_3,VD_6 管获得正向电压而导通,B,C 相之间的线电压加在负载 R_L 上,形成电流回路。

依次类推,周而复始,在负载上便可获得一个比较平稳的直流脉动电压。交流发动机输出电压的平均值为

$$U_{av} = 1.35 U_L = 2.34 U_\Phi \tag{1-13}$$

式中 U_{av}——输出直流电压平均值(V);
U_L——发电机线电压有效值(V);
U_Φ——发电机相电压有效值(V)。

1.6.3 励磁方式

汽车用交流发电机的励磁方法与一般工业用交流发电机不同。在无外接直流电源的情况下,

也可利用磁极的剩磁自励发电,但由于交流发电机转子的剩磁较弱,发电机只有在较高转速时,才能自励发电,因而不能满足汽车用电的要求。为了使交流发电机在低速运转时的输出电压满足汽车上用电的要求,在发电机开始发电时,采用他励方式,即由蓄电池提供励磁电流,增强磁场,使电压随发电机转速很快上升。这就是交流发电机低速充电性能好的主要原因。当发电机输出电压高于蓄电池电压,一般发电机的转速达到1000r/min左右时,励磁电流便由发电机自身供给,这种励磁方式称为自励。由此可见,汽车交流发电机在输出电压建立前后分别采用他励和自励两种不同的励磁方式。

一般交流发电机的励磁电路如图1-21所示。当点火开关S接通时,励磁电路是:蓄电池"+"—点火开关S—电压调节器—磁场绕组—蓄电池"-"。

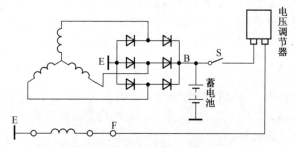

图1-21 交流发电机的励磁电路

当发电机电压高于蓄电池电压时,励磁电路是:发电机定子绕组—正极二极管—点火开关S—电压调节器—磁场绕组—发电机E端—负极二极管—定子绕组。

1.6.4 交流发电机的特性

1. 空载特性

空载特性是指无负荷时,发电机端电压与转速的变化规律。根据试验结果,可以绘出一条$U = f(n)$的空载特性曲线,如图1-22(a)所示。

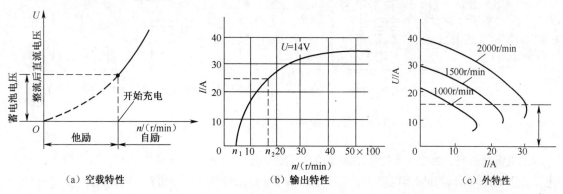

图1-22 交流发电机的工作特性

从曲线可以看出,随着转速的升高,端电压上升较快。由他励转入自励发电时,即能向蓄电池进行补充充电。这进一步证实了交流发电机低速充电性能好的优点。空载特性是判定交流发电机充电性能是否良好的重要依据。

2. 输出特性

输出特性也称负载特性或输出电流特性,它是在发电机保持输出电压一定时,发电机的输出电流与转速之间的关系。一般对标称电压为 12V 的硅整流发电机,其输出电压恒定在 14V;对标称电压为 24V 的发电机,其输出电压恒定在 28V。通过试验可以测得一条 $I=f(n)$ 的输出特性曲线,如图 1-22 (b) 所示。

由输出特性可以看出发电机在不同转速下输出功率的情况,它表明:

(1) 发电机只需在较低的空载转速 n_1 时,就能达到额定输出电压值,因此其具有低速充电性能好的优点。空载转速值是选定传动比的主要依据。

(2) 发电机转速升至满载转速 n_2 时,即可输出额定功率的电能,因此其具有发电性能优良的特点。空载转速值和满载转速值是使用中判断发电机技术性能优劣的重要指标,发电机出厂技术说明书中均有规定。使用中,只要测得这两个数据,与规定值相比即可判断发电机性能是否良好。

(3) 当转速升到某一定值以后,输出电流就不再随转速的升高和负荷的增多而继续增大,因此其具有自身控制输出电流的功能,不再需要限流器。交流发电机的最大输出电流约为额定电流的 1.5 倍。

3. 外特性

空载特性是指无负荷时,发电机端电压与转速的变化规律。根据试验结果,可以绘出一条 $U=f(n)$ 的空载特性曲线,如图 1-22 (c) 所示。发电机的转速越高,端电压越高,输出电流也越大。转速对端电压的影响较大。

4. 交流发电机性能的改善

有的交流发电机除具有组成三相桥式整流电路的 6 个二极管外,还具有 2 个中性点二极管,其接线柱的记号为 N。中性点对发电机外壳(即搭铁)之间的电压 U_N 是通过 3 个负极管三相半波整流得到的直流电压,所以 $U_N = (1/2) U_0$。中性点电压一般用来控制各种继电器,如磁场继电器、充电指示灯继电器等。

有的交流发电机还利用中性点的输出提高发电机的输出功率,如图 1-23 所示。

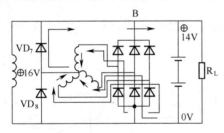 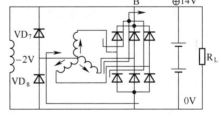

(a) 当中性点电压的瞬时值高于输出电压时　　(b) 当中性点电压的瞬时值低于搭铁电位时

图 1-23　中性点二极管的电流流径

发电机高速时,当中性点电压的瞬时值高于输出电压(平均电压 14 V)时,从中性点输出的电流见图 1-23 (a),其输出电路为:定子绕组—中性点二极管 VD_7—负载(包括蓄电池)—负极管—定子绕组。当中性点电压瞬时值低于搭铁电位时,流过中性点二极管 VD_8 的电流见图 1-23 (b),其输出电路为:定子绕组—正极管—B 接线柱—负载(包括蓄电池)—中性点二极管 VD_8—定子绕组。

试验证明,加装中性点二极管后,在发电机转速超过 2000r/min 时,其输出功率可提高 11%~15%。当交流发电机输出电流时,中性点的电压含有交流成分,即中性点三次谐波电压,且幅值随发电机的转速而变化,如图 1-24 所示。

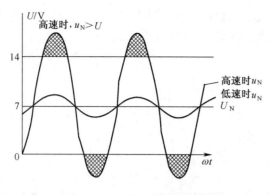

图1-24 中性点三次谐波

1.7 电压调节器

交流发电机调节器是把交流发电机的输出电压控制在规定范围内的控制装置,又称为电压调节器,简称调节器。汽车采用的调节器有触点式和电子式两大类。由于触点式调节器存在体积大、结构复杂、触点振动频率低、触点易烧蚀及故障率高等缺点,故因不适应现代汽车对电源系统的要求已被淘汰。取而代之的是电子调节器。本书只介绍电子调节器。

1.7.1 交流发电机调节器的作用与原理

1. 交流发电机调节器的作用

根据式(1-12),发电机各电枢绕组电动势与发电机的转速和磁极的磁通成正比,忽略发电机内阻电压降,则发电机的输出电压为

$$U \approx E_\varphi = Cn\Phi \quad (\text{V}) \tag{1-14}$$

汽车用交流发电机是由发动机按固定的传动比驱动旋转,其转速的高低取决于发动机转速。在汽车行驶过程中,由于发动机转速随时都在发生变化,发电机转速随之改变(现代汽车发电机转速可在0~18000r/min范围内变化)。因此,发电机输出电压必然随转速的变化而变化。汽车用交流发电机工作时的转速很不稳定且变化范围很大,若对发电机不加以调节,其端电压将随发动机转速的变化而变化,这与汽车用电设备要求电压恒定相矛盾。因此,发电机必须有一个自动的电压调节装置。交流发电机调节器的作用就是当发动机转速变化时,自动对发电机的电压进行调节,使发电机的电压稳定,以满足汽车用电设备的要求。

2. 电压调节原理与调节方法

由于发电机的电动势及端电压与磁极磁通也成正比关系,当发电机转速变化时,如果要保持发电机电压恒定,就必须相应地改变磁极磁通。磁极磁通的多少取决于磁场电流的大小,在发电机转速变化时,只要自动调节磁场电流,就能使发电机电压保持恒定。调节器的调节原理就是:通过调节磁场电流使磁极磁通改变来使发电机输出电压保持恒定。

汽车用发电机电压调节器电压调节的方法如图1-25(a)所示。调节器动作的控制参量为发电机电压,即当发电机的电压达设定的上限值U_2时,调节器动作,使磁场绕组的励磁电流I_f下降或断流,从而减弱磁极磁通,致使发电机电压下降;当发电机电压下降至设定的下限值U_1时,调节器又动作,使I_f增大,磁通加强,发电机电压又上升;当发电机的电压上升至U_2时又重复上述

过程,使发电机的电压在设定的范围内脉动,得到一个稳定的平均电压 U_e。发电机在某一转速下,调节器起作用后的发电机电压波形如图 1-25(b)所示。

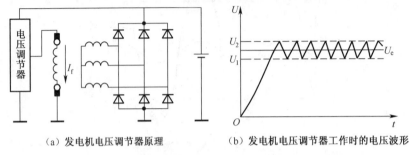

(a)发电机电压调节器原理　　　　(b)发电机电压调节器工作时的电压波形

图 1-25　发电机电压调节器基本原理

各种调节器都是通过调节磁场电流使磁极磁通改变来控制发电机输出电压的。电子调节器调节磁场电流的方法是:利用晶体管的开关特性,使磁场电流接通与切断来调节发电机磁场电流。

1.7.2　交流发电机调节器的分类与型号

1. 电子调节器分类

(1)按结构分类,可分为晶体管式调节器和集成电路式调节器。

晶体管式调节器是指由分立电子元件焊接于印制电路板而制成的调节器,如解放 CA1091 型载货汽车用 FTD106 型电子调节器和东风 EQ1090 型载货汽车用 FTD149 型电子调节器。

集成电路式调节器是指用若干电子元件集成在基片上,具有发电机电压调节全部或部分功能的芯片所构成的调节器。目前,大多数汽车(如捷达、桑塔纳、天津夏利、奥迪轿车、北京切诺基、长丰猎豹 PAJERO 汽车、东风 EQ2102 型越野汽车和斯太尔 SX2190 等)都采用了集成电路式调节器。

与分立元件的晶体管式调节器相比,集成电路式调节器具有体积小、结构紧凑、电压调节精度高、故障率低等特点。集成电路式调节器多装于发电机的内部,这种发电机也被称为整体式发电机。

(2)按搭铁形式分类,可分内搭铁型和外搭铁型调节器。

内搭铁型调节器是指与内搭铁型交流发电机配套使用的调节器,其特点是第二级开关电路中的晶体管 VT_2 串联在调节器的电源端子"+"与磁场绕组端子 F 之间,如 FTD146 型调节器。

外搭铁型调节器是指与外搭铁型交流发电机配套使用的调节器,其特点是第二级开关电路中的晶体管 VT_2 串联在调节器的磁场绕组端子 F 与搭铁端子"-"之间,如 FTD106 型调节器。

内搭铁型调节器只能配用内搭铁型发电机,外搭铁型调节器只能配用外搭铁型发电机,两者不能随意互换;否则,励磁电路不通,发电机不发电。目前,现代汽车已广泛采用整体式交流发电机。随着计算机控制技术在汽车上的应用,直接利用计算机控制交流发电机的输出电压是电子调节器发展的必由之路。

2. 电子调节器型号

根据中华人民共和国行业标准 QC/T 73—93《汽车电气设备产品型号编制方法》的规定,汽车交流发电机调节器的型号组成如下:

| 1 | 2 | 3 | 4 | 5 |

第 1 部分为产品代号，交流发电机调节器的产品代号为 FT，FTD 两种，分别表示发电机调节器和电子发电机调节器。

第 2 部分为电压等级代号，与交流发电机相同。

第 3 部分为结构形式代号，调节器的结构形式代号用一位阿拉伯数字表示，数字"4"表示分立元件式；数字"5"表示集成电路式。

第 4 部分为设计序号，按产品设计先后顺序，用 1 位~2 位阿拉伯数字表示。

第 5 部分为变形代号，以汉语拼音大写字母 A，B，C…顺序表示（但不能用 O 和 I 两个字母）。

例如：FTD152 表示电压等级为 12V 的集成电路式调节器，第二次设计。

1.7.3 电子调节器的工作过程

不同厂家生产的不同型号的电子调节器，其电路结构和元件组成各有不同，但基本原理相同。电子调节器都是利用晶体管的开关特性，通过晶体管导通和截止相对时间的变化来调节发电机的励磁电流，其电压调节的基本电路如图 1-26 所示。

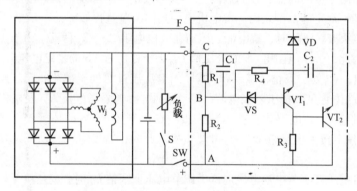

图 1-26　内搭铁型电子调节器的基本电路

1. 调节器基本电路的组成

电子调节器（内搭铁型）的基本电路由四部分组成，即分压电路、第一级开关电路、第二级开关电路和辅助元器件等。

（1）分压电路。该电路为信号电压监测电路，一般由 2 只~3 只电阻串联或混联而成，接在调节器的"+"与"-"之间。图中电阻 R_1 和 R_2 构成分压电路，其作用是将汽车电源施加于调节器"+"与"-"之间并将电压分成两部分，且所分电压与电源电压之间按正比例关系变化，即能直接监测发电机输出电压 U 的变化。从分压电阻 R_1 上取出发电机输出电压 U 的一部分 U_{R1} 作为调节器的输入信号电压，R_1 上的分压为

$$U_{R1} = \frac{R_1}{R_1 + R_2} U \tag{1-15}$$

（2）第一级开关电路。该电路为信号放大与控制电路，至少由一只稳压管和一只晶体管组成。稳压管通常经晶体管的发射极反向并接在分压电路的一端，晶体管则串联在调节器"+"与"-"之间。图中稳压管 VS 和晶体管 VT_1 即构成第一级开关电路，稳压二极管（简称稳压管）VS 是传感元件，其作用是灵敏地感受电源电压变化，使晶体管 VT_1 交替地导通和截止，以控制第二级开关电路功率晶体管 VT_2 的导通与截止。第一级开关电路的通断取决于发电机输出电压的高低。VT_1 为小功率晶体管，接在大功率晶体管 VT_2 的前一级，起信号放大作用，也称前级放大。

(3) 第二级开关电路。该电路为功率放大电路，一般由一只大功率晶体管或复合晶体管构成。图中晶体管 VT_2 即构成第二级开关电路，VT_2 为 NPN 型大功率晶体管，串联在磁场绕组与搭铁端子之间，这是外搭铁型调节器的显著特点。磁场绕组的电阻为 VT_2 的负载电阻。VT_2 导通时，磁场电流接通；VT_2 截止时，磁场电流切断。因此，通过控制 VT_2 导通与截止，就可改变磁场电流使发电机输出电压稳定。

(4) 辅助元器件及电路。VD 为续流二极管，与发电机磁场绕组反向并联，其作用是吸收 VT_2 截止时磁场绕组中产生的很高的自感电动势，保护 VT_2，防止过电压击穿；C_1 为延时电容，与稳压管 VS 和电阻 R_1 并联，其作用是利用电容的充放电延时特性，即电容两端的电压不会跃变的特性，延迟稳压管 VS 的导通与截止时间，以降低 VT_1、VT_2 的开关频率，减缓元件老化速度，延长调节器使用寿命；R_4、C_2 构成反馈电路，其作用是提高调节器的灵敏度，加速晶体管导通和截止的变化过程，改善调压质量；R_3 既是 VT_2 的基极偏置电阻，也是 VT_1 集电极限流电阻。

2. 调节器的工作过程

电子调节器是利用晶体管的开关特性，将大功率晶体管作为一只开关串联在发电机磁场电路中；根据发电机输出电压的高低，控制晶体管导通与截止来调节发电机磁场电流，从而使发电机输出电压稳定在某一规定的范围之内。发电机电压具体调节过程如下：

(1) 当闭合点火开关 SW 时，蓄电池电压加在分压电阻 R_1、R_2 两端。由于发电机电压低于调节电压上限值，因此，分压电阻 R_1 上的分压值 U_{R1} 小于稳压管 VS 的稳定电压 U_w 与晶体管 VT_1 发射极压降 U_{be1} 之和，VS 处于截止状态，VT_1 基极无电流流过而处于截止状态。此时蓄电池经点火开关、电阻 R_3 向晶体管 VT_2 提供基极电流，VT_2 导通并接通磁场电流 I_f，发电机他励发电（即磁场电流由蓄电池供给）。其电路为：蓄电池正极—点火开关 SW—晶体管 VT_2（c—e）—调节器"磁场"端子 F—发电机磁场绕组 W_j—蓄电池负极。此时，若发电机转动，则其电压将随转速升高而升高。

(2) 当发电机电压高于蓄电池电压但低于调节电压上限值 U_2 时，稳压管 VS 与 VT_1 仍然截止，VT_2 保持导通。发电机自励发电（即磁场电流由发电机自己供给）。此时磁场电路为：发电机定子绕组—正极管—点火开关 SW—晶体管 VT_2（c—e）—调节器"磁场"端子 F—发电机磁场绕组 W_j—发电机负极管—定子绕组。

(3) 当发电机电压升高到调节电压上限值 U_2 时，稳压管 VS 导通，其工作电流从晶体管 VT_1 基极流入，并从 VT_1 发射极流出。因为稳压管 VS 的工作电流就是 VT_1 的基极电流，所以 VT_1 导通。当 VT_1 导通时，VT_2 发射极几乎被短路，流过电阻 R_3 的电流经 VT_1 集电极和发射极构成回路，VT_2 因无基极电流而截止，磁场电流被切断，磁极磁通迅速减小，发电机电压迅速下降。

(4) 当发电机电压降到调节电压下限值 U_1 时，稳压管 VS 截止，VT_1 随之截止，其集电极电位升高，发电机又经 R_3 向 VT_2 提供基极电流使 VT_2 导通，磁场电流接通，磁极磁通增大，发电机电压重又升高，开始新的一轮循环。很清楚，调节器就是这样依靠晶体管 VT_1、VT_2 的导通—截止的循环开关作用，控制着磁场绕组回路的通断，以此保证发电机的电压控制在某一平均值附近波动，使其直流输出基本保持为额定电压。

外搭铁型电子调节器的基本电路如图 1-27 所示，其显著特点是接通与切断磁场电流的大功率晶体管 VT_2 为 NPN 型晶体管，且串联在磁场绕组与调节器搭铁端子 E 之间，其基本工作原理与上述内搭铁型电子调节器基本相同。

将实际测量的调节电压和磁场电流与发电机转速之间的关系描绘成曲线，如图 1-28 所示，图中 n_0 为开始工作转速，称为工作下限。当发电机转速超过工作下限时，开关晶体管随转速升高，相对导通率减小，磁场电流减小，从而使发电机输出电压稳定。电子调节器就是利用晶体管的开关特性来调节发电机电压的。当大功率开关晶体管截止时，磁场电流被切断，发电机仅靠剩磁发电，而交流发电机剩磁磁通很小，所以调节器的工作上限很高，调节范围很大。

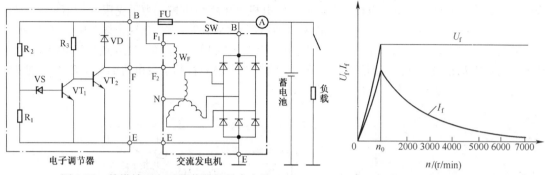

图1-27　外搭铁型电子调节器的基本电路　　　图1-28　电子调节器工作特性曲线

3. 调节器信号电压取样方式

目前，汽车上使用的交流发电机均为集成电路式调节器与发电机配装在一起的整体式交流发电机，其充电性能和工作可靠性与调节器信号监测电路电压采样点的选取密切相关。采样点位置不同，电压采样方法和采样电路也不相同。集成电路式调节器根据电压信号输入的方式不同，可分为蓄电池电压检测方式和发电机电压检测方式两类。

1）蓄电池电压检测法

电路如图1-29（a）所示。加在分压器 R_1，R_2 上的电压为蓄电池端电压，由于通过检测点 P 加到稳压管 VD_1 上的反向电压与蓄电池端电压成正比，所以该线路称为蓄电池电压检测法线路。

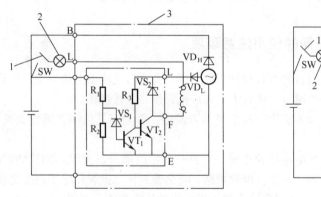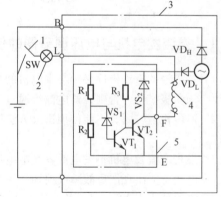

（a）蓄电池电压检测法电路　　　　　　　（b）发电机电压检测法电路

图1-29　发电机调节器信号电压检测方式

1—点火开关；2—充电指示灯；3—发电机；4—磁场绕组；5—调节器；
VD_H—发电机对外输出整流桥；VD_L—发电机提供磁场电流整流桥。

2）发电机电压检测法

电路如图1-29（b）所示。加在分压器 R_1，R_2 上的电压是磁场二极管输出端 L 的电压 U_L，而硅整流发电机输出端 B 的电压为 U_B。因为 $U_L = U_B$，因此，调节器检测点 P 的电压加到稳压管 VD_1 两端的反向电压 U_P 与发电机的端电压 U_B 成正比，所以该线路称为发电机电压检测法线路。

发电机电压检测法的优点是工作可靠性高，即使发电机输出端 VD_H 与蓄电池正极柱 B 之间的导线断路或接触不良，也不会导致发电机电压失控。其缺点是调节器的负载特性较差，特别是当充电电流较大时，因为发电机 VD_H 端至蓄电池正极柱 B 之间的电压降较大，造成蓄电池端的电压偏低而使其充电不足。因此，大功率发电机不宜采用发电机电压检测法。

在采用图 1-29 的蓄电池电压检测法线路时，当 B 点与蓄电池正极之间或 S 点与蓄电池正极之间断线时，由于不能检测出发电机的端电压，发电机电压将会失控。为了克服这一不足，线路上应采取一定的措施。图 1-30 为实际采用的蓄电池电压检测法的线路，在这个线路中，在调节器的分压器与发电机 B 点之间增加了一个电阻 R_6 和一个二极管 VD_2，这样，当 B 点与蓄电池正极之间或 S 点与蓄电池正极之间出现断线时，由于 R_6 的存在，仍能检测出发电机的端电压 U_B，使调节器正常工作，可以防止发电机电压过高的现象发生。

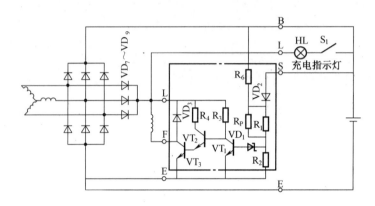

图 1-30　蓄电池电压检测法补救电路

1.8　交流发电机充电系统的使用与维护

1.8.1　交流发电机与电压调节器的使用注意事项

（1）蓄电池的搭铁极性必须与发电机的搭铁极性相同。国产及进口交流发电机均为负极搭铁，蓄电池必须负极搭铁。否则，蓄电池将通过二极管大电流放电，使二极管烧坏。

（2）发电机运转时，不能使用试火方法检查发电机是否发电，否则容易损坏二极管及其他电子元件。

（3）发现交流发电机不发电或者充电电流较小时，应及时找出故障予以排除。如长期带故障运行，发电机可能出现严重故障或损坏。一个二极管短路，将会使其他二极管和定子绕组烧坏。

（4）绝对禁止用 200V 以上的交流电压或兆欧表检查发电机的绝缘性能，否则将损坏整流二极管及调节器中的电子元件。

（5）发电机正常运行时，切不可任意拆卸各电器的连接线，以防引起电路中的瞬时过电压损坏二极管及调节器中的电子元件或其他电子设备。

（6）蓄电池可起到电容器的作用，即可在一定程度上吸收电路中的瞬时过电压。在发动机运行过程中不要拆下蓄电池连接导线，否则容易造成发电机二极管及调节器中的电子元件的损坏。

（7）发动机熄火后，应及时将点火开关断开，否则蓄电池长期向磁场绕组放电，会使磁场绕组过热而损坏。

（8）调节器与交流发电机的搭铁形式必须一致。内搭铁型调节器只能与内搭铁型发电机配合使用，外搭铁型调节器只能与外搭铁型发电机配合使用。否则发电机无磁场电流而不能输出电压。

（9）调节器与交流发电机的电压等级必须一致，否则充电系统不能正常工作。

（10）调节器的调节电压不能过高或过低，以避免损坏用电设备或引起蓄电池充电不足。

1.8.2 交流发电机的维护

1. 交流发电机的检测

交流发电机的检测可作为检修前故障诊断或修理后性能检查。

1) 单机静态测试

在发电机不解体时,用万用表R×1挡测试发电机F(磁场)与"-"(搭铁)之间的电阻值,以及发电机"+"(电枢)与"-"(搭铁)之间的正反向电阻值,可初步判断发电机是否有故障。正常情况下,其电阻值应符合表1-7所列数值。

表1-7 交流发电机各接线柱之间的电阻值

发电机型号	F与"-"之间的电阻/Ω	"-"与"+"之间的电阻/Ω		"+"与F之间的电阻/Ω	
		正向	反向	正向	反向
JF11,JF13 JF15,JF21	5~6	40~50	>10000	50~60	>10000
JF12,JF22 JF23,JF25	19.5~21	40~50	>10000	50~70	>10000

若F与"-"之间的电阻超过规定值,则说明电刷与滑环接触不良;如小于规定值,则可能是励磁绕组有匝间短路或搭铁故障;若电阻为零,可能是两个滑环之间有短路或者F接线柱有搭铁故障。

用万用表的黑表笔接触发电机外壳,红表笔接触发电机"+"接线柱,如果电表指在40Ω~50Ω,可认为无故障;如果电表指示值在10Ω左右,说明有失效的整流二极管,需拆检;值为零,则说明有不同极性的二极管击穿,需拆检。

若交流发电机有中性抽头(N)接线柱,用万用表R×1挡,测N与E以及N与B之间的正反向电阻值,可进一步判断故障在正极管还是在负极管。

2) 试验台动态检测

可在试验台上进行发电机空载试验和负载试验,测出发电机在空载和满载情况下发出额定电压时对应的最小转速,从而判断发电机的工作是否正常。试验线路如图1-31所示。

(1) 空载试验。将待试发电机固定在试验台上,由另外的调速电动机拖动。合上开关S_1,由蓄电池供给发电机励磁电流进行他励,当发电机转速为1000r/min(用转速表测量)时,对12V电系发电机电压应为14V,对24V电系发电机电压应为28V。

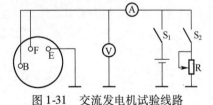

图1-31 交流发电机试验线路

(2) 负荷试验。断开开关S_1,发电机转为自励,合上开关S_2,调节可调电阻R,在发电机转速为1000r/min时,发电机电压应大于12V或24V;在发电机转速为2500r/min时,电压应达到14V或28V,电流应达到或接近该发电机的额定电流。

3) 交流发电机的就车检验

发电机还可以在汽车上进行试验。将蓄电池搭铁线暂时拆下,把一块0~40A的电流表串接到发电机火线B接线柱与火线原接线之间,再把一块0~50V的电压表接到B与E之间,再恢复蓄电池的搭铁线,以保证操作安全。起动机启动发动机,并提高转速,当发电机转速为2500r/min时,电压应在14V或28V以上,电流应为10A左右。此时打开前照灯、雨刮器等负载,电流若为20A左右,则表明发电机工作正常。

2. 交流发电机零部件的检查

将交流发电机按规定拆开后，可进行下面的检查。

1) 硅二极管的检查

拆检二极管时，需首先将每个二极管的中心引线从接线柱上拆下或焊下，用万用表 R×1 挡，分别将红表笔和黑表笔与二极管正负极接触测量，然后更换表笔再测量，若两次测量值一次大（大于 10kΩ），一次小（8Ω～10Ω），说明二极管性能良好，若两次均测得在 1kΩ 以上，说明管子断路，若都很低，说明此管被击穿。

2) 定子绕组的检查

(1) 定子绕组搭铁的检查。用万用表测量定子三相绕组 U、V、W 任一端线与铁芯间的绝缘电阻，阻值应很大。如果电阻值读数很小，说明定子绕组搭铁。

(2) 定子绕组断路的检查。将 6V 蓄电池串联电流表，分别接到各相绕组的首末端，如果三相绕组电流相同，说明定子绕组正常；如果某相电流为零，说明该相绕组断路。

(3) 定子绕组相间短路的检查。

将 6V 蓄电池串联电流表，分别接到三相绕组的两端线 UV、VW、WU 之间，此时测得的是两相绕组串联时的电流，应为第 (2) 步所测单相绕组电流的 1/2。如果某两相绕组各自测量时电流相同，而两相串联时的电流大于单相电流的 1/2，则说明此两相绕组搭接部分短路。

3) 励磁绕组的检查

检查之前先清除两个滑环之间的炭粉，观察有无明显的断头或烧焦现象。用万用表测量励磁绕组的电阻值，测量时用 R×1 挡，将红、黑两支表笔分别压在两个滑环上。如果电阻值在规定的范围内，则说明励磁绕组良好；如果测量电阻值偏小，则说明励磁绕组匝间有短路存在；如果测量电阻值为无穷大，则说明励磁绕组断路。测量两滑环与转子轴之间的电阻值，表针应不动，指示无穷大，否则说明励磁绕组有搭铁故障。

4) 转子轴的检查

交流发电机中，对转子轴的垂直度要求较高，可以用百分表检查，如果摆差超过 0.10mm，应予校正。

5) 滑环的检查

滑环的圆柱度不得大于 0.25mm，超差应在车床上进行加工，滑环表面有轻微烧蚀可用 00 号砂纸打磨，有严重烧蚀的要在车床上加工。滑环的厚度小于 1.5mm 应予更换。用万用表 R×1 挡测量两滑环间电阻，表针应不动，指示无穷大，否则说明两者之间有短路故障。

6) 电刷的检查

电刷的高度低于 7mm 时也应更换，更换时注意电刷的规格型号要求一致。

1.8.3 交流发电机电压调节器的维护

1. 晶体管电压调节器的检查

对晶体管电压调节器进行检查前，应先了解调节器的电路特点及搭铁极性，再确定相应的测试方法。

1) 内搭铁式晶体管电压调节器的测试

将可调直流电源与调节器按图 1-32 所示的线路接好，再逐渐提高电源电压。当电压达到 6V 左右时，指示灯点亮。继续提高电源电压，当电压达到 13.5V～14.5V 时，指示灯应熄灭，此时电压即为调节器的调节电压。若灯不亮或发电机电压超过规定值后，灯仍不熄灭，则调节器有故障。

2) 外搭铁式晶体管电压调节器的测试

外搭铁式交流发电机工作时，磁场绕组通过调节器搭铁，具体测试线路连接如图 1-33 所示。由于其测试方法与内搭铁式晶体管电压调节器的测试方法完全相同，具体请参见内搭铁式晶体管电压调节器的测试。

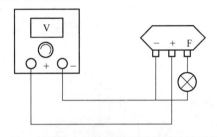
图 1-32　内搭铁式晶体管电压调节器的测试线路

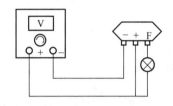
图 1-33　外搭铁式晶体管电压调节器的测试线路

2. 集成电路电压调节器的检查

在检查集成电路电压调节器之前，必须了解集成电路电压调节器引出线的根数以及接线方法，以防将电源极性接错。否则加上测试电压以后，调节器会瞬时短路而损坏。有条件的应使用集成电路检查仪测试集成电路调节器。一般情况下可以按下述方法测试集成电路电压调节器。

1) 三引线集成电路电压调节器的测试

三引线集成电路电压调节器采用发电机电压检测法，测试电路见图 1-34。

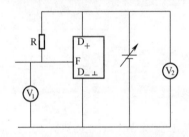
图 1-34　三引线集成电路电压调节器的检测法

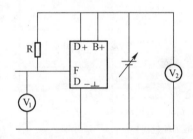
图 1-35　四引线集成电路电压调节器的检测法

图中 R 为一个 3Ω~5Ω 的电阻，可变直流电源的调节范围为 0~30V。按图连好线以后，逐渐增加直流电源电压，该直流电压值由电压表 V_2 指示。当 V_2 指示值小于调节器调节电压值时，V_1 电压表上的电压值应在 0.6V~1V 的范围内；当 V_2 指示值大于调节器调节电压值时，V_1 表上的电压值应为 V_2 的值。调节时，注意 V_1 调节电压值不能超过 30V。调节器的调节电压值：14V 系列的为 14V~25V，28V 系列的为 28V~30V。

2) 四引线集成电路电压调节器的测试

四引线集成电路电压调节器采用蓄电池电压检测法，测试电路见图 1-35。图中元件参数与三引线集成电路电压调节器的测试电路中的元件参数相同，测试方法也相同。V_2 读数小于调节电压值时，V_1 读数为 0.6V~1V；V_2 读数大于调节电压值时，V_1 读数与 V_2 一致。

需要指出的是，图中调节器的引出线字母符号多为国外生产厂家采用，对应到实际接线，B+ 与发电机输出端引线相连，D+ 与点火开关引出线相连接，D- 相当于搭铁线，F 与发电机磁场绕组相连。

发动机运转时，由发电机、调节器、蓄电池等组成的充电系统的工作情况，可通过充电指示灯或电流表来判断。当充电系统出现不充电、充电电流过大或过小、充电电流不稳定等故障时，应及时进行检查并排除。充电系统的故障现象、部位、原因及排除方法见表 1-8。

表 1-8 充电系统的故障现象、部位、原因及其排除方法

故障现象	故障部位		故障原因	排除方法
不充电 (电流表指示放电或充电指示灯亮)	接线		接线断开或脱落	修理
	电流表		损坏或接线错误	更换、改接
	发电机不发电		(1) 二极管烧坏; (2) 电刷卡死与滑环不接触; (3) 定子或转子绕组断路、短路绝缘不良	更换 更换、修理 更换、修理
	调节器	调节电压过低	(1) 调整不当; (2) 触点接触不良	调整 修理
			(1) 高速触点烧结在一起; (2) 内部断路或短路	更换 更换、修理
		磁场继电器工作不良	(1) 继电器线圈或电阻断路、短路; (2) 触点接触不良; (3) 大功率管断路或其他元件断路、短路	更换 修理 更换
充电电流过小 (启动性能变差,灯光变暗)	接线		接头松动	修理
	发电机发电不足		(1) 发电机皮带过松; (2) 个别二极管损坏; (3) 电刷接触不良,滑环油污; (4) 转子绕组局部短路,定子绕组局部短路或接头松开	调整 更换 修理 更换、修理
	调节器		(1) 电压调整偏低; (2) 触点脏污或接触不良	调整 修理
充电电流过大 (灯丝易烧坏、蓄电池电解液消耗过快)	调节器		(1) 调整不当; (2) 触点脏,高速触点接触不良; (3) 线圈断路、短路; (4) 加速电阻断路低速电阻烧结; (5) 功率晶体管击穿	调整 修理、更换 修理、更换 修理、更换 更换
充电电流不稳定 (电流表指针摆动)	接线		各连接处松动,接触不良	修理
	发电机		(1) 皮带过松; (2) 转子或定子绕组有故障; (3) 电刷压力不足,接触不良; (4) 接线柱松动,接触不良	调整 修理、更换 修理、更换 修理
	调节器	调节作用不稳定	触点式 (1) 触点脏污,接触不良; (2) 线圈、电阻有故障	修理 修理
			电子式 (1) 连接部分松动; (2) 电子元件性能变坏	修理 更换
		继电器工作不良	(1) 继电器线圈或电阻断路、短路; (2) 触点接触不良	更换 修理、更换
发电机有异响 (机械故障)	发电机		(1) 发电机安装不当,连接松动; (2) 发电机轴承损坏,转子与定子相碰撞; (3) 二极管短路、断路,定子绕组断路	修理 修理、更换 修理、更换

第 2 章　起动机

汽车发动机从静止状态到工作状态的变化,必须依靠外力驱动发动机的曲轴转动之后才能实现。起动机的作用是将电能转变为机械能,带动发动机曲轴旋转,使发动机起动。发动机起动后,起动机立即停止工作。

2.1　起动机的构造与型号

起动机一般由直流串励式电动机、传动机构和控制装置三部分组成,如图 2-1 所示。

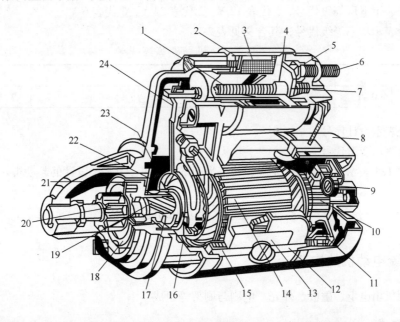

图 2-1　起动机结构

1—回位弹簧；2—保持线圈；3—吸引线圈；4—电磁开关壳体；5—触点；6—接线柱；7—接触盒；
8—后端盖；9—电刷弹簧；10—换向器；11—电刷；12—磁极；13—磁极铁芯；14—电枢；
15—励磁绕组；16—移动衬套；17—缓冲弹簧；18—单向离合器；19—电枢轴花键；20—驱动
齿轮；21—罩盖；22—止动盘；23—传动套筒；24—拨叉。

2.1.1 起动机的构造

1. 直流串励式电动机

电动机的作用是将蓄电池的电能转换为机械能,产生电磁转矩。

2. 传动机构

传动机构又称离合器、啮合器,其作用是在发动机启动时使起动机小齿轮啮入飞轮齿环,将起动机的转矩传递给发动机曲轴;在发动机启动后又能使起动机小齿轮与飞轮齿环自动脱开。

传动机构分滚柱式、弹簧式、摩擦片式等。

3. 控制装置

控制装置即电磁开关,其作用是接通和切断电动机与蓄电池之间的电路。有些汽车上的控制开关,还具有接入和除去点火线圈附加电阻的作用。

2.1.2 起动机的型号

根据中华人民共和国行业标准 QC/T 73—93《汽车电气设备产品型号编制方法》的规定,汽车起动机的型号组成如下:

| 1 | 2 | 3 | 4 | 5 |

第 1 部分表示产品代号,起动机的产品代号 QD,QDJ,QDY 分别表示起动机、减速起动机及永磁起动机。

第 2 部分表示电压等级代号,1 代表 12 V,2 代表 24 V,6 代表 6 V。

第 3 部分表示功率等级代号,其含义见表 2-1。

表 2-1 起动机功率等级代号

功率等级代号	1	2	3	4	5	6	7	8	9
功率/kW	0~1	1~2	2~3	3~4	4~5	5~6	6~7	7~8	8~9

第 4 部分表示设计序号。

第 5 部分表示变型代号。

例如,QD124 表示额定电压为 12V、功率为 1kW~2kW、第 4 次设计的起动机。

2.2 直流串励式电动机

2.2.1 直流电动机的构造

直流电动机由电枢、磁极、外壳、电刷与刷架等组成。

1. 电枢总成

电枢用来产生电磁转矩,它由铁芯、电枢绕组、电枢轴及换向器组成,如图 2-2 所示。电枢铁芯由多片互相绝缘的硅钢片组成;电枢绕组的电流一般为 200A~300A,因此电枢绕组采用很粗的扁铜线,一般用波绕法绕制而成;换向器的铜片较厚,相邻铜片之间用云母片绝缘,如图 2-3 所示。

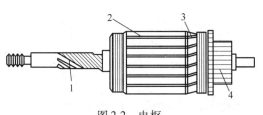
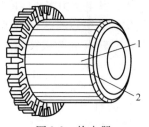

图 2-2 电枢
1—电枢轴；2—电枢铁芯；3—电枢绕组；4—换向器。

图 2-3 换向器
1—铜片；2—云母片。

2. 磁极

磁极由铁芯和励磁绕组构成，其作用是在电动机中产生磁场，磁极铁芯一般由低碳钢制成，并通过螺钉固定在电动机壳体上。磁极一般是 4 个，由 4 个励磁绕组形成 2 对磁极，并两两相对，如图 2-4 所示。

常见的励磁绕组一般与电枢绕组串联在电路中，故被称为串励式直流电动机。4 个磁场绕组的连接方式如图 2-5 所示。不管采用哪一种连接方式，4 个磁场绕组所产生的磁极应该是相互交错的。

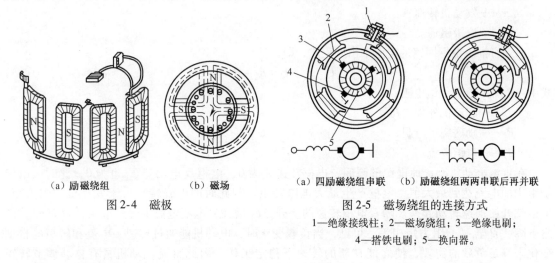

(a) 励磁绕组　　(b) 磁场

图 2-4 磁极

(a) 四励磁绕组串联　(b) 励磁绕组两两串联后再并联

图 2-5 磁场绕组的连接方式
1—绝缘接线柱；2—磁场绕组；3—绝缘电刷；
4—搭铁电刷；5—换向器。

3. 电刷与电刷架

电刷与电刷架的作用是将电流引入电枢，使电枢产生连续转动。电刷一般可用铜和石墨压制而成，有利于减小电阻及增加耐磨性。电刷装在刷架中，借弹簧压力紧压在换向器上。

通常电动机内装有 4 个电刷架，其中两个电刷架与外壳直接相连构成电路搭铁，称搭铁电刷，另外两个连续励磁绕组和电枢绕组，与外壳绝缘。

2.2.2 直流电动机的工作原理

电动机工作时，电流通过电刷和换向片流入电枢按组。如图 2-6 (a) 所示，换向片 A 与正电刷接触，换向片 B 与负电刷接触。线圈中的电流从 a—b，c—d，根据左手定则判定绕组两边均受到电磁力 F 的作用，由此产生逆时针方向的电磁转矩，使电枢转动；当电枢转动至换向片 A 与负电刷接触，换向片 B 与正电刷接触时；电流改由 d—c，b—a，如图 2-6 (b) 所示，但电磁转矩的方向仍保持不变，使电枢按逆时针方向继续转动。由此可见，直流电动机的换向器保证电枢所产生的电磁力矩的方向保持不变，使其产生定向转动。但实际的直流电动机为了产生足够大且转速稳定的电磁力矩,其电枢由多匝线圈构成,换向器的铜片也随其相应增加。

根据安培定律,可以推导出直流电动机通电后所产生的电磁转矩 M 与磁极的磁通量 Φ 及电枢电流 I_s 之间的关系为

$$M = C_m I_s \Phi \tag{2-1}$$

式中　C_m——电动机的结构常数,它与电动机结构有关。

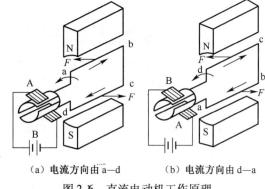

(a) 电流方向由 a—d　　(b) 电流方向由 d—a

图 2-6　直流电动机工作原理

根据上述原理分析,电枢在电磁力矩的作用下产生转动,由于绕组在转动同时切割磁力线而产生感应电动势,并根据右手定则判定其方向与电枢电流 I_s 的方向相反,故称反电动势。反电动势的大小与磁极的磁通量和电枢的转速 n 成正比,即

$$E_f = C_e n \Phi \tag{2-2}$$

式中　C_e——常数;
　　　n——发动机转速;
　　　Φ——磁极磁通。

由此可推出电枢回路的电压平衡方程式,即

$$U = E_f + I_s (R_s + R_j) \tag{2-3}$$

式中　R_s——电枢绕组电阻;
　　　U——起动机外加电压;
　　　R_j——励磁绕组电阻;
　　　I_s——电枢电流。

在直流电动机刚接通电源的瞬间,电枢转速 n 为 0,电枢反电动势 E_f 也为 0,此时,电枢绕组中的电流达到最大值,电枢产生最大电磁转矩。若此时的电磁转矩大于发动机的阻力矩,电枢就开始加速转动起来。随着电枢转速的上升,E_f 增大,电枢电流下降,电磁转矩 M 也就随之下降,直至 M 与阻力矩相等。可见,当负载变化时,电动机能通过转速、电流和转矩的自动变化来满足负载的需要,使之能在新的转速下稳定工作,因此直流电动机具有自动调节转矩功能。

2.2.3　起动机的特性

1. 直流串励式电动机的特性

1) 转矩特性

电动机电磁转矩随电枢电流变化的关系,称转矩特性。直流串励式电动机的磁场绕组与电枢绕组串联,故电枢电流与励磁电流相等。因此在磁路未饱和时,磁通 Φ 与电枢电流成正比,即

$$\Phi = C_1 I_s \tag{2-4}$$

所以电动机转矩为

$$M = C_m \Phi I_s = C_m C_1 I_s^2 = C I_s^2 \tag{2-5}$$

式中　$C = C_m C_1$。

由式(2-5)可知,直流串励式电动机的电磁转矩在磁路未饱和时,与电枢电流的平方成正比,只有在磁路饱和后,磁通 Φ 几乎不变,电磁转矩才与电枢电流成线性关系,如图 2-7 所示。

这是直流串励式电动机的一个重要特点,即在电枢电流相同的情况下,直流串励式电动机的转矩要比直流并励式电动机大。特别在启动的瞬间,由于发动机的阻力矩很大,起动机处于完全制动的情况下,$n=0$,反电动势 $E_f=0$,此时电枢电流将达最大值(称为制动电流),产生最大转矩(称为制动转矩),从而使电动机易于启动,这是汽车起动机采用直流串励式电动机的主要原因之一。

2)机械特性

电动机的转速随转矩而变化的关系,称为机械特性。在直流串励式电动机中,由电压平衡方程式可得

$$n = \frac{U - I_s(R_s + R_L)}{C_m \Phi} \tag{2-6}$$

在磁路未饱和时,由于 Φ 不是常数,I_s 增大时 Φ 也增大,故转速 n 将随 I_s 的增加而显著下降,又由于转矩 M 正比于电枢电流 I_s 的平方,所以直流串励式电动机的转速随转矩的增加而迅速下降,如图2-8所示,即具有软的机械特性。

由于直流串励式电动机具有软的机械特性,即轻载时转速高、重载时转速低,故对启动发动机十分有利。重载时转速低,可使启动安全可靠,这是汽车起动机采用直流串励式电动机的又一原因。直流串励式电动机在轻载时转速很高,易造成电机"飞车"事故,因此对于功率较大的直流串励式电动机不允许在轻载或空载下运行。

2. 起动机的特性曲线

起动机的转矩、转速、功率与电流的关系称为起动机的特性曲线,图2-9所示的QD124型起动机特性曲线。由图可见:

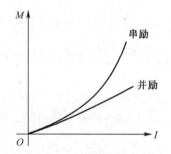 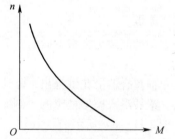 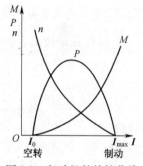

图2-7 直流串励式电动机转矩特性　图2-8 直流串励式电动机机械特性　图2-9 起动机的特性曲线

(1)完全制动时,即起动机刚接入瞬间,此时 $n=0$,电流最大(称为制动电流),转矩也达最大值(称为制动转矩)。

(2)在起动机空转时,电流 I_s 最小(称为空转电流),转速 n 达最大值(称为空转转速)。

(3)在电流接近制动电流的1/2时,起动机的功率最大。

因此在完全制动($n=0$)和空载($M=0$)时起动机的功率都等于0。当电流为制动电流的1/2时,起动机能发出最大功率。由于起动机运转时间很短,允许它以最大功率运转,所以把起动机的最大输出功率称为起动机的额定功率。

2.3　起动机的传动机构

起动机的传动机构包括单向离合器和拨叉两部分。单向离合器的作用是传递转矩将发动机启动,同时又能在启动后自动打滑脱离啮合,保护起动机不致损坏。拨叉的作用是使单向离合器做

轴向移动。现代汽车上常用的单向离合器有滚柱式、摩擦片式和弹簧式三种。

2.3.1 滚柱式单向离合器

1. 滚柱式单向离合器的结构

滚柱式单向离合器是目前国内外汽车起动机中使用最多的一种。滚柱式离合器的结构如图2-10所示。

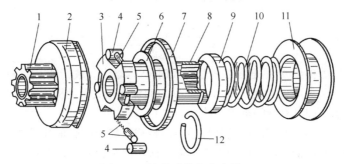

图2-10 滚柱式单向离合器

1—起动机驱动齿轮；2—外壳；3—十字块；4—滚柱；5—压帽与弹簧；6—垫圈；
7—护盖；8—花键套筒；9—弹簧座；10—缓冲弹簧；11—移动衬套；12—卡簧。

驱动齿轮1采用中碳钢加工淬火而成，与外壳连成一体，外壳内装有十字块3和四套滚柱4及弹簧5，十字块与花键套筒固联，护盖7与外壳相互扣合密封。

花键套筒的外面套有缓冲弹簧及移动衬套，末端固装着拨叉与卡圈。整个离合器总成利用花键套筒套装在起动机轴的花键部位上，可以做轴向移动和随轴转动。

2. 滚柱式单向离合器的工作原理

单向离合器的外壳与十字块之间的间隙为宽窄不同的楔形槽。这种离合器就是通过改变滚柱在楔形槽中的位置来实现离合的。

发动机启动时，传动拨叉将单向离合器沿花键推出，驱动齿轮啮入发动机飞轮齿环。此时电枢转动，十字块随电枢一起旋转，滚柱滚入楔形槽窄的一侧而卡住，于是转矩传给驱动齿轮，从而传递转矩，驱动曲轴旋转，如图2-11（a）所示。

发动机启动后，曲轴转速增高，飞轮齿环带动驱动齿轮旋转，速度大于十字块时，滚柱便滚入楔形槽的宽处而打滑，如图2-11（b）所示，这样转矩就不能由驱动齿轮传给电枢，从而防止了电枢超速飞散的危险。

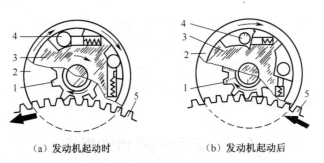

（a）发动机起动时　　　　（b）发动机起动后

图2-11 滚柱式离合器的工作原理

1—驱动齿轮；2—外壳；3—十字块；4—滚柱；5—飞轮齿环。

滚柱式单向离合器结构简单、坚固耐用、工作可靠，但在传递较大转矩时容易卡住，故不能用于大功率起动机，而在中小功率的起动机中得到最为广泛的应用。

2.3.2 摩擦片式单向离合器

1. 摩擦片式单向离合器的结构

大功率的起动机上多采用摩擦片式单向离合器，它是通过摩擦片的压紧和放松来实现离合的。其内部结构如图 2-12（a）所示。

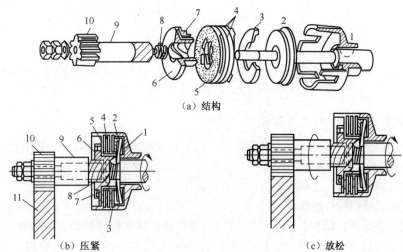

图 2-12 摩擦片式单向离合器
1—外接合鼓；2—弹性圈；3—压环；4—主动片；5—被动片；6—内接合鼓；7—小弹簧；
8—减振弹簧；9—齿轮柄；10—驱动齿轮；11—飞轮。

摩擦片式单向离合器的外接合鼓 1 用半圆键固定在起动机轴上，两个弹性圈 2 和压环 3 依次沿起动机轴装进外接合鼓中，青铜主动片 4 的外凸齿装入外接合鼓的切槽中，钢制的被动片 5 以其内齿插入内接合鼓 6 的切槽中。内接合鼓具有螺线孔并旋在起动机驱动齿轮柄 9 的三线螺纹上，齿轮柄则自由地套在起动机轴上，内垫有减振弹簧 8，并用螺母锁紧以免从轴上脱落。内接合鼓 6 上具有两个小弹簧 7，轻压各片，以保证它们彼此接触。

2. 摩擦片式单向离合器的工作原理

当起动机带动曲轴旋转时，内接合鼓沿螺旋线向右移动，将摩擦片压紧，见图 2-12（b），利用摩擦力，使电枢的转矩传给飞轮。

发动机启动后，起动机驱动齿轮被飞轮带动旋转，当其转速超过电枢转速时，内接合鼓则沿着螺旋线向左退出，摩擦片松开，见图 2-12（c），这时驱动齿轮虽高速旋转，但不驱动电枢，从而避免了电枢超速飞散的危险。

摩擦片式单向离合所传递的最大转矩是由内接合鼓 6 顶住弹性圈而被限制的，因此在压环与摩擦片之间加薄垫片即可调整最大转矩。

2.3.3 弹簧式单向离合器

1. 弹簧式单向离合器的结构

弹簧式单向离合器的结构如图 2-13 所示。起动机驱动齿轮套在起动机电枢轴的光滑部分，花键套筒6套在电枢轴的螺旋花键上,两者之间由两个月形键3连接。月形键的作用是,使驱动齿轮与花键套筒之间不能做轴向移动,但可相对转动。在驱动齿轮柄和花键套筒6上包有扭力弹簧,扭力弹簧的两端各有1/4圈内径较小,并分别箍紧在齿轮柄和花键套筒上。

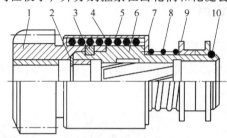

图2-13 弹簧式单向离合器

1—驱动齿轮;2—挡圈;3—月形键;4—扭力弹簧;5—护圈;6—花键套筒;7—垫圈;
8—缓冲弹簧;9—移动衬套;10—卡簧。

2. 弹簧式单向离合器的工作原理

当起动机带动曲轴旋转时,扭力弹簧扭紧,包紧齿轮柄与花键套筒,于是电枢的扭矩通过扭力弹簧4、驱动齿轮1传至飞轮齿环,使发动机启动。发动机启动后,驱动齿轮的转速高于起动机电枢,则扭力弹簧放松,这样飞轮齿圈的转矩便不能传给电枢,即驱动齿轮只能在电枢轴的光滑部分上空转而起单向啮合的作用。

这种单向离合器具有结构简单、工艺简化、寿命长、成本低等优点,但因扭力弹簧圈数多,轴向尺寸较长,故只适用于大功率柴油机的启动,而不适宜在小型起动机上装用。

2.4 起动机的控制装置

起动机的控制装置分为机械式和电磁式两种,通常称为启动开关。对起动机控制装置的要求是操纵要方便,同时要便于重复启动;要能够确保起动机驱动小齿轮与发动机飞轮齿环先啮合,后接通起动机主电路以免打齿;当切断控制电路后,驱动小齿轮与飞轮齿环能顺利地脱离啮合。

2.4.1 机械式控制装置

机械式控制装置通过脚踏或手拉杠杆连动机构,直接控制起动机的主电路开关来接通或切断主电路。这种装置结构简单、工作可靠,但要求起动机、蓄电池应靠近驾驶室以便于操作。由于受安装布局的限制,且操作相对于电磁开关也不方便,因此目前已很少采用。

2.4.2 电磁式控制装置

电磁式控制装置一般称为起动机的电磁开关,与电磁式拨叉合装在一起,利用挡铁控制,可分为直接控制和启动继电器控制两种。

1. 直接控制式电磁开关

"黄河"JN150汽车起动机的电磁开关,就是采用这种直接控制方式,它所用的ST614型起动机电磁开关的结构原理如图2-14所示。

当合上起动机总开关9,按下启动按钮8时,吸引线圈6和保持线圈5的电路接通,其电路如下:蓄电池正极—接线柱14—电流表16—熔断丝10—启动总开关9—启动按钮8—接线柱7—

（一路经保持线圈5—搭铁—蓄电池负极。另一路经吸引线圈6—接线柱15—起动机磁场绕组—电枢绕组—搭铁—蓄电池负极）。

这时活动铁芯在两个线圈电磁吸力的共同作用下，克服复位弹簧2的弹力而向右移动，带动拨叉3将小齿轮1推出与飞轮齿环逐渐啮合。这时由于吸引线圈的电流流经磁场绕组和电枢绕组，产生一定的电磁转矩，所以小齿轮是在缓慢旋转的过程中啮合的。当齿轮啮合好后，接触盘13将触头14、15刚好接通，于是蓄电池的大电流流经起动机的电枢和磁场绕组，产生正常的转矩，带动发动机旋转，启动发动机。与此同时，吸引线圈被短路，齿轮的啮合位置由保持线圈5的吸力来保持。

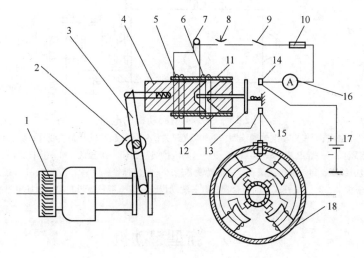

图2-14　ST614型起动机电磁开关的结构原理图
1—驱动齿轮；2—复位弹簧；3—拨叉；4—活动铁芯；5—保持线圈；6—吸引线圈；7—接线柱；
8—启动按钮；9—启动总开关；10—熔断丝；11—黄铜套；12—挡铁；13—接触盘；
14，15—接线柱；16—电流表；17—蓄电池；18—起动机。

当发动机启动后，松开启动按钮瞬间，保持线圈中的电流只能经吸引线圈构成回路，由于此时两线圈所产生的磁通方向相反，磁力相互抵消，于是活动铁芯在复位弹簧的作用下回至原位，小齿轮退出啮合，接触盘13脱离接触，切断启动电路，起动机停止运转。

这种电磁开关是利用挡铁与电磁铁芯之间的一定气隙，保证驱动齿轮先部分啮入飞轮齿环后，才接通启动主电路。它具有操作轻便、工作可靠的优点。

2. 带启动继电器控制的电磁开关

用于"东风"EQ140汽车的QD124型起动机就是带启动继电器控制的电磁开关，其电路如图2-15所示。

启动发动机时，将点火开关钥匙旋至启动位置，启动继电器线圈有电流通过，吸下可动触点臂，使继电器触点闭合，从而接通了电磁开关线圈的电路，于是起动机投入工作。

发动机启动后，只需松开点火开关钥匙，点火开关就自动转回到点火工作位置。启动继电器线圈断电，触点打开，电磁开关也随即断开，使起动机停止工作。

利用启动继电器控制电磁开关，能减少通过点火开关启动触点的电流，避免烧蚀触点，可延长使用寿命。有些汽车上的启动继电器在改进控制电路以后，还能起到自动停止起动机工作及安全保护的作用。这种电磁开关在现代汽车上使用最为普遍。

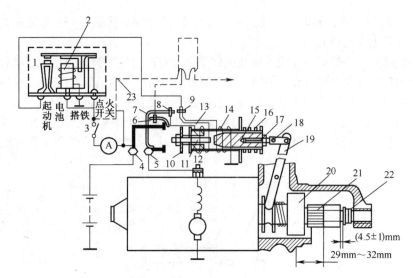

图 2-15　QD124 型起动机的电路

1—启动继电器触点；2—启动继电器线圈；3—点火开关；4，5—起动机开关接线柱；6—点火线圈附加电阻短路接线柱；7—导电片；8—接线柱；9—起动机接线柱；10—接触盘；11—推杆；12—固定铁芯；13—吸引线圈；14—保持线圈；15—活动铁芯；16—复位弹簧；17—调节螺钉；18—连接片；19—拨叉；20—滚柱式单向离合器；21—驱动齿轮；22—限位螺母；23—附加电阻线。

2.5　新型起动机

近年来，在汽车上广泛采用体积小、转速高、转矩大的新型起动机。这类新型起动机主要有电枢移动式起动机、齿轮移动式起动机和减速起动机等。

2.5.1　电枢移动式起动机

1. 电枢移动式起动机的结构特点

电枢移动式起动机电路如图 2-16 所示。起动机是依靠磁极磁力，移动整个电枢而使驱动齿轮啮入飞轮齿环的。起动机的电枢 10 在复位弹簧 8 的作用下与磁极 11 错开一定距离，且换向器比较长。起动机的壳体上装有电磁开关，其磁化线圈由启动开关 S 控制，活动触点为一接触桥 3，接触桥上端较长，下端较短，使起动机电路的接通分两个阶段进行。起动机有 3 个励磁绕组，其中，匝数少、用扁铜条绕制的为主励磁绕组 7，另外两个用细导线绕制的分别为串联辅助励磁绕组 6 和并联辅助励磁绕组 5（又称保持线圈）。这种起动机一般采用摩擦片式单向离合器。

2. 电枢移动式起动机的工作原理

电枢移动式起动机的工作过程分为两个阶段，串联辅助励磁绕组主要在第一阶段工作，第二阶段中由于与主励磁绕组并联而几乎被短路；并联辅助励磁绕组则在两个阶段中都工作，不但可以增大吸引电枢的磁力，而且可以起限制空载转速的作用。

（1）进入啮合。当接通启动开关 S 时，电磁铁 1 产生吸力，吸引接触桥 3，但由于扣爪 13 顶住了挡片 4，接触桥只能上端闭合，见图 2-16（a），接通了串联、并联辅助励磁绕组电路，其通路为，蓄电池正极—静触点 2—接触桥 3 的上端—并联辅助励磁绕组 5—搭铁—蓄电池负极。蓄电池正极—静触点 2—接触桥 3 上端—串联辅助励磁绕组 6—电枢 10—搭铁—蓄电池负极。5 和 6 产

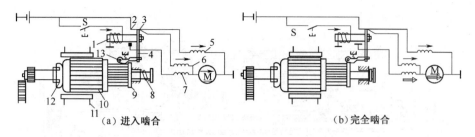

图 2-16 电枢移动式起动机的电路图

1—电磁铁；2—静触点；3—接触桥；4—挡片；5—并联辅助励磁绕组；6—串联辅助励磁绕组；
7—主励磁绕组；8—复位弹簧；9—圆盘；10—电枢；11—磁极；12—摩擦片离合器；13—扣爪；

生的电磁力克服复位弹簧 8 的反力，吸引电枢向左移动，起动机驱动齿轮啮入飞轮齿环。此时由于串联辅助励磁绕组 6 的电阻大，流过电枢绕组的电流很小，起动机仅以较小的速度旋转，这样电枢低速旋转并向左移动，因此齿轮啮入柔和，这是接入起动机的第一阶段。

(2) 完全啮合。电枢移动使小齿轮完全啮入飞轮齿环后，固定在换向器端面的圆盘 9 顶起扣爪 13，使挡片 4 脱扣，于是接触桥 3 的下端闭合，接通了起动机的主励磁绕组 7，起动机便以正常的工作转矩和转速驱动曲轴旋转，这是接入起动机的第二阶段。

在启动过程中，摩擦片离合器 12 接合并传递扭矩。发动机启动后，离合器松开，曲轴转矩便不能传到起动机轴上。这时起动机处于空载状态，转速增加，电枢中反电动势增大，因而串联辅助励磁绕组 6 中的电流减小。当电流小到磁极磁力不能克服复位弹簧 8 的反力时，电枢 10 在复位弹簧 8 的作用下被移回原位，于是驱动齿轮脱开，扣爪 13 回到锁止位置，为下次启动作准备。直到断开启动开关 S 后，起动机才停止旋转。

电枢移动式起动机的不足是，不宜在倾斜位置工作，结构复杂，传动比不能大。此外，当摩擦片磨损后，摩擦力会大大降低，因此需要经常调整，国产 ST9187 型、ST9187A 型起动机采用电枢移动式结构。

2.5.2 齿轮移动式起动机

1. 齿轮移动式起动机的结构特点

齿轮移动式起动机是靠电磁开关推动安装在电枢轴孔内的啮合杆面使驱动齿轮与飞轮齿环啮合的。德国博世公司生产的 TB 型起动机采用了这种结构，如图 2-17 所示。电枢轴是空心结构，内装啮合杆 3，在啮合杆 3 上套有螺旋花键套筒 27，其螺纹上套有离合器 5 的内接合鼓 4。摩擦片式离合器的从动片的内凸齿装入内接合鼓的切槽中，主动片的外凸齿则插入外接合鼓 7 的切槽中，外接合鼓 7 与电机轴固连在一起。起动机驱动齿轮柄 2 套在啮合杆 3 上，用锁止垫片与啮合杆固连在一起，齿轮柄 2 又用键与螺旋花键套筒 27 连接，螺旋花键套筒既能转动，又能做轴向移动。电磁开关 13 装在换向端盖 19 的右侧，其内有吸引线圈、保持线圈和阻尼线圈。电磁开关的活动铁芯 14 与啮合杆 3 在同一轴线上，电磁开关的外侧还装有控制继电器和锁止装置。控制继电器的铁芯上绕有磁化线圈，用来控制常闭、常开两对触点的开闭。

2. 齿轮移动式起动机的工作原理

为了使驱动齿轮啮入柔和，齿轮移动式起动机的工作过程也分为两个阶段，第一阶段为进入啮合，第二阶段为完全啮合。博世 TB 型起动机的电路如图 2-18 所示。

发动机不工作时，控制继电器 5 的常开、常闭触点处于初始状态，电磁开关主触点 K_3 处于打开位置。

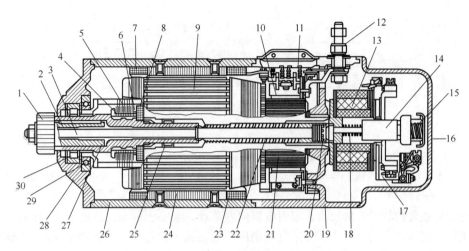

图 2-17　博世 TB 型齿轮移动式起动机

1—驱动齿轮；2—齿轮柄；3—啮合杆；4—内接合鼓；5—摩擦片式单向离合器；6—压环；7—外接合鼓；8—弹性圈；9—电枢；10—电刷；11—电刷架；12—接线柱；13—电磁开关；14—活动铁芯；15—开关闭合弹簧；16—前端盖；17—控制继电器；18—开关切断弹簧；19—换向端盖；20—滚针轴承；21—换向器；22—复位弹簧；23—励磁绕组；24—磁极；25—滚针轴承；26—外壳；27—螺旋花键套筒；28—后端盖；29—滚珠轴承；30—滚柱轴承。

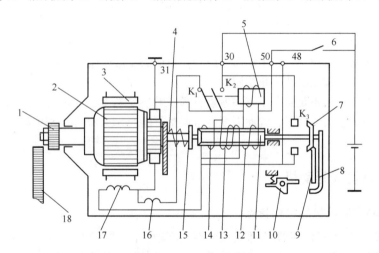

图 2-18　博世 TB 型齿轮移动式起动机电路图

1—驱动齿轮；2—电枢；3—磁极；4—复位弹簧；5—控制继电器；6—启动开关；7—接触盘；8—释放杆；9—挡片；10—扣爪；11—活动铁芯；12—保持线圈；13—阻尼线圈；14—吸引线圈；15—啮合杆；16—制动绕组；17—励磁绕组；18—飞轮；K_1—常闭触头；K_2—常开触头；K_3—电磁开关主触头。

发动机启动时，接通启动开关 6，蓄电池电流经接线柱 50 流经控制继电器 5 的线圈和电磁开关的保持线圈 12，于是触点 K_1 打开，切断了制动绕组 16 的电路；触点 K_2 闭合，接通了电磁开关中吸引线圈 14 和阻尼线圈 13 的电路。在三个线圈磁力的共同作用下，电磁开关中的活动铁芯 11 向左移动，推动啮合杆 15 使驱动齿轮向飞轮齿环移动。由于此时吸引线圈 14 和阻尼线圈 13 与电枢串联，相当串入一个电阻，使电枢电流很小，电枢缓慢移动，齿轮啮入柔和。

当驱动齿轮与飞轮齿环完全啮合时，释放杆 8 立即将扣爪 10 顶开，使挡片 9 脱扣，电磁开关主触点 K_3 闭合，起动机主电路接通，通过摩擦片式单向离合器启动发动机。

发动机启动后，离合器打滑，起动机处于空载状态。断开启动开关 6，驱动齿轮退出啮合，起动机停止转动。此时与电枢绕组并联的制动绕组 16 起能耗制动作用，使起动机迅速停止转动。

2.5.3 减速起动机

1. 减速起动机的工作特点

减速起动机是在起动机的电枢和驱动齿轮之间，装有减速比为 3~4 的减速齿轮，将电动机的转速降低后，再带动驱动齿轮。这样，就可以采用转速为 15000r/min~20000r/min 的小型高速低转矩的电动机，使起动机的质量减少 35%，总长度缩短 29%。转矩增高，不仅提高了启动性能，而且使蓄电池的负载减轻。

国产 QD254 型减速起动机的结构原理图如图 2-19 所示。电动机为小型高速直流串励式电动机，在电枢轴端有主动齿轮 13，它与内啮合减速齿轮 12 相啮合。内啮合齿轮 12 与螺旋花键轴 11 固连，螺旋花键上套有滚柱式单向离合器 10。

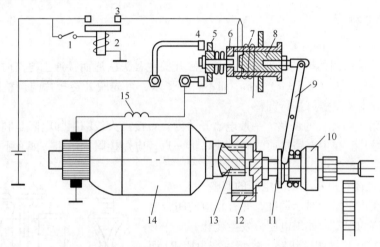

图 2-19　QD254 型减速起动机结构原理

1—启动开关；2—启动继电器线圈；3—启动继电器触点；4—主触点；5—接触盘；6—吸引线圈；7—保持线圈；8—活动铁芯；9—拨叉；10—单向离合器；11—螺旋花键轴；12—内啮合减速齿轮；13—主动齿轮；14—电枢绕组；15—励磁绕组。

2. 减速起动机的工作原理

发动机启动时，接通启动开关 1，蓄电池电流便流过启动继电器磁化线圈 2，触点 3 闭合，接通了电磁开关的吸引线圈 6 和保持线圈 7 的电路。在这两个线圈电磁吸力的共同作用下，活动铁芯 8 被吸入，带动拨叉 9 将单向离合器 10 推出，使驱动齿轮啮入飞轮齿环。

当驱动齿轮与飞轮齿环完全啮合时，活动销 L18 推动接触盘 5 将主触点 4 接通，于是起动机主电路接通，电动机开始高速旋转。电枢的旋转经主动齿轮 13、内啮合减速齿轮 12 减速，再经螺旋花键轴 11 传给单向离合器 10，最后通过单向离合器 10 传递给驱动齿轮使发动机启动。以后的工作过程与 QD124 型起动机相同。

2.6　起动机的正确使用与维护

2.6.1　起动机的正确使用

（1）起动机每次启动时间不超过 5s，再次启动时应停止 2min，使蓄电池得以恢复。如果连续三次启动，应在检查与排除故障的基础上停歇 15min 以后。

(2) 在冬季或低温情况下启动时，应采取保温措施，如先将发动机手摇预热后，再使用起动机启动。

(3) 发动机启动后，必须立即切断起动机控制电路，使起动机停止工作。

2.6.2 起动机的维护

1. 起动机的保养

起动机外部应经常保持清洁，各连接导线，特别是与蓄电池相连接的导线，都应保证连接牢固可靠；汽车每行驶3000km时，应检查与清洁换向器，擦去换向器表面的碳粉和脏污；汽车每行驶5000km～6000km时，应检查测试电刷的磨损程度以及电刷弹簧的压力，均应在规定范围之内；每年对起动机进行一次解体性保养。

2. 起动机的调整

1) 电磁开关接通时刻的调整

(1) 主开关接通时间的调整。当接触盘与电磁开关主触头接通而接通主电路时，驱动齿轮与限位螺母之间的距离应为 (4.5±1) mm。如不符合要求，可先脱开连接片与调整螺钉之间的连接，然后旋入或旋出调整螺钉进行调整。

(2) 附加电阻短路开关的调整。一般电磁开关内，短接点火线圈附加电阻是利用主接线柱触头前面的辅助接触片。在主电路接通的同时或略早一点，应短接附加电阻，如有不当，只需辅助接触片作适当弯曲调整就可以了。

2) 启动继电器闭合电压与断开电压的调整

启动继电器在汽车出厂时已调准，并有相应的闭合电压值和断开电压值的规定。如果电压值发生变化，应作必要的调整，按图2-20接好调试线路，先将可变电阻 R_P 调到最大值，然后逐渐减小电阻，在继电器触点刚闭合时，电压表所指示的数值为闭合电压。再逐渐增大电阻，当继电器触点刚打开时，电压表所指示的数值即为断开电压。闭合电压和断开电压值应符合原制造厂的规定。调整时，分别调整弹簧拉力和铁芯与衔铁之间的间隙就可以了。

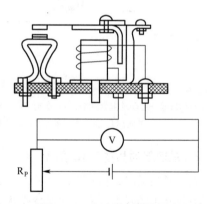

图2-20 启动继电器的调整

3) 轴承的配合

起动机各轴承与轴颈及轴承孔之间均不得有松旷、歪斜等现象，起动机各轴承的配合应符合技术要求。

4) 单向离合器的调整

将起动机的单向离合器夹紧在台虎钳上，用扭力扳手反时针方向转动，应能承受制动试验时的最大转矩而不打滑。例如，2201型起动机的单向离合器应能承受25.5N·m的扭矩而不打滑，否则应拆开进行修理调整。摩擦片式单向离台器在117.6N·m时应不打滑，而在大于176.4N·m时应能打滑。如果不符合规定，可在压环与摩擦片之间增加或减少垫片予以调整。

2.6.3 起动机的修理

1. 起动机的分解与装复

(1) 起动机的解体和清洗。先将待修理起动机的外部清洗干净，拆下防尘箍。再用铁丝钓提起电刷弹簧，取出电刷，旋出组装螺栓，使前端盖、起动机外壳、电枢分离开。最后拆下中间轴承板、拨叉和离合器。

在起动机分解过程中，要将所有金属零部件浸入汽油、煤油或柴油中洗刷干净，对绝缘部件用干净的布蘸少量汽油擦拭。刷洗时也可以用金属洗涤剂。清洗完毕，待风干后送检或装复。

（2）检验和修理。①电刷和刷架。电刷的接触面积应大于60%，否则应研磨；电刷高度不小于7mm～10mm，否则应更换。电刷架弹簧压力可用弹簧秤测量，压力应符合原制造厂技术数据，否则应更换。②电枢。用万用表或试灯检查电枢绕组是否搭铁或短路，绕组故障还可用专用的试验仪（如短路侦察器）检测。如存在故障，要修理绕组。电枢轴用千分表检查，将电枢支撑在平板的两个V形铁上，千分表检查轴伸端，中间轴颈摆差不大于0.05mm，否则应予校正。换向器铜片应无烧蚀，圆度误差不大于0.2mm，铜片厚度不小于2mm。③励磁绕组。用万用表或试灯检查励磁绕组有否搭铁或短路，出现故障应拆开修理。

（3）装复与试验。先将离合器、拨叉与后端盖装好，再拧装中间轴承板。然后将电枢轴插入后端盖内，套上外壳和前端盖，穿入拉紧螺栓并拧紧。最后装入电刷，套上防尘箍，待试验合格后再紧固。

装复后的起动机试验在试验台上进行。首先装备好蓄电池、电箍表和导线，然后进行空载试验和全制动试验。试验数据应在制造厂规定范围之内。

2. 起动机的故障分析与处理方法

1）起动机不转

接通启动开关后起动机不运转，该故障的原因如下：

（1）蓄电池过度放电，导线接头松动或太脏。
（2）起动机电磁开关触点烧蚀或因调整不当而未闭合。
（3）磁场绕组或电枢绕组断路、短路或搭铁。
（4）绝缘电刷搭铁。
（5）启动继电器触点不能闭合。

判断：首先应检查蓄电池充电情况和导线连接情况，若蓄电池充足电、接线良好，则故障出自起动机或起动机开关。可用起子将起动机开关两接线柱连通，若起动机空转正常，则应对电磁开关、启动继电器、启动开关进行检修；若起动机不转，则故障在起动机内部，应拆下起动机进一步检修。

2）起动机运转无力

若蓄电池充足电，接线也正常，而起动机运转无力，该故障的原因如下：

（1）换向器太脏。
（2）电刷磨损过甚或电刷弹簧压力不足，使电刷接触不良。
（3）磁场绕组或电枢绕组局部短路。
（4）起动机电磁开关触点烧蚀。
（5）发动机启动阻力矩过大。

判断：拆下起动机防尘箍，取出电刷，观察换向器表面有无烧蚀与污垢，以及电刷与压簧是否良好，再视情况对起动机进一步拆检。

3）起动机驱动齿轮与飞轮不能啮合且有撞击声

该故障的原因如下：

（1）起动机驱动齿轮或飞轮齿圈磨损过甚或已损坏。
（2）电动机开关闭合过早，起动机驱动齿轮尚未啮合就已快速旋转。

判断：首先将起动机电磁开关接通时机调迟，缩短活动铁芯拉臂长度，如故障不能排除，则需拆下起动机进行检修。

4）松开启动开关后起动机仍运转

该故障的原因如下：

（1）起动机电磁开关在电路接通时因强烈火花将触点烧结在一起。

（2）驱动齿轮轴变形、脏污，驱动齿轮在轴上滑动阻力过大，或复位弹簧太软。

（3）因匝间短路造成吸拉线圈和保持线圈有效匝数比改变。

判断：立即断开蓄电池搭铁线使起动机停转，首先检查点火开关导线是否接错及启动继电器触点是否常开。若都正常，则必须对起动机进行拆检。

第3章 照明、信号及仪表系统

3.1 照明系统

3.1.1 照明系统的基本组成及要求

1. 照明系统的基本组成

汽车照明系统由电源、照明设备及其控制部分（包括各种灯光开关、继电器等）组成。照明设备包括车外照明、车内照明和工作照明三部分。其具体组成与作用见表3-1。

表3-1 汽车照明设备组成及作用

照明设备		作 用
车外照明	前照灯（大灯）	夜间行驶时照明，有远光、近光光束
	雾灯	有雾、下雪、暴雨或尘埃弥漫时行车照明
	倒车灯	倒车时后照明，并起信号作用
	牌照灯	照明汽车后牌照
车内照明	仪表灯	仪表板照明
	顶灯	车内照明、乘客阅读照明
工作照明	行李厢灯	夜间行李厢门打开时照明
	发动机罩灯	夜间发动机罩打开时照明

2. 现代汽车对照明的要求

为保证汽车在夜间及能见度较低的情况下安全、高速行驶，改善车内驾乘环境，便于交通安全管理和车辆使用、检修，汽车必须设置照明系统。具体要求如下：

（1）夜间行驶应能提供车前道路100m以上明亮均匀的照明（现代高速汽车照明距离应达到200m～400m）；在会车时，不应对迎面来车的驾驶员造成眩目。

（2）驾驶员在夜间倒车时能看清车后的情况。

（3）在夜间，其他行驶车辆的驾驶员和行人在一定距离内能看清车辆的牌号。

（4）采用特殊照明，提高能见度，改善雾天及恶劣天气行车条件。

(5) 车内要有足够的照明装置,便于驾驶员操纵车辆、观察仪表,又满足乘客阅读等要求。
(6) 行李厢和发动机罩下面应有照明装置,便于车辆使用和检修。

3.1.2 前照灯

为确保夜间行车安全,对前照灯的光学要求较高,其光学组件及结构也较其他照明灯具复杂。

1. 前照灯的光学组件

前照灯的光学组件包括反射镜、配光镜和灯泡三部分。

1) 反射镜

反射镜一般用薄钢板(0.6mm~0.8mm)冲压而成,表面形状呈旋转抛物面,内表面镀银、铝或镀铬,然后抛光,如图3-1所示。由于镀铝的反射系数可达94%以上,机械强度也较好,所以一般采用真空镀铝。

前照灯灯泡灯丝发出的光度有限(功率仅45W~60W),如果无反射镜,只能照亮汽车灯前6m左右的路面。反射镜的作用就是将灯泡的光线聚合并导向前方(图3-1),灯丝位于焦点F上,灯丝的绝大部分光线向后射在立体角ω范围内,经反射镜反射后将平行于主光轴的光束射向远方,使光度增强几百倍甚至更多,保证车前150m~400m内的路面照得足够清楚。

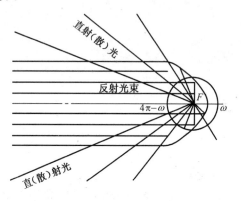

图3-1 反射镜的工作原理

2) 配光镜

配光镜又称散光玻璃,如图3-2所示,由透光玻璃或塑料制成,是很多块特殊的棱镜和透镜的组合。

配光镜的作用是将反射镜反射出的平行光束进行折射(扩散分配),使车前路面和路缘都有良好而均匀的照明。

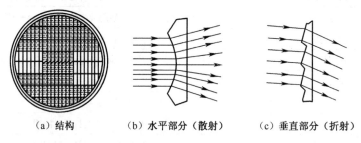

图3-2 配光镜结构和工作示意图

3) 灯泡

常见前照灯灯泡有普通白炽灯泡和卤钨灯泡(图3-3)。功率一般为40W~60W(远光灯丝较大),灯丝由钨丝制作。

白炽灯泡:灯泡内空气抽出再充以氩(86%)和氮(14%)的混合惰性气体。工作时惰性气体受热膨胀产生较大的压力,可减少钨的蒸发,提高灯丝的温度和发光效率,节省电能,延长灯泡使用寿命。

卤钨灯泡:普通充气灯泡虽充满惰性气体,但灯丝的钨仍要蒸发并沉积在灯泡上,使灯泡发黑。故国内外普遍使用一种新型的卤钨灯泡(即在灯泡内充以惰性气体,其中渗入某种卤族元素,如碘、溴、氯、氟等)。目前灯泡一般使用碘或溴,称为碘钨灯泡或溴钨灯泡。我国目前生产的是溴钨灯泡。

卤钨灯泡利用卤钨再生循环反应原理制成，基本作用过程是：从灯丝蒸发出来的气态钨与卤素反应生成挥发性的卤化钨，它扩散到灯丝附近的高温区又受热分解，使钨重新回到灯丝上，被释放出来的卤素继续扩散参与下一次循环反应，如此反复循环防止了钨的蒸发和灯泡的发黑现象。因此使用寿命长、发光强度高（白炽灯泡的1.5倍）。

2. 前照灯的防炫目装置

炫目：指强光照射人的眼睛时，会刺激视网膜，瞳孔来不及收缩，造成视盲的现象。

措施：采用双丝灯泡；采用配光屏（遮光屏）。

1）采用双丝灯泡

远光灯丝位于反射镜的焦点上，功率较大；近光灯丝则位于焦点的上方（或前方、上前方），功率较小，如图3-4所示。美国汽车工程师协会（SAE）方式的前照灯，近光灯丝位于焦点的上方并稍偏向右方，形成对称式配光。目前，美国、日本采用这种对称式配光。

2）采用配光屏（遮光屏）

远光灯丝位于反射镜的焦点上，近光灯丝则位于焦点的前方且稍高于光学轴线，其下方有配光屏，如图3-5所示。

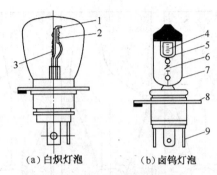

(a) 白炽灯泡　　(b) 卤钨灯泡

图3-3　前照灯的灯泡

1、5—配光屏；2、4—近光灯丝；3、6—远光灯丝；
7—泡壳；8—定焦盘；9—插片。

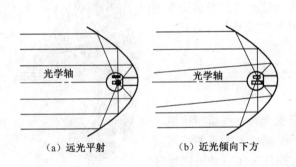

(a) 远光平射　　(b) 近光倾向下方

图3-4　双丝灯泡工作情况

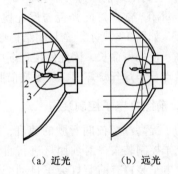

(a) 近光　　(b) 远光

图3-5　具有配光屏的双丝灯泡

1—近光灯丝；2—配光屏；3—远光灯丝。

Z形配光：近年来发展的一种更优良的光形，明暗截止线呈Z形（图3-6（b））。它不仅可以防止驾驶员眩目，还可以防止迎面而来的行人和非机动车使用者眩目。

L形配光（ECE方式）：将配光屏单边倾斜15°，就形成非对称L形近光光形（图3-6（c）），这种配光性能符合联合国欧洲经济委员会制定的ECE标准，所以称ECE方式。我国采用此方式。

3. 前照灯的结构形式

前照灯光学组件的结构形式有可拆式、半封闭式和全封闭式三种。

1）可拆式前照灯

可拆式前照灯由于反射镜和配光镜分别安装而构成组件，因此密封性差，反射镜容易受湿气、灰尘的污染而影响反射能力，故已被淘汰。

2）半封闭式前照灯

半封闭式前照灯的配光镜靠卷曲在反射镜边缘上的牙齿紧固在反射镜上，用橡胶圈密封，再用螺钉固定，如图3-7所示。灯泡从反射镜的后面装入，所以更换损坏的灯泡时不必拆开配光镜。

这种灯具减少了对光学组件的影响因素,维修方便,因此使用比较常见。

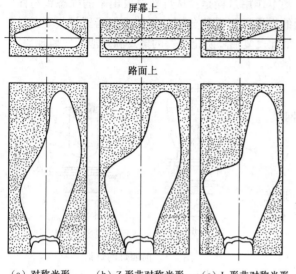

(a) 对称光形　(b) Z形非对称光形　(c) L形非对称光形

图3-6　近光灯光形(屏幕投影)

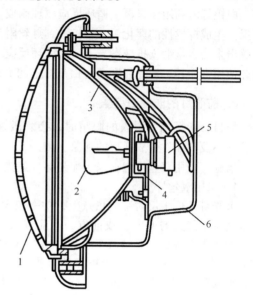

图3-7　半封闭式前照灯
1—配光镜；2—灯泡；3—反射镜；
4—灯泡座；5—接线插座；6—灯壳

3)全封闭式前照灯

全封闭式前照灯配光镜与反光镜为一整体,灯丝直接焊在反射镜底座上,如图3-8所示。全封闭结构形式可避免反射镜被污染,其反光效率高、使用寿命长,因此使用日渐广泛。

缺点是当灯丝烧坏时,需更换前照灯整个光学总成。

4. 前照灯电子控制装置

为了提高汽车夜间行驶的速度,确保行车安全,一些新型车辆采用了电子控制装置,对前照灯进行自动控制。根据所要实现的控制功能,其电子装置有前照灯会车自动变光器、前照灯关闭自动关闭延时器等。

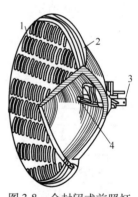

图3-8　全封闭式前照灯
1—配光镜；2—反射镜；
3—插片；4—灯丝

1)前照灯会车自动变光器

夜间会车时,人工操纵变光方式的不安全因素:增加了司机的劳动强度,容易分散司机的注意力;若忘了变光或变光不及时,会造成对方司机眩目;一些不文明司机为抢道或高速行驶而强行用远光灯会车。前照灯自动变光器使汽车在会车时自动变远光为近光,避免了上述的不安全因素。

自动变光器主要由感光器(VD_1,VD_2)、放大电路(VT_1,VT_2,VT_3,VT_4等)和变光继电器组成,如图3-9所示。在夜间行车无迎面来车灯光照射时,灯光传感器(VD_1,VD_2)内阻较大,使得VT_1因基极没有导通所需的正向电压而截止,于是VT_2,VT_3,VT_4的基极也都因无正向导通电压而截止,继电器J不通电,常闭触点接通远光灯。

当有迎面来车或道路有较好的照明度时,VD_1,VD_2因受迎面灯光照射而使其电阻下降,使VT_1基极电位升高而导通,VT_2,VT_3,VT_4的基极也随之有正向偏置而导通,于是继电器线圈通电,使其常闭触点打开,常开触点闭合,前照灯由远光自动切换为近光。

会车结束后,VD_1,VD_2因无强光照射而电阻增大,使VT_1又截止。此时,电容放电,使

VT_2，VT_3，VT_4 仍保持导通，1s～5s 后，待电容放电至 VT_2 不能维持导通状态时，继电器才断电，前照灯恢复远光照明。延时恢复远光可避免会车过程中由于光照突变而引起的频繁变光，以提高近光会车的可靠性。延时的时间可通过电位器 R_{P2} 进行调整。

该变光控制电路可使前照灯在 150m～200m 处有迎面来车时，自动从远光转变为近光，待会车结束后，又自动恢复前照灯远光照明；在市区保持前照灯近光照明。自动/手动转换开关可以让司机选择自动或手动变光，在自动变光器失效的情况下，通过此开关仍可以实现人工操纵变光。

2）前照灯延时控制电路

延时控制电路可使前照灯在关闭点火开关及灯开关后继续亮一段时间后自动熄灭，以便给司机离开停车场所提供照明。

图 3-10 所示为美国通用汽车公司汽车上使用的一种由三极管控制继电器的前照灯延时控制电路。发动机熄火后，机油压力开关 4 触点处于闭合状态，司机在离开汽车驾驶室以前，按一下仪表板上的前照灯延时按钮 1，电源对电容 C 充电。电容充电过程中，三极管 VT 基极的电位升高，使三极管导通，延时控制继电器线圈通电而使其触点闭合，接通了前照灯电路。松开前照灯延时开关后，由电容的放电维持三极管的导通，前照灯保持通电照明，一直到电容电压下降至不能维持三极管导通时，三极管截止，继电器断电，前照灯熄灭。调整前照灯延时电路中的电容、电阻参数，可改变前照灯延时关闭的时间。

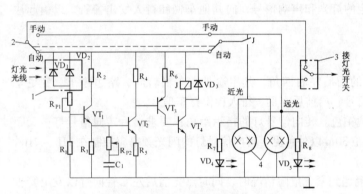

图 3-9 前照灯自动变光控制电路
1—灯光传感器；2—手动与自动变光转换开关；
3—变光开关；4—前照灯；J—继电器。

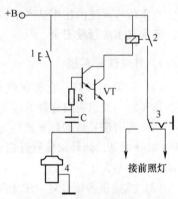

图 3-10 前照灯延时控制电路
1—前照灯延时按钮；2—延时控制继电器；
3—变光开关；4—机油压力开关。

3.1.3 其他照明设备

（1）雾灯。汽车上都装有前雾灯，用于能见度差（雾天、雨天、雪天及尘土弥漫等）情况下的道路照明，并对相向行驶车辆提供警示。有的汽车还设有后雾灯，用于向后方车辆和行人提供警示，以提高行车安全。雾灯的结构与前照灯相似，但灯泡均为单丝。雾灯发出黄色或白色光线，光线应具有较强的穿透性；雾灯由单独的雾灯开关控制，一些汽车为保护雾灯开关，还配备了雾灯继电器。

（2）倒车灯。除了在夜间倒车提供车后的场地照明外，倒车灯还对周围车辆和行人有"本车要倒车"的警示作用。为此，有的汽车还配备了倒车蜂鸣器。

倒车灯通常采用电流为 2.1A、发光强度约为 32cd 的普通照明灯泡。倒车灯由安装在变速器操纵机构处的倒车灯开关控制，在驾驶员挂上倒挡时，倒车灯开关接通倒车灯电路，倒车灯通电工作。

(3) 牌照灯。它也是所有汽车必设的照明灯，以使夜间其他车辆和行人能在25m以内看清车牌号。牌照灯通常采用电流为700mA，发光强度为4cd的灯泡。

牌照灯一般安装在车牌下方，由车灯开关控制。当车灯开关在Ⅰ挡（开示廓灯）和Ⅱ挡（开前照灯）时，牌照灯均通电亮起。

(4) 车内照明灯。有仪表照明灯、车厢照明灯（客车）、顶火灯、阅读灯、后备箱照明灯、杂物箱照明灯、开关及操纵装置照明灯等，除仪表照明灯必须装备外，其他的车内照明灯因车型和对车内照明的要求不同，其配置也各不相同。

车内照明灯是由车灯开关控制的，如仪表灯、开关及操纵装置照明灯等，车灯开关在Ⅰ挡（开示廓灯）和Ⅱ挡（开前照灯）时，这些车内照明灯也都通电亮起。车厢照明灯（客车）、顶灯、阅读灯、后备箱照明灯、杂物箱照明灯等则由各自的开关控制，在需要时通过各自的开关使其通电亮起。

3.2 信号系统

3.2.1 信号系统的基本组成及要求

汽车信号系统的作用是产生特定的灯光和声响信号，向其他车辆和行人发出警告，以引起注意，确保汽车的行驶安全。

1. 灯光信号系统

(1) 转向信号灯。它装在汽车的前后左右四角，其用途是在车辆转向、路边停车、变更车道、超车时，发出明暗交替的闪光信号，给前后车辆、行人提供行车信号。

前后转向信号灯的灯光光色为琥珀色。转向信号灯的指示距离：要求前后转向信号灯白天距100m以外可见，侧转向信号灯白天距30m以外可见。转向信号灯的闪光频率应控制在1Hz~2Hz，启动时间应不大于1.5s。

(2) 危险报警信号灯。用于车辆遇到紧急危险情况时，同时点亮前后左右转向灯以发出警告信号。它与转向信号灯有相同的要求。

(3) 制动灯。用于指示车辆的制动或减速信号。制动灯安装在车尾两侧，两制动灯应与汽车的纵轴线对称并在同一高度上，制动灯灯光光色为红光，应保证白天距100m以外可见。

(4) 示廓灯。安装在汽车前、后、左、右侧的边缘。大型车辆的中部、驾驶室外侧还增设了一对示宽灯，用于夜间行驶时指示汽车宽度。示廓灯灯光标志在夜间300m以外可见。前示廓灯的灯光光色为白色，后示廓灯的灯光光色多为红色。

(5) 后位灯。装于汽车后部，其作用是在夜间行车时，指示车辆的位置，后位灯光光色为红色。

2. 声响信号装置

(1) 电喇叭。其作用是警告行人和其他车辆，电喇叭声级为90dB~105dB（A）。

(2) 倒车警告装置。由倒车蜂鸣器和倒车灯组成，其作用是当汽车倒车时，发出灯光和音响信号，警告车后行人和车辆。

3.2.2 转向灯

转向信号灯由闪光继电器（简称闪光器）和转向开关控制。当所有转向信号灯同时闪烁时，作为危险警报信号，由危险警报信号开关控制。

汽车转向灯的闪烁是通过闪光器来实现的，通常按照结构的不同和工作原理分为电热丝式、电容式、翼片式、水银式、电子式等。电热丝式闪光器结构简单，制造成本低，但闪光频率不够稳定，使用寿命短，信号灯的亮暗不够明显；电容式闪光器闪光频率稳定；翼片式闪光器结构简单、体积小、闪光频率稳定、监控作用明显，工作时伴有响声；电子式闪光器具有性能稳定、可靠等优点。目前汽车上使用较多的有电热丝式和电子式两种。

1. 电热丝式闪光器

电热丝式闪光器主要由电磁铁、触点、电热丝及附加电阻等组成，如图3-11所示，在胶木底板上固定有工字形铁芯，其上绕有线圈2，线圈的一端与固定触点3相连，另一端与接线柱8相连，镍铬丝5具有较大的线膨胀系数，其两端分别与活动触点相连，另一端固定在调节片14的玻璃球上。

不工作时，电热丝的拉力使触点处于打开状态。

转向开关闭合时，电流经镍铬丝、附加电阻丝和转向信号灯构成回路。镍铬丝通电受热膨胀而伸长，使触点闭合，镍铬丝和附加电阻丝短路。短路后镍铬丝冷却收缩，使触点又重新打开，如此反复循环，直到转向开关复位。

当电阻串入电路时，电流很小，转向信号灯发出较弱的光，当电阻被短路后，电流增大，转向信号灯亮度增强，从而通过转向信号灯亮度强弱变化来标示汽车的行驶方向。

转向信号灯的闪光频率为（1.5±0.5）Hz（GB 7258—1997），可以通过调节片14改变镍铬丝的拉力及触点间隙来进行调整。

2. 电子式闪光器

电子式闪光器工作稳定可靠，适用电压范围大，使用寿命长，带继电器时发出有节奏的声响，可作为闪光器的音响信号，目前广泛应用。

电子闪光器分晶体管式和集成电路式两类。因集成电路成本降低，汽车上广泛使用集成电路闪光器。上海桑塔纳轿车装用的电子闪光器为有触点集成电路式闪光器（由德国西门子公司生产），其电路原理如图3-12所示。它的核心器件U243B是一块低功耗、高精度的汽车电子闪光器专用集成电路。U243B的标称电压为12V，实际工作电压范围为9V～18V，采用双列8脚直插塑料封装。

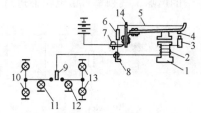

图3-11 电热丝式闪光器
1—铁芯；2—线圈；3—固定触点；4—活动触点；
5—镍铬丝；6—附加电阻丝；7，8—接线柱；
9—转向开关；10—左（前、后）转向灯；
11—左转向指示灯；12—右转向指示灯；
13—右（前、后）转向灯；14—调节片。

内部电路主要由输入检测器SR、电压检测器D、振荡器Z及功率输出级SC四部分组成。

输入检测器用来检测转向信号灯开关是否接通。

振荡器由一个电压比较器和外接R_4及C_1构成。内部电路给比较器的一端提供了一个参考电压（其值由电压检测器控制），比较器的另一端则由外接R_4及C_1提供一个变化的电压，从而形成电路的振荡。振荡器工作时，输出级的矩形波便控制继电器线圈的电路，使继电器触点反复开闭，于是转向信号灯和转向指示灯便以80次/min的频率闪烁。

如果一只转向灯烧坏，则流过取样电阻R_s的电流减小，其电压降减小，经电压检测器识别后，便控制振荡器电压比较器的参考电压，从而改变振荡（即闪光）频率，使转向指示灯的闪烁频率增大1倍，以提示驾驶员及时检修。

无触点集成电路闪光器是将功率输出级的触点式继电器改换成无触点大功率晶体管，同样可

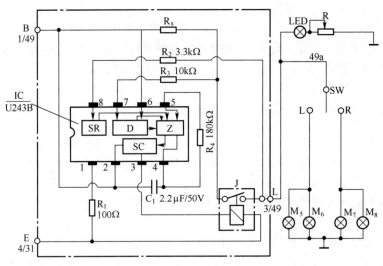

图 3-12 集成电路闪光器

以实现对转向灯的开关作用。

图 3-13 为带有蜂鸣器的无触点式集成电路闪光器。它在原闪光器的基础上增加了蜂鸣功能,便构成声光并用的转向信号装置,以引起人们对汽车转弯安全性的高度重视。电路中的晶体三极管 VT_1 是作为转向灯 M_1 和 M_2 的开关装置,而三极管 VT_2 则直接控制着蜂鸣器 Y 的发声。当汽车转弯时,只要扳动一下转向开关 K,不仅转向灯发生正常频率的闪光,蜂鸣器也将发出同频率而有节奏的声响,其频率可由电位器进行调节。

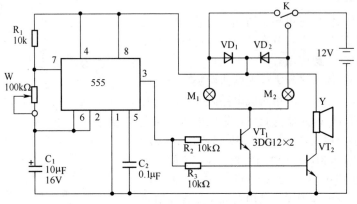

图 3-13 无触点式集成电路闪光器工作原理

3.2.3 倒车信号装置

倒车信号装置由倒车开关、倒车蜂鸣器(或话音倒车报警器)和倒车灯组成,用于倒车时提醒车后和周围的行人或驾驶员注意。挂入倒挡后,装在变速器盖上的倒车开关自动接通倒车蜂鸣器和倒车灯电源。

1. 倒车开关

变速杆挂入倒挡,钢球 1 被松开,在弹簧 5 的作用下,触点 4 闭合,倒车灯电路接通,倒车蜂鸣器发出断续的声响,如图 3-14 所示。

2. 倒车蜂鸣器

如图 3-15 所示，倒车开关接通时，倒车灯 3 点亮，喇叭 6 发出声响，同时电流流过线圈 L_1 并经线圈 L_2 对电容器 5 进行充电。流过线圈 L_1 和 L_2 的电流大小相等，磁场方向相反，互相抵消，使线圈的电磁力减弱，继电器触点 4 保持闭合。随着电容器的充电，其两端的电压逐渐升高，使流入线圈 L_2 的电流减小以至消失，在线圈 L_1 的磁场作用下触点 4 打开，喇叭断电。电容器又通过线圈 L_1 和 L_2 放电，电流通过线圈产生电磁力，触点保持打开。当电容器两端的电压接近于零时，线圈的电磁力消失，触点重又闭合，喇叭又发出声响。如此反复，倒车蜂鸣器断续地发出声响。

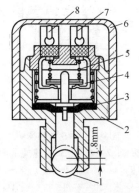

图 3-14 倒车开关的结构
1—钢球；2—壳体；3—膜片；4—触点；
5—弹簧；6—保护罩；7，8—导线。

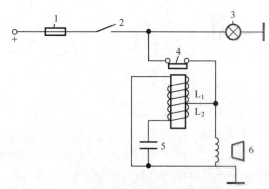

图 3-15 倒车蜂鸣器工作原理
1—熔断丝；2—倒车灯开关；3—倒车灯；
4—继电器触点；5—电容器；6—喇叭。

3.2.4 电喇叭

汽车上都装有喇叭，用于在汽车行驶中警示行人和其他车辆注意交通安全。喇叭按动力可分为电喇叭和气喇叭；按外形可分为筒形、螺旋形（蜗牛形）和盆形喇叭；按声频可分为高音和低音喇叭；按接线方式可分为单线制和双线制喇叭。

电喇叭又可分为普通电喇叭和电子电喇叭。普通电喇叭利用触点的开闭控制电磁线圈激励膜片振动产生音响；电子电喇叭利用晶体管电路激励膜片振动产生音响。

中小型汽车，由于空间有限，多采用螺旋形和盆形电喇叭。重型载重汽车上多采用筒形的气喇叭，或电喇叭、气喇叭兼用。

1. 筒形、螺旋形电喇叭

筒形、螺旋形电喇叭主要由振动机构和断续机构两部分组成，结构如图 3-16 所示。按下喇叭按钮，电流由蓄电池正极—线圈 4—触点 15—按钮 21—搭铁到达蓄电池负极。电流通过线圈 4，产生电磁力，吸动衔铁 10 下行，中心螺杆 12 压下活动触点臂，触点 15 打开，线圈电流中断，电磁力消失，衔铁在振动膜片 3 和弹簧片 9 的作用下，使触点闭合，电路重又接通。如此反复，膜片不断振动发出一定声调的声波，由扬声筒 1 加强后传出。共鸣板 2 与振动膜片刚性连接，与振动膜片一起振动，振动频率可达 200Hz～400Hz，因而使喇叭的声音更加悦耳。

电容器 19（或灭弧电阻）与触点并联，可以减小触点分开时的火花，延长触点使用寿命。

2. 盆形电喇叭

如图 3-17 所示，盆形电喇叭的电磁铁采用螺管式结构，铁芯 9 上绕有线圈 2，上下铁芯间的气隙在线圈中间,能产生较大的吸力。无扬声筒,上铁芯3、膜片4和共鸣板5固连在中心杆上。电路接通,线圈2产生吸力,上铁芯3被吸下与下铁芯1碰撞,同时衔铁底座压下活动触点臂,使触点分开而切断电路,线圈中电流中断,电磁力消失,衔铁在振动膜片4的弹力作用下返回原位,触点闭合,电路重又接通。如此反复使膜片振动产生较低的基本频率,并激励与膜片成一体的共鸣板产生共鸣,从而发出比基本频率强得多的,而分布又比较集中的谐音。触点7之间通常并联一只电容器(或灭弧电阻),以保护触点,延长其使用寿命。

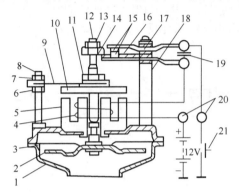 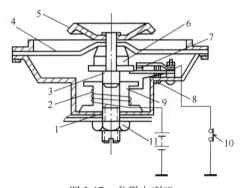

图 3-16 筒形、螺旋形电喇叭
1—扬声筒;2—共鸣板;3—振动膜片;4—线圈;5—山形铁芯;
6、14—调整螺母;7、11、13—锁紧螺母;8—螺柱;
9—弹簧片;10—衔铁;12—中心螺杆;15—触点;
16—动触点绝缘片;17—动触点臂;18—触点支架;
19—电容器;20—接线柱;21—按钮。

图 3-17 盆形电喇叭
1—下铁芯;2—线圈;3—上铁芯;4—膜片;
5—共鸣板;6—衔铁;7—触点;8—调整螺钉;
9—铁芯;10—按钮;11—锁紧螺母。

3. 电子电喇叭

如图 3-18 所示,按下喇叭按钮,接通喇叭电路,由于三极管 VT 加正向偏压而导通,线圈 7 中便有电流通过,产生电磁力,吸引上衔铁 4,连同绝缘膜片 3 和共鸣板 2 一起动作,当上衔铁 4 与下衔铁 8 接触而直接搭铁时,三极管 VT 失去偏压而截止,切断线圈中的电流,电磁力消失,膜片与共鸣板在其弹力的作用下复位,上下衔铁又恢复为断开状态,三极管 VT 重又导通。如此反复,膜片不断振动,便发出声响。

4. 喇叭继电器

汽车上常装用两只不同音调的喇叭(高音和低音),以使喇叭声音更加悦耳。为避免因电流过大(15A~20A)而烧坏喇叭按钮,在喇叭电路中装有喇叭继电器。

如图 3-19 所示,按下喇叭按钮,控制电路电流由蓄电池正极—电流表—熔断器—喇叭继电器接线柱 B—继电器线圈 7—接线柱 SW—喇叭按钮—搭铁—电源总开关—蓄电池负极。电流通过线圈,继电器触点吸合,接通喇叭电路(主电路),喇叭发出声响。松开按钮,控制电路切断,电磁力消失,触点在弹簧 6 的弹力作用下打开,切断喇叭电路,喇叭停止工作。喇叭继电器利用小电流控制大电流进行工作,使大电流不再通过喇叭按钮,起到有效保护喇叭按钮的作用。

5. 电喇叭的调整

调整内容:音调调整和音量调整。调整部位:改变铁芯间隙和改变触点压力。不同形式的电喇叭其调整原理基本相同。

1)音调调整

音调的高低取决于膜片振动的频率,改变铁芯间隙可以改变膜片的振动频率,从而改变音调。

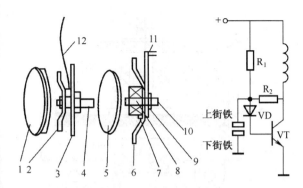
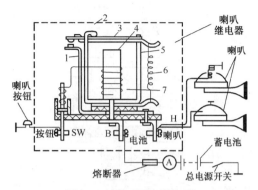

图 3-18　盆形电子电喇叭的结构简图及电路
1—罩盖；2—共鸣板；3—绝缘膜片；4—上衔铁；
5—绝缘垫圈；6—喇叭体；7—线圈；8—下衔铁；
9—锁紧螺母；10—调节螺钉；11—托架；12—导线。

图 3-19　喇叭继电器电路
1—固定触点支架；2—活动触点臂止钩；3—活动触点臂；
4—线圈铁芯；5—轭架；6—弹簧；7—线圈。

间隙增大，则音调降低；间隙减小，则音调升高。筒形、螺旋形电喇叭是改变衔铁与铁芯的间隙；盆形电喇叭是改变上下铁芯间的间隙。衔铁与铁芯的间隙一般为 0.5mm～1.5mm。筒形、螺旋形电喇叭（图 3-16）：先松锁紧螺母 7、11，再松调整螺母 6，并旋转衔铁 10，调至合适时，旋紧锁紧螺母即可。盆形电喇叭（图 3-17）：松开锁紧螺母 11、旋转下铁芯，调至合适时，旋紧锁紧螺母即可。

2）音量调整

音量的大小与通过线圈的电流大小有关，通过的工作电流大，喇叭发出的音量也就大。改变触点的接触压力即可改变喇叭的音量。压力增大（接触电阻减小，触点闭合的时间较长），通过线圈的电流增大，喇叭的音量增大，反之音量减小。筒形、螺旋形电喇叭（图 3-16）：松开锁紧螺母 13、调整调整螺母 14，至合适时，旋紧锁紧螺母即可。盆形电喇叭（图 3-17）：通过旋转调整螺钉 8 进行。

3.2.5　其他信号装置

1. 制动信号装置

制动信号装置由制动信号灯和制动开关组成。车辆制动时，制动开关接通制动灯电源，制动灯点亮，警示车后行人和车辆。制动开关有液压式和气压式两种。

1）液压式制动灯开关

液压式制动灯开关用于液压制动系统的汽车，通常安装在液压制动主缸的前端，其结构如图 3-20 所示。当踩下制动踏板时，由于制动系统的液压增大，膜片 2 向上拱曲，接触片 3 同时接通接线柱 6 和接线柱 7，接通制动灯电源，制动灯点亮。松开制动踏板时，制动系统液压降低，接触片在回位弹簧 4 作用下复位，切断制动灯电源。

2）气压式制动信号灯开关

气压式制动信号灯开关，用于采用气压制动系统的汽车，通常安装在制动阀上，其结构如图 3-21 所示。制动时，制动压缩空气推动橡皮膜片上拱，使触点闭合，接通制动灯电路。

防抱死制动系统采用的制动开关安装在制动踏板上方，踏下制动踏板时制动开关接通制动灯电源，制动灯和防抱死制动系统工作，使开关触点闭合，接通制动信号灯电路。

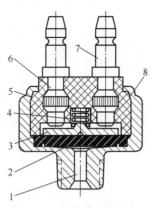 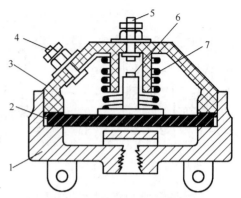

图 3-20 液压式制动灯开关
1—通制动液管；2—膜片；3—接触片；4—弹簧；
5—胶木底座；6，7—接线柱；8—壳体。

图 3-21 气压式制动灯开关
1—外壳；2—膜片；3—胶木壳；
4，5—接线柱；6—触点；7—弹簧。

2. 示廓灯

示廓灯用于汽车夜间行车时标志汽车的宽度和高度，因此也相应地被称为示宽灯和示高灯。示廓灯采用单丝的小型灯泡，但有的示廓灯则与转向灯和制动灯共用一个灯泡。

汽车在行驶时，示廓灯由车灯开关控制，在车灯开关的Ⅰ挡和Ⅱ挡时，汽车前、后、左、右的示廓灯均点亮，用以标示汽车的轮廓。

在一些汽车上，示廓灯可用停车灯开关控制。当点火开关处在关断位置时，停车灯开关与电源接通，此时可用停车开关接通一侧（左前、左后或右前、右后）的示廓灯，这时示廓灯被当作停车灯使用。

3.3 仪表系统

3.3.1 仪表系统的组成及要求

为了正确使用发动机并了解其主要部分的工作情况，及时发现、排除和避免可能出现的故障，汽车上装有多种检查—测量仪表。汽车仪表主要有车速里程表、发动机转速表、冷却液温度表、燃油表、机油压力表等，用于指示汽车运行的有关参数。

对汽车仪表的一般要求是：结构简单，工作可靠，显示数据准确、清晰；当电源的电压出现波动和环境温度发生变化时，数据显示的变化应尽可能小；除此之外，仪表的抗振、耐冲击性能也要好。

汽车仪表按其结构形式可分为独立式和组合式两种。独立式仪表板是将各独立的仪表固定在同一块金属板上；而组合式仪表是将各仪表封装在一个壳体内（图3-22），具有结构紧凑、美观大方的特点，故为现代汽车广泛采用。

传统仪表一般是机电式模拟仪表，只能为驾驶员提供汽车运行中必要而又少量的数据信息，已远远不能满足现代汽车新技术、高速度的要求。随着电子计算机和电子传感器等电子技术的发展，数字式汽车仪表正逐步取代常规的机电式仪表。

3.3.2 车速里程表

车速里程表是用来指示汽车行驶速度和累计行驶里程的仪表。车速里程表有磁感应式与电子

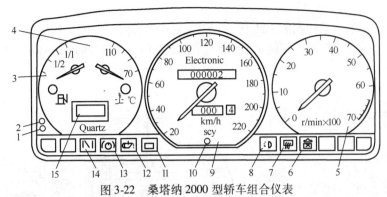

图 3-22 桑塔纳 2000 型轿车组合仪表

1—时钟的时调整钮;2—分调整钮;3—燃油表;4—冷却液温度表;5—电子转速表;6—冷却液液面报警灯;
7—后窗加热指示灯;8—远光指示灯;9—电子车速里程表;10—单程里程计复零按钮;11—充电指示灯;
12—机油压力报警灯;13—驻车制动和制动液面报警灯;14—阻风门指示灯;15—电子钟。

式两种类型。现代汽车一般采用电子式车速里程表。

电子式车速里程表主要由车速传感器、电子电路、车速表和里程表四部分组成。

1) 车速传感器

车速传感器由变速器驱动,能够产生正比于汽车行驶速度的电信号。由一个舌簧开关和一个含有四对磁极的塑料磁铁转子组成（图 3-23）。

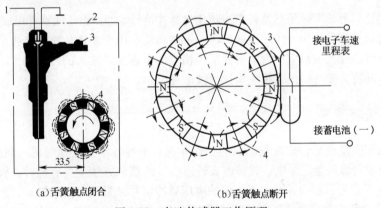

(a) 舌簧触点闭合　　　　　(b) 舌簧触点断开

图 3-23 车速传感器工作原理

1—接车速里程表 IC 电路;2—车速传感器;3—舌簧开关;4—塑料磁铁。

舌簧开关中的触点在磁场作用下闭合（N 极、S 极的磁力线作用于舌簧开关触点），远离磁场时断开（N 极、S 极交点对准舌簧开关触点,无磁力线通过）。四对磁极的塑料磁铁每转一周,舌簧开关中的触点闭合 8 次,产生 8 个脉冲信号,汽车行驶 1km,车速传感器输出信号 4127 个脉冲。

2) 电子电路

电子电路将车速传感器送来的具有一定频率的电信号,经整形、触发输出一个与车速成正比的电流信号。主要由车速里程表 IC 集成块和外部电子电路组成,如图 3-24 所示。

IC 集成块包括单稳态触发电路、恒流源驱动电路、64 分频电路和功率放大电路。

外部电路有：调整输出脉冲宽度决定仪表精度的电阻 R_1 和电容 C_1,调整仪表初始工作电流的电阻 R_2,电源滤波电阻 R_3 和电容 C_3。另外还有车速表和里程表步进电动机。

3) 车速表

车速表实际上是一个磁电式电流表,从电子电路 IC 接线端 6 输出的与车速成正比的电流信号驱动指针偏转,指示出相应的车速。

4）里程表

电子式车速里程表的结构如图 3-25 所示。它主要由动圈式车速测量机构 8、行星齿轮减速传动机构带动的十进制记录里程数字轮 4、处理与速度有关的脉冲信号的线路板组合 5、接收与速度有关的霍耳型转速传感器以及步进电动机 6 等组成。

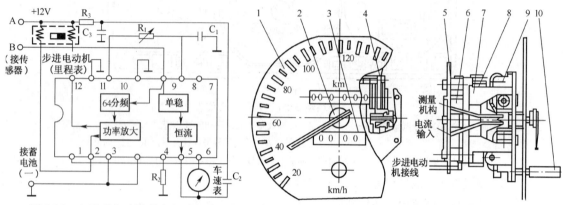

图 3-24 电子式车速里程表电子电路

图 3-25 桑塔纳 2000 系列轿车电子车速里程表
1—刻度盘；2—指针组合；3—里程计数器；
4—行星齿轮系；5—线路板组合；6—步进电动机；
7—座架；8—动圈式测量机构；9—计数器组合；10—日程复位机构

安装在变速器后部的车速传感器将车速转化为脉冲信号，经由电子元器件组成的电路处理后，输出电流驱动动圈式测量机构，带动指针偏转一定的角度。由于车速传感器产生的脉冲频率经电路处理后，与输出的电流相对应，所以指针指示相应的车速。将输入的脉冲频率由电路分频处理后，驱动步进电动机，经行星齿轮减速累计行驶里程。

3.3.3 发动机转速表

为了检查和调整发动机，监视发动机的工作状况，更好地掌握换挡时机，利用经济车速等，汽车上往往装有发动机转速表。电子式转速表转速信号的获取方法主要有两种：转速传感器输出的脉冲（或交变）信号；点火系统初级电路的电压脉冲信号（只限于汽油机）。

图 3-26 所示是利用电容器充放电的脉冲式电子转速表的工作原理。转速信号取自点火线圈初级绕组的脉冲电压。当发动机工作时，分电器触点不断开闭，其开闭次数与发动机转速成正比，即四冲程发动机，曲轴转两圈，分电器轴转一圈，分电器触点开闭次数等于发动机汽缸数。

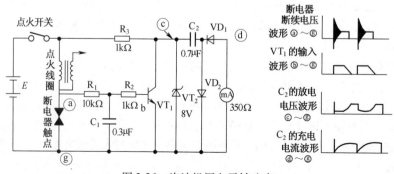

图 3-26 汽油机用电子转速表

当触点闭合时，三极管 VT_1 无偏压而处于截止状态，电容器 C_2 被充电。充电电路为：蓄电池

"+"—点火开关—电阻 R_3—电容器 C_2—VD_2—蓄电池"-"。

当触点断开时,三极管 VT_1 的基极电位接近电源正极,VT_1 饱和导通,充满电荷的电容器 C_2 通过 VT_1 的集电极和发射极放电。放电电路为:电容器 C_2 正极—VT_1 集电极—VT_1 发射极—毫安表 mA—VD_1—电容器 C_2 负极。触点反复开闭,电容器 C_2 反复充放电。在电源电压稳定、电容器充放电时间常数不变的情况下,通过毫安表的电流平均值与触点的开闭频率成正比,即与发动机转速成正比。

3.3.4 燃油表

燃油表用来指示燃油箱内燃油的储存量,由燃油指示表和装在燃油箱内的传感器两部分组成,有电磁式和电热式两种结构形式,传感器均为可变电阻式。

1. 电磁式燃油表

电磁式燃油表结构及工作原理如图 3-27 所示。指示表中有左右两只铁芯,铁芯上分别绕有线圈 1 和线圈 2,中间置有转子 3,转子上连有指针 4。传感器由可变电阻 5 和浮子 7 组成。浮子随油面高低变化,带动可变电阻变化。当油箱无油时,浮子下沉,可变电阻 5 短路,右线圈 2 短路无电流通过,左线圈 1 在全部电源电压的作用下,电流达最大值,产生电磁吸力最强,吸引转子 3 使指针停在最左边的"0"位上。当油量增加时,浮子上浮,带动滑片 6 移动,可变电阻 5 部分接入,左线圈 1 由于串联了电阻,电流相应减小,使左线圈电磁吸力减弱,而右线圈 2 中有电流通过产生磁场。转子 3 带动指针在合成磁场的作用下向右偏转,指示值增大。油满时,指针指在"1"位置。

电源电压波动指示值不受影响(通过左右线圈的电流成比例增加)。传感器可变电阻 5 的末端搭铁(可避免滑片 6 与可变电阻接触不良时产生火花而引起火灾)。

2. 电热式燃油表

电热式燃油表又称双金属式燃油表,如图 3-28 所示。油箱无油时,浮子下沉,滑片处于可变电阻的最右端,传感器的电阻全部串入电路中,此时电流最小,燃油表加热线圈 7 产生较小的热量,使双金属片 6 产生较小的变形,带动指针 8 指示在"0"处,表示油箱无油。

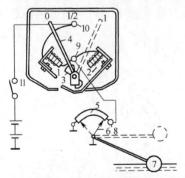

图 3-27 电磁式燃油表工作原理
1—左线圈;2—右线圈;3—转子;4—指针;
5—可变电阻;6—滑片;7—浮子;
8,9,10—接线柱;11—点火开关。

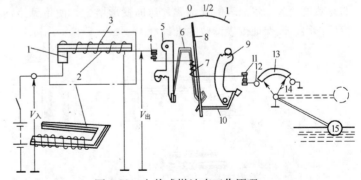

图 3-28 电热式燃油表工作原理
1—触点;2—双金属片;3—加热线圈;4,11,12—接线柱;
5,9—调节齿扇;6—双金属片;7—加热线圈;8—指针;
10—弹簧片;13—可变电阻;14—滑片;15—浮子。

当油量增加时,浮子上升,带动电阻滑片移动,电阻减小,流入加热线圈电流增大,双金属片受热变形增大,带动指针向右偏转,指出相应较大的读数。当油箱充满油时,指针指示在最右边"1"处。

电路中串接电源稳压器的作用是当电源电压波动时起稳压作用（EQ1090 为 (8.64 ± 0.15) V，CA1091 为 7V）。对于采用电热式的仪表，如燃油表与水温表，电流大小影响发热量也就影响读数，因此装有电源稳压器，常用的有电热式和电子式。

电热式电源稳压器工作原理如图 3-29 所示，当电源电压升高时，加热线圈 3 通过的电流大，双金属片 2 变形快，触点闭合时间缩短，分开时间延长；当电源电压降低时，加热线圈 3 通过的电流小，双金属片 2 变形慢，触点闭合时间延长，分开时间缩短。因此无论电源电压是升高还是降低，输出电压平均值基本保持不变。电源电压波动指示值不受影响（通过左右线圈的电流成比例增加）。

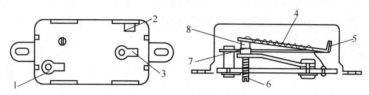

图 3-29　电热式电源稳压器结构

1—输出端；2—搭铁；3—输入端；4—加热线圈；5—双金属片；6—调整螺钉；7—固定触点；8—活动触点。

3.3.5　水温表

水温表用来指示发动机水套中冷却水的工作温度。由水温表和装在发动机汽缸盖水套上的水温传感器两部分组成。按其工作原理可分为：电热式水温表与热敏电阻式传感器；电热式水温表与电热式传感器；电磁式水温表与热敏电阻式传感器；电磁式水温表与热敏电阻式传感器等。

1. 电热式水温表与热敏电阻式传感器

带稳压器的电热式水温表与热敏电阻式传感器工作原理及结构见图 3-30。热敏电阻式水温传感器（又称感温塞）主要元件为负温度系数的热敏电阻（由镍、钴、锰、铜烧结而成），特性是温度升高时，电阻值减小。当冷却水温较低时，热敏电阻值大，电路中电流的有效值小，水温表中双金属片弯曲变形小，使指针指向低温。当冷却水温度升高时，热敏电阻值变小，电路中电流的有效值变大，水温表的双金属片弯曲变形增大，使指针指向高温。电路中串接的电源稳压器起稳压作用，以保证仪表读数的准确性。

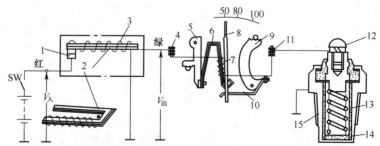

图 3-30　电热式水温表与热敏电阻式传感器工作原理

1—触点；2—双金属片；3—加热线圈；4, 11, 12—接线柱；5, 9—调节齿扇；6—双金属片；7—加热线圈；8—指针；10, 13—弹簧；14—热敏电阻；15—外壳。

2. 电热式水温表与电热式传感器

电热式水温表与电热式传感器工作原理如图 3-31 所示。传感器的铜质套筒内装有条形双金属片2,其上绕有加热线圈。线圈的一端接双金属片的触点,另一端与接触片3相连接,固定触点1通过铜质套筒的搭铁。双金属片具有一定的初始压力,当水温升高时,向上弯曲使触点间的压力减弱。当水温较低时,双金属片变形不大,触点间压力较大,触点闭合时间长(双金属片需经一段较长时间加热),且触点分离后,由于温度低,双金属片冷却较快,触点分离的时间减少,因此电路中电流的有效值较大,指示表的双金属片7变形也大,指针向右偏转,指向低温。当水温较高时,传感器中双金属片2向上弯曲,触点压力减弱,线圈通电加热使触点断开所需时间变短,而双金属片的冷却则变慢(触点分离的时间延长),使触点的相对闭合时间缩短,电路中电流的有效值减小,指示表中双金属片7变形减小,指针偏转角小,指向高温。

电热式水温表和电热式水温传感器,其本身具有稳定电压的功能,所以不需要电源稳压器。

3. 电磁式水温表与热敏电阻式传感器

电磁式水温表与热敏电阻式传感器如图3-32所示。电磁式水温表内有左右两只铁芯,铁芯分别绕有左线圈1和右线圈2,其中左线圈1与电源并联,右线圈2与传感器串联。两个线圈的中间置有软钢转子3,转子上连有指针4。当电源电压不变时,通过左线圈1的电流不变,所形成的磁场强度是一个定值。而通过右线圈2的电流则取决于与它串联的传感器热敏电阻值的变化。而热敏电阻为负温度系数。当水温较低时,热敏电阻值大,右线圈电流小,磁场弱,合成磁场主要取决于左线圈,使指针指在低温处。当水温升高时,传感器的电阻减小,右线圈中的电流增大,磁场增强,合成磁场偏移,转子便带动指针转动,指向高温。

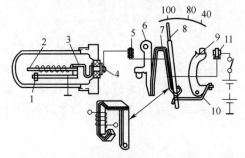 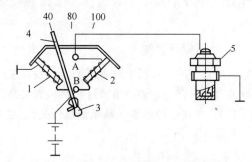

图3-31 电热式水温表与电热式传感器工作原理
1—固定触点;2—双金属片;3—接触片;4,5,11—接线柱;
6,9—调节齿扇;7—双金属片;8—指针;10—弹簧片。

图3-32 电磁式水温表与热敏电阻式传感器工作原理
1—左线圈;2—右线圈;3—软钢转子;
4—指针;5—热敏电阻。

3.3.6 机油压力表(油压表)及油压指示系统

1. 油压表

油压表用来指示发动机机油压力的大小和发动机润滑系工作是否正常。由油压指示表和装在发动机主油道中或粗滤器上的传感器两部分组成。按其工作原理可分为电热式、电磁式和动磁式油压表,其中电热式油压表应用最为广泛。

图3-33所示的电热式油压表传感器内装有膜片2,膜片2的内腔1与发动机主油道相通,膜片2的中心顶着弯曲的弹簧片3。弹簧片3的一端与膜盒固定并搭铁,另一端焊有触点,且经常与上面的Ⅱ形双金属片4的触点接触,双金属片4上绕有与本身绝缘的加热线圈。线圈4的一端直接与双金属片的触点相连,另一端经接触片6和接线柱7与指示表相连。校正电阻与加热线圈并联。

油压指示表双金属片11的一端固定在调节齿扇10上,另一端与指针12相连,其上也绕有加热线圈。

油压很低时,传感器中膜片2作用在触点上的压力小。电流流过加热丝时间很短,温度略有上升,双金属片就弯曲,使触点分开,电路被切断。经过一段时间后,双金属片冷却伸直,触点又闭合,电路又接通,电热丝又开始加热,如此反复循环。开闭频率每分钟为5次~20次。油压指示表中,双金属片因温度较低而弯曲变形小,指针12向右偏转角度小,指示较低油压。

当油压升高时,膜片向上弯曲,加在触点上的压力增大,这样只有加热线圈通过电流大时,双金属片温度高,触点才能断开。此时,触点断开时间短,双金属片稍一冷却又很快闭合,频率增高。通过绕于双金属片11上的加热线圈的电流有效值增加,使双金属片弯曲变形增大,指针指示较高油压。

电热式机油表设有精度调整机构。机油表若在"0"位有误差,可用起子或专用工具转动机油表中调节齿扇10,使指针指到刻度盘上的"0"位。若在"5"位置(0.5MPa)有误差,应转动调节齿扇13,使指针指到"5"的刻度上。

为使油压的指示值不受外界温度的影响,双金属片4制成Ⅱ字形,其上绕有加热线圈的一边称为工作臂,另一边称为补偿臂。当外界温度变化时,工作臂的附加变形被补偿臂的相应变形所补偿(温度与补偿臂的变化两者作用在工作臂的端部是相反的),使指示表的示值不变。在安装传感器时,应使盒上的箭头(↑)向上,不应偏出垂直位置30°,使工作臂位于补偿臂之上。这样,工作臂产生的热气不致对补偿臂产生影响,造成示值不准确。

2. 油压指示系统

一些车型的仪表板上没有机油压力表,采用油压指示系统监视润滑系统的机油压力。当油压过低或过高时,通过油压报警灯和蜂鸣器报警。桑塔纳轿车的油压指示系统由低压传感器(低压油压开关)、高压传感器(高压油压开关)、油压检查控制器、油压指示灯和油压报警蜂鸣器等组成,如图3-34所示。

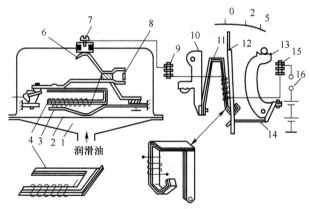

图3-33 电热式油压表
1—油腔;2—膜片;3—弹簧片;4—双金属片;
5—调节齿轮;6—接触片;7,9,15—接线柱;8—校正电阻;
10,13—调整齿扇;11—双金属片;12—指针;
14—弹簧片;16—点火开关。

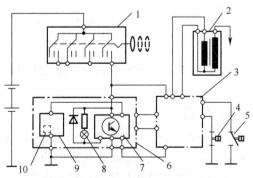

图3-34 桑塔纳轿车油压指示系统的组成
1—点火开关;2—点火线圈;3—中央线路板;
4—低压传感器;5—高压传感器;6—仪表盘(部分);
7—油压检查控制器;8—油压指示灯;
9—车速里程表;10—蜂鸣器。

低压传感器4安装在发动机主油道上,其常闭触点通过壳体直接搭铁,工作压力为30kPa,当油压低于30kPa时,触点闭合,高于30kPa时触点分开。高压传感器5固定在机油滤清器的支架上，其触点为常开触点，也通过壳体搭铁，工作压力为180kPa。当油压低于180kPa时，触点断开；高于180kPa时，触点闭合。油压报警蜂鸣器安装在车速里程表罩壳内。安装在仪表盘上的油压报警灯为闪动型红色发光二极管。

接通点火开关，发动机未启动时，油压报警灯应闪亮，油压报警蜂鸣器不响；发动机启动后，油压报警灯应熄灭，蜂鸣器也不响。汽车运行中，当机油压力低于30kPa或高速（转速高于2150r/min）低于180kPa时，油压报警灯以一定的频率闪亮发出报警信号，高速时蜂鸣器还将发出声响报警信号。

3.4 指示灯系统

现代汽车为了保证行车安全和提高车辆的可靠性，安装了许多报警装置。报警装置一般均由传感器和警告指示灯组成。指示灯系统的各种灯光必须醒目，以便容易引起驾驶员的注意，警报灯一般为红色，少数指示灯则采用黄色。

3.4.1 机油压力警告灯

机油压力警告灯（EQ1090型和CA1091型汽车均有）是当润滑系统机油压力降低到允许限度时，警告灯点亮，以提醒汽车驾驶员的注意。

1. 弹簧管式机油压力警告灯

如图3-35所示，传感器为盒形，内有一管形弹簧3，一端经管接头6与润滑系主油道相通，另一端则与动触点5相接。静触点4经接触片与接线柱2相连。当油压低于0.05MPa～0.09MPa时，管形弹簧变形很小，于是触点4，5闭合，电路接通，警告灯发亮，指示主油道机油压力过低，应及时停机维修。当油压超过0.05MPa～0.09MPa时，管形弹簧产生的弹性变形大，使触点4，5断开，电路切断，警告灯熄灭。说明润滑系工作正常。

2. 膜片式机油压力警告灯

如图3-36所示，膜片的上侧面承受弹簧向下的弹力，下侧面承受润滑油路的压力。当润滑系统的压力过低时，膜片在弹簧作用下向下移动，使动触点和静触点接触，报警电路接通，报警灯亮，提醒驾驶员应停机维修。

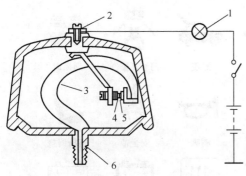

图3-35 弹簧管式机油压力警告灯电路
1—警告灯；2—接线柱；3—管形弹簧；
4—静触点；5—动触点；6—管接头。

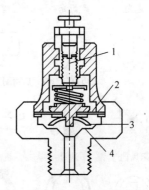

图3-36 膜片式机油压力报警传感器
1—调控螺钉；2—膜片；3—活动触点；4—固定触点。

3.4.2 液面不足警告灯

制动、冷却液面警告灯传感器装在液罐内，结构如图3-37所示。外壳1内装有舌簧开关3，开关3的两个接线柱2与液面警告灯、电源相接。浮子5上固定着永久磁铁。

当浮子5随着液面下降到规定值以下时，永久磁铁4的吸力吸动舌簧开关2，使之闭合，接通警告灯亮。液面在规定值以上时，浮子上升，磁铁的磁力不能使舌簧开关接通，断开警告灯电路。

3.4.3 燃油油量警告灯

当燃油箱内燃油减少到某一规定值时，燃油油量警告灯点亮，以告知驾驶员引起注意。热敏电阻式燃油油量警告灯工作原理如图3-38所示，由热敏电阻式燃油油量传感器和警告灯组成。

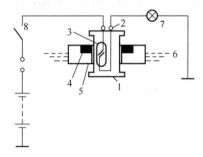

图3-37 液面传感器

1—舌簧开关外壳；2—接线柱；3—舌簧开关；4—永久磁铁；
5—浮子；6—制动液面；7—报警灯；8—点火开关

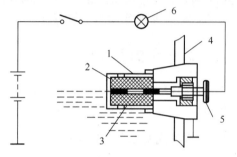

图3-38 燃油油量警告灯电路

1—外壳；2—防爆用的金属网；3—热敏电阻元件；
4—油箱外壳；5—接线柱；6—警告灯

当燃油箱内燃油量多时，负温度系数的热敏电阻3浸没在燃油中散热快，其温度较低，电阻值大，所以电路中电流很小，警告灯处于熄灭状态。当燃油减少到规定值时，热敏电阻元件3露出油面，温度升高，电阻值减小，电路中电流增大，则警告灯亮，以示警告。

现代汽车上使用了很多警告装置，图3-39为仪表板上常见警告灯和监视符号的含义。

图3-39 仪表板上常见警告灯和监视符号

3.5 照明与信号系统典型电路

3.5.1 照明系统典型电路分析

图 3-40 为桑塔纳轿车照明系统电路。

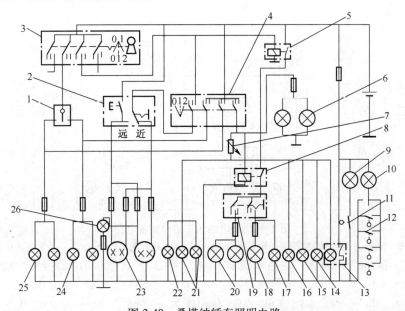

图 3-40 桑塔纳轿车照明电路

1—停车灯开关；2—变光和超车开关；3—点火开关；4—车灯开关；5—中间继电器；6—牌照灯；7—仪表灯调光电阻；
8—雾灯继电器；9—后备箱灯；10—顶灯；11—后备箱灯门控开关；12—顶灯门控开关；13—点烟器照明灯；
14—雾灯开关照明灯；15—后风窗除霜器开关照明灯；16—空调开关照明灯；17—雾灯指示灯；18—雾灯；19—雾灯开关；
20—前雾灯；21—仪表灯；22—时钟照明灯；23—前照灯；24—右前、后示廊灯；25—左前、后示廊灯；26—远光指示灯。

前照灯：前照灯23由点火开关3和车灯开关4共同控制，点火开关3置于正常工作挡位（1挡）、车灯开关4为2挡时，前照灯亮，通过变光开关2进行远光、近光变换控制。此外，远光灯还由超车开关2直接控制，在夜间汽车超车时当作超车信号灯用。

雾灯：雾灯开关电路中，连接了雾灯继电器8，雾灯继电器线圈由车灯开关4控制，雾灯继电器触点由中间继电器5控制，而中间继电器由点火开关控制。要使用雾灯，点火开关必须置于1挡；车灯开关必须置于1挡或2挡；雾灯开关置于1挡，接通前雾灯20的电路，2挡同时接通前雾灯20、后雾灯18和雾灯指示灯17的电路。

牌照灯及开关照明：牌照灯6由车灯开关4直接控制，不受点火开关控制，在车灯开关置于1挡或2挡时亮。仪表板、时钟、点烟器、雾灯开关、后风窗除霜器开关、空调开关等的照明灯21，22，13，14，15，16也均由车灯开关4直接控制。当车灯开关在1挡或2挡时，上述照明灯均被接通，其亮度可通过仪表灯调光电阻7进行调节。

顶灯及后备箱灯：顶灯10由顶灯开关和门控开关12共同控制，当顶灯开关接通时，顶灯亮。当顶灯开关断开时，顶灯由4个门控开关控制，只要有一个门控开关接通即有一个门关闭不严，顶灯就亮。后备箱灯9由后备箱灯门控开关11控制，当后备箱门打开时，其门控开关就会接通后备箱灯电路。

3.5.2 信号系统典型电路分析

图3-41为桑塔纳轿车信号系统电路。

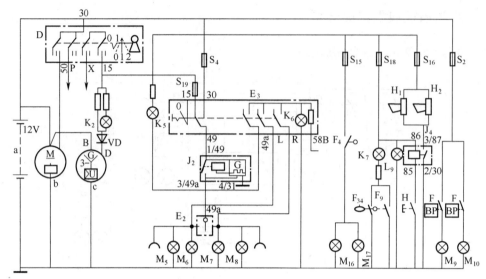

图3-41 桑塔纳轿车信号装置电路

E_2—转向灯开关；E_3—危险报警灯开关；F—制动开关；F_4—倒车灯开关；F_9—驻车制动灯开关；
F_{34}—制动液面警告开关；H—喇叭按钮；H_1、H_2—喇叭；J_2—闪光继电器；J_4—喇叭继电器；
K_5—转向指示灯；K_6—报警指示灯；K_7—制动液面、驻车指示灯；K_{10}—除霜器指示灯；
M_5、M_6、M_7、M_8—（左前、左后、右前、右后）转向灯；M_9—左制动灯；M_{10}—右制动灯；M_{16}—左倒车灯；
M_{17}—右倒车灯；S_{18}—喇叭继电器及驻车制动灯熔断器；S_2—制动灯熔断器；S_4—危险报警灯熔断器；
S_{15}—倒车灯熔断器；S_{16}—喇叭熔断器；S_{19}—转向灯熔断器。

危险报警灯开关E_3置于1挡（断开位置）时，转向灯开关E_2正常起作用，控制左侧或右侧转向灯闪烁。当危险报警灯开关E_3置于2挡（接通位置）时，转向灯开关不再起作用，左侧和右侧转向灯同时闪烁报警。

当危险报警灯开关E_3置于1挡，并且点火开关接通时，转向灯开关E_2控制左侧或右侧转向灯和装在仪表板上的转向指示灯K_5闪烁。例如，转向灯开关置于右转向位置时，右转向灯M_7、M_8和转向指示灯K_5交替闪烁：闪光继电器触点闭合时，右转向灯M_7、M_8亮，转向指示灯K_5暗。闪光继电器触点打开时，右转向灯M_7、M_8暗，转向指示灯K_5亮。

当危险报警灯开关E_3置于2挡时，全部转向信号灯闪烁。电路为：蓄电池正极—30电源线—熔断器S_4—E_3—闪光继电器J_2—E_3的3接柱、4接柱→左右转向灯→搭铁→蓄电池负极。闪光继电器触点闭合时，所有转向信号灯和报警指示灯K_6亮，转向指示灯K_5暗。闪光继电器触点打开时，所有转向信号灯和报警指示灯K_6暗，转向指示灯K_5亮。

3.5.3 指示灯系统典型电路分析

图3-42所示为桑塔纳普通型轿车报警（指示）灯电路，主要包括充电指示灯、机油压力指示灯、冷却液液面和温度报警灯、制动液液面和驻车制动指示灯等。采用发光二极管作为报警灯光源，电路一般增设降压电阻及电子驱动控制器。

充电指示灯：接通点火开关ON挡，充电指示灯亮，发动后应熄灭。

油压报警灯：受缸盖上的低速低压开关、机油滤清器支架上的高速低压开关、转速信号及仪表板内油压检查控制器控制。接通点火开关，油压报警灯应闪亮且蜂鸣器不响，发动机发动后报警灯应熄灭，蜂鸣器不响。

若怠速时油压小于0.03MPa，油压报警灯会继续闪烁，表示油压过低。若转速高于2150r/min，油压还低于0.18MPa，油压指示灯闪烁且蜂鸣器鸣叫报警，以示高速下油压过低。

水温过高报警灯：水温表内，由仪表稳压器供电，受水温传感器、冷却水液面传感器控制。接通点火开关，冷却水温度报警灯闪烁5s（约10次）后自动熄灭。当副水箱（膨胀箱）冷却水液面过低、水温高于115℃（水温传感器阻值小于65Ω）时，水温报警灯闪烁。

制动器报警灯：受驻车制动开关和制动液液面开关控制。拉起驻车制动拉杆，灯点亮；放松驻车制动拉杆，灯熄灭。若放松驻车制动拉杆，制动器报警灯仍亮，说明制动液液面过低。

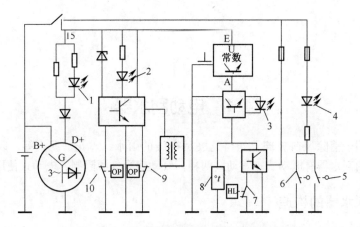

图3-42　上海桑塔纳普通型轿车报警灯电路
1—充电指示灯；2—油压报警灯；3—水温报警灯；4—制动器报警灯；5—驻车制动开关；6—制动液面开关；7—冷却液面开关；8—水温传感器；9—高速油压开关；10—怠速油压开关。

第 4 章 车身电器装置

4.1 电动刮水器

电动刮水器用于消除风窗玻璃上妨碍驾驶员视线的雨水、雪花、泥土等，以确保行车安全。目前汽车上使用的刮水器有电动式、气动式两种。气动式受气源限制，电动式使用广泛。

4.1.1 电动刮水器的构造

电动刮水器由刮水电动机和一套传动机构组成，如图 4-1 所示。电动机 5 通电旋转时，带动蜗杆、蜗轮 4，摇臂 6 转动，使拉杆 7 往复运动，从而带动刮水片 1 左右摆动。

刮水器的电动机按磁场结构分电磁式（绕线式）和永磁式两种（图 4-2）。区别在于，前者的磁场是电磁场（由磁极与绕组构成，绕组通电产生磁场）；而后者为永久磁铁（磁极为铁氧体永久磁铁）。永磁电动机具有体积、质量小，构造简单，工作可靠且价廉，被广泛采用。

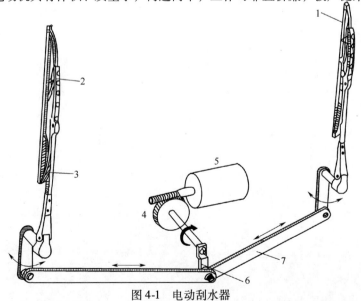

图 4-1 电动刮水器
1—刮水片；2—铰接式刮水片架；3—刮水臂；4—蜗杆、蜗轮；5—电动机；6—摇臂；7—拉杆。

4.1.2 电动刮水器的工作原理

电动刮水器的工作原理如图 4-3 所示,按不同的使用条件,电动刮水器一般有快慢两挡。直流电动机的转速公式为

$$n = \frac{U - I_a R_a}{KZ\Phi} \text{ (r/min)} \tag{4-1}$$

式中 U——电动机端电压;

I_a——通过电枢绕组中的电流;

R_a——电枢绕组的电阻;

K——常数;

Z——正负电刷间串联的导体数;

Φ——磁极磁通。

可见,电动机的转速与电源电压成正比,与电枢电阻电压降、磁通和两电刷间串联的导体数成反比。汽车上通常采用改变磁通或两电刷间串联的导体数,对直流电动机转速进行变速。

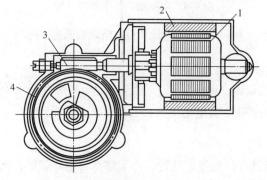

图 4-2 永磁式刮水器电动机结构
1—电枢;2—磁极;3—蜗杆;4—蜗轮。

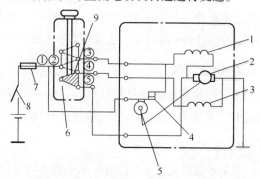

图 4-3 电磁式刮水器电动机工作原理
1—串励绕组;2—电枢;3—并励绕组;4—触点;
5—凸轮;6—刮水器开关;7—熔断器;
8—电源开关;9—接触片。

4.1.3 永磁式电动刮水器

刮水器的快慢工作速度通过控制驱动电动机的变速实现。永磁电动机(因磁场强弱不能改变)通过改变两电刷间串联的导体数的方法(采用三刷式电动机)实现,即在电动机外加电压 U 不变的情况下,改变电动机产生反电动势 e 的大小,达到变化电动机转速的目的。

直流电动机工作时,在电枢内同时产生反电动势 e,其方向与电枢电流的方向相反,要使电枢旋转,U 必须大于 e(即 $U>e$)。当电枢转速 n 上升时,反电动势也相应上升,只有当外加电压 U 几乎等于反电动势 e(忽略电枢绕组的内部电压降)时,电动机的转速才趋于稳定。

三刷电动机旋转时,电枢绕组所产生的反电动势方向如图 4-4 所示。当开关 K 拨向 L 时,电源电压 U 加在 B_1 和 B_3 之间,在电刷 B_1 和 B_3 之间有两条并联支路,一条是由线圈①、⑥、⑤串联起来的支路;另一条是由线圈②、③、④串联起来的支路。这两路线圈产生的全部反电动势与电源电压平衡后,电动机便稳定旋转。此时转速较低。当开关 K 拨向 H 时,电源电压加在 B_2 和 B_3 之间,此时,电枢绕组一条由 4 个线圈②、①、⑥、⑤串联,另一条由 2 个线圈③、④串联。其中线圈②与线圈①、⑥、⑤的反电动势方向相反,互相抵消后,变为只有 2 个线圈的反电动势

与电源电压平衡,因而只有转速升高,使反电动势增大,才能达到新的平衡。故此时转速较高。可见,两电刷间的导体数减少,就会使电动机的转速升高,这就是永磁三刷电动机变速的简单原理。

为了不影响驾驶员的视线,要求刮水片能够自动复位,不论什么时候切断电源,刮水器的橡皮刷都能自动停止在风窗玻璃的下部,图4-5为铜环式刮水器自动复位装置示意图。在直流电动机减速器的蜗轮(由尼龙制成)上,嵌有铜环,此铜环分为两部分,其中面积较大的一片9与电动机外壳相连接而搭铁。触点臂3,5用磷铜片制成,有弹性,其一端分别铆有触点4,6与蜗轮端面或铜片7,9接触。

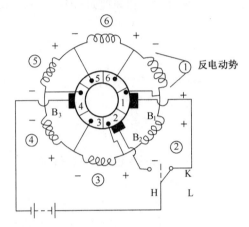

图4-4 电枢绕组反电动势分析

1. 慢速刮水

当接通电源开关,变速开关K拉到L挡位置时,电流由蓄电池正极—电源开关1—熔断丝2—电刷B_1—电枢绕组10—电刷B_3—接线柱②—接触片—接线柱③—搭铁—蓄电池负极,电动机低速运转。

2. 快速刮水

当变速开关K拉到H挡位置时,电流由蓄电池正极—电源开关1—熔断丝2—电刷B_1—电枢绕组10—电刷B_2—接线柱④—接触片—接线柱③—搭铁—蓄电池负极,电动机快速运转。

3. 停机复位

当刮水器开关置于0挡时,如果刮水器橡皮刷没有停到规定位置,由于触点与铜环接触,电流继续流入电枢,其电路为:蓄电池正极—开关1—熔断丝2—电刷B_1—电枢绕组—电刷B_3—接线柱②—接触片—接线柱①—触点臂⑤—铜环⑨—搭铁—蓄电池负极(图4-5(b)),电动机仍以低速转动,直到蜗轮旋转到图4-5(a)所示的特定位置,电路中断。电枢绕组通过触点臂3,5与铜环7接通而短路,由于电枢转动时的惯性作用,电动机不能立即停下来,电动机以发电机方式运行而发电。因为电枢绕组所产生的反电动势方向与外加电压的方向相反,所以电流从电刷B_1—触点臂3—触点4—铜环7—触点6—触点臂5—接线柱①—接触片—接线柱②—电刷B_3,形成回路,产生制动转矩,电动机迅速停止转动,使刮片复位到风窗玻璃下部。

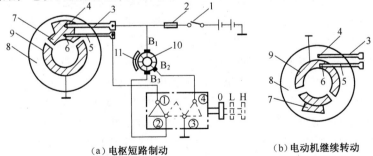

(a) 电枢短路制动　　　　(b) 电动机继续转动

图4-5 铜环式自动复位装置

1—电源开关;2—熔断丝;3,5—触点臂;4,6—触点;7,9—铜环;
8—蜗轮;10—电枢;11—永久磁铁。

4.1.4 间隙式电动刮水器

雾天或小雨中行驶时,刮水器反复刮动不但没有必要,反而影响驾驶员视线,为此汽车上加置了电子间歇系统。

图 4-6 所示为同步式间歇刮水器控制电路。当刮水器开关置于断开位置,间歇开关置于接通位置时,12V 电源便向电容器 C 充电,充电电路:经自停触点上触头、电阻 R_1、电容器 C、搭铁,形成回路。当电容器 C 两端电压增加到一定值时,三极管 VT_1,VT_2 先后由截止转为导通,继电器 J 因通过电流而动作,使继电器 J 的常闭触头打开,常开触头闭合,从而接通了刮水器电动机电路:电源正极—刮水器电机—刮水器开关—继电器 J 的常开触头—搭铁—电源负极,刮水器电动机旋转,刮片摆动。

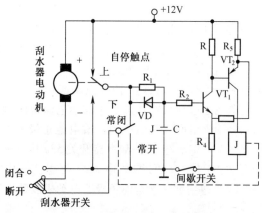

图 4-6 同步式间歇刮水器控制电路

当凸轮将自停触点与上触头断开(凸轮与电动机连动,图中未画),与下触头接通时,电容器 C 通过二极管 VD,自停触点下触头迅速放电,此时刮水器电动机通电电路不变,电动机继续转动。电容器 C 放电,使三极管基极电位降低,从而 VT_1,VT_2 转为截止状态,通过继电器 J 的电流中断,常开触点断开,回复到常闭位置,此时刮水器电动机电路:电源正极—刮水器电动机—刮水器开关—继电器常闭触头—自停触点下触头—搭铁—电源负极,因而电动机仍转动。只有当刮水器刮片摆回原位,正好是凸轮将自停触点与下触头断开,与上触头接通复原时,电动机才停转。接着电源再向电容器 C 充电。如此重复,使刮水器刮片间歇动作,停歇时间长短取决于 R_1,C 的充电时间常数。

非同步式间歇刮水器是利用多谐振荡器控制继电器触头的开闭来实现刮水器间歇动作,与刮水器电机转速无关。

4.2 风窗玻璃洗涤器和除霜装置

为了及时消除风窗玻璃上的尘土和污物,使驾驶员有良好的视线,在汽车的刮水系统中增设了清洗装置。

4.2.1 风窗玻璃洗涤器

1. 结构与工作原理

风窗玻璃洗涤器由储液罐、电动泵(微型永磁直流电动机和离心式水泵组成)、软管、喷嘴(直径一般为 0.7mm~1.0mm,喷水压力为 70kPa~160kPa)及刮水器开关等组成,如图 4-7 所示。

喷嘴安装在风窗玻璃下面,其喷嘴的方向可调整,洗涤泵连续工作时间一般不超过 5s,使用间隔时间不小于 10s。无洗涤液时,不开动洗涤泵。使用洗涤器时,刮水器也工作且应先喷水后刮水,在喷水停止后,刮水器应继续刮 3 次~5 次,这样可以把风窗玻璃上的水滴刮干。所以洗涤器电路一般都与刮水器开关联合工作。

2. 控制电路

图4-8所示为桑塔纳轿车风窗刮水器洗涤器控制电路。刮水器控制开关有5个挡位：2挡为高速运转（62r/min～80r/min）；1挡为低速运转（42r/min～52r/min）f挡为点动；0挡为复位停止挡；j挡为间歇运转。电路受点火开关和中间继电器的控制（点火开关置于ON，中间继电器触点闭合，接通刮水器洗涤器电源）。

（1）刮水器开关拨到f挡（点动挡）

蓄电池通过刮水器开关、间歇继电器常闭触点向刮水电动机供电，其电路为：蓄电池正极—中间继电器触点—熔断丝S_{11}—刮水器开关53a接柱—刮水器开关53接柱—间歇继电器常闭触点—电刷B_1—电刷B_3—搭铁—蓄电池负极，电动机以低速运转。当手离开刮水器开关时，开关将自动回到0位。

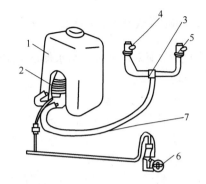

图4-7 风窗玻璃洗涤器
1—储液罐；2—电动泵；3—三通；
4，5—喷嘴；6—刮水器开关；7—软管。

（2）刮水器开关拨到1挡（低速挡）

蓄电池仍然是通过中间继电器、刮水器开关、间歇继电器、电刷B_1和B_3向刮水电动机放电（放电回路与点动时相同），电动机低速运转。

（3）刮水器开关拨到2挡（高速挡）

接通电路：蓄电池正极—中间继电器触点—熔断丝S_{11}—刮水器开关53a接柱—刮水器开关53b接柱—电刷B_2—电刷B_3—搭铁—蓄电池负极，电动机高速运转。

（4）刮水器开关拨到j挡（间歇挡）

电子式间歇继电器投入工作，使其触点不断开闭。当间歇继电器的常闭触点打开，常开触点闭合时，电路为：蓄电池正极—中间继电器触点—熔断丝S_{11}—间歇继电器的常开触点—电刷B_1—电刷B_3—搭铁—蓄电池负极，电动机

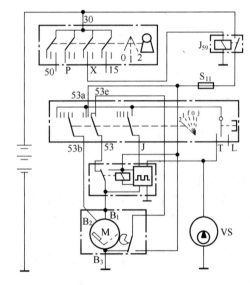

图4-8 桑塔纳轿车风窗刮水器洗涤器控制电路

低速运转。当间歇继电器断电，其触点复位（常闭触点闭合，常开触点打开）时，电动机停止运转（自动复位装置工作、制动力矩产生）。在间歇继电器的作用下，刮水电动机每6s使曲柄旋转一周。

（5）洗涤器开关拨到T挡（洗涤挡）

蓄电池经中间继电器触点、熔断丝S_{11}、刮水器开关53a接柱、洗涤器开关T接柱向洗涤器电动机Vs供电，喷嘴喷洒洗涤液。与此同时接通间歇继电器电路，继电器工作使刮水器刮片摆动3次~4次。如果洗涤器开关停留在该挡位，洗涤器将继续喷洒洗涤液，刮水器也继续摆动。

（6）自动复位

刮水器电动机上装有一个由凸轮驱动的一掷两位停机复位开关，当刮水器开关置于0挡时，

如果刮水片未停到规定位置，自动复位开关的常闭触点打开，常开触点闭合，刮水电动机电枢内继续有电流通过，其电流为：蓄电池正极—中间继电器触点—熔断丝 S_{11}—复位开关的常开触点—刮水器开关 53e 接柱—刮水器开关 53 接柱—间歇继电器常闭触点—电刷 B_1—电刷 B_3—搭铁—蓄电池负极。

故电动机仍以低速运转，直到自动复位开关切断电动机电路（处在图4-8所示位置），刮水电动机停止运转，刮水片也复位到风窗玻璃的下部。

4.2.2 风窗除霜（雾）装置

在较冷的季节，有雨、雪或雾的天气，空气中的水分会在冷的风窗玻璃上凝结成细小的水滴甚至结冰，从而影响驾驶员的视线。为防止水分的凝结，设置风窗除霜（雾）装置，需要时可以对风窗玻璃加热。

在装有空调或暖风装置的汽车上，通过风道向前面及侧面风窗玻璃吹热风以加热玻璃，防止水分凝结。

对后风窗玻璃的除霜，常常是电热丝加热实现的。如图4-9所示，在风窗玻璃内表面均匀间隔地镀有数条导电膜，形成电热丝，在需要时接通电路，即可对风窗进行加热。这种后窗除霜装置耗电量为50W～100W。

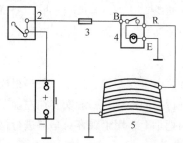

图 4-9 后窗除霜（雾）装置
1—蓄电池；2—点火开关；3—熔断丝；
4—除霜器开关及指示灯；5—除霜器（电热丝）。

4.3 电 动 车 窗

电动车窗也称自动车窗，由于其操作简单、可靠，目前在现代汽车上得到了广泛的应用。

4.3.1 结构组成

电动车窗系统主要由车窗、电动机、电动玻璃升降器、开关等组成。

1. 电动机

电动车窗一般使用双向永磁或绕线（双绕组串联式）电动机，每车窗安装一只电动机，通过开关控制其电流方向，从而实现车窗的升降。另外，为了防止电动机过载，在电路或电动机内装有一个或多个热敏电路开关，用来控制电流，当车窗玻璃上升到极限位置或由于结冰而使车窗玻璃不能自由移动时，即使操纵控制开关，热敏开关也会自动断路，避免电动机通电时间过长而烧坏。

2. 电动玻璃升降器

电动玻璃升降器主要有两种形式：一种是用齿扇来实现换向作用。如图4-10所示，齿扇上连有螺旋弹簧。当车窗上升时，弹簧伸展，放出能量，以减轻电机负荷；当车窗下降时，弹簧压缩，吸收能量，从而使车窗无论上升还是下降，电动机的负荷基本相同。另一种升降器是使用柔韧性齿条和小齿轮，车窗连在齿条的一端，电动机带动轴端小齿轮转动，使齿条移动，以带动车窗升降,其结构如图 4-11 所示。

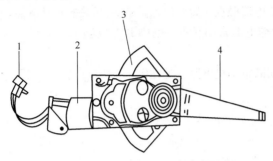 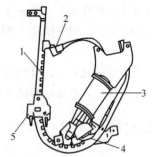

图 4-10　电动车窗齿扇式升降器　　　　图 4-11　电动车窗齿条升降器
1—电缆接头；2—电动机；3—齿扇；4—推力杆。　　1—齿条；2—电缆接头；3—电动机；
　　　　　　　　　　　　　　　　　　　　　　4—小齿轮；5—定位架。

3. 开关

开关由主控开关、分控开关等组成。电动车窗控制系统中的主控开关用于驾驶员对电动车窗系统进行总的操纵,一般安装在左前车门把手上或变速杆附近；分控开关安装在每个车门的中间或车门把手上,用于乘客对车窗进行操纵。

4.3.2　工作原理

不同汽车所采用的电动车窗的控制电路不同,按电动机是否直接搭铁分为电动机不搭铁和电动机搭铁两种。

电动机不搭铁的控制电路是指电动机不直接搭铁,电动机的搭铁受开关控制,通过改变电动机的电流方向来改变电动机的转向,从而实现车窗的升降。控制电路如图 4-12 所示。

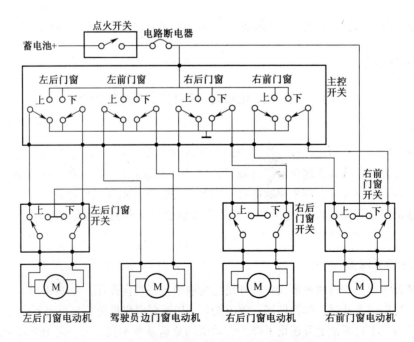

图 4-12　电动机不搭铁的电动车窗控制电路

电动机搭铁的控制电路是指电动机一端直接搭铁,而电动机有两组磁场绕组,通过接通不同的磁场绕组,使电动机的转向不同,实现车窗的升降,控制电路如图 4-13 所示。

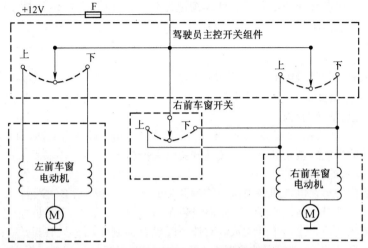

图 4-13 电动机搭铁的电动车窗控制电路

可见,电动车窗控制电路中,一般都设有驾驶员集中控制的主控开关和每一个车窗的独立操作开关,每个车窗的操作开关可由乘客自己操作。但是,有些汽车的主控开关备有安全开关,可以切断其他各车窗的电源,使每个车窗的操作开关不起作用,这个开关只能由驾驶员一人操作。

电动机不搭铁的控制方式,因为开关既控制电动机的电源线,又控制电动机的搭铁线,所以开关的结构和线路比较复杂,但由于电动机结构简单,所以应用比较广泛。

4.3.3 桑塔纳 2000 型轿车电动车窗的组成及工作过程

1. 组成

桑塔纳 2000 型轿车采用的电动车窗装置由翘板按键开关、传动机构、升降器及电动机组成。控制电路如图 4-14 所示。

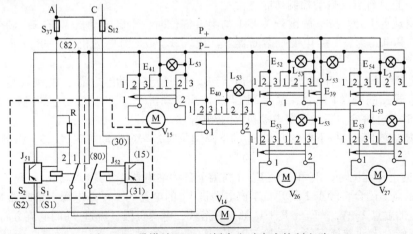

图 4-14 桑塔纳 2000 型轿车电动车窗控制电路

按键开关 E_{39}、E_{40}、E_{41}、E_{52} 和 E_{53} 被安置在中央通道面板上的开关盘上,其中,黄色按键开关 E_{39} 为安全开关,可以使后车窗开关 E_{53} 和 E_{55} 不起作用;E_{40}、E_{41}、E_{52} 和 E_{54} 分别为左前、右前和左后、右后门玻璃升挡开关,为使左后和右后门玻璃能独立升降,在两后门上分别设置了 E_{53} 和

E_{55} 两个按键开关。V_{14}、V_{15}、V_{26} 和 V_{27} 分别是左前、右前、左后、右后车窗电动机,电动机为永磁直流电动机,正常工作电流为 4A~15A,电动机内带有过载断路保护器,以免电动机超载烧坏;延时继电器 J 是保证在点火开关断开后,使车窗电路延时 50s 后再断开,使用方便、安全;自动继电器 J_{51} 用于控制左前门车窗电动机,进行自动控制。

2. 工作过程

接通点火开关后,延时继电器 J_{52} 与 C 路电源相通,其常开触点闭合,按键开关内的 P-通过该触点接地,而 P_+ 通过熔断器 S_{37} 与 A 路电源相通,此时,按动按键开关便可使车窗自动移动。

1) 发动机熄火后的延时控制

关闭点火开关后,C 路电源断电,延时继电器 J_{52} 由 A 路电源供电,延时 50s 后,继电器在触点断开,控键开关的搭铁线被切断,所有按键开关失去控制作用。

2) 后车窗电动机的控制

左后门和右后门的车窗电动机各由两个按键开关 E_{52}、E_{53} 和 E_{54}、E_{55} 控制,E_{52} 和 E_{54} 安装在中央通道面板上,供驾驶员控制;E_{53} 和 E_{55} 分别安装在两后门上,供后座乘员控制。同一后门的两个开关采用级联方式连接,当两个开关被同时按下时没有控制作用,只有当某一开关被按下时才有控制作用。在安全开关 E_{39} 被按下的情况下,E_{39} 的常闭触点断开,切断了后车门上控键开关 E_{53} 和 E_{55} 的电源,使其失去了对各自车窗电机的控制。因而,起到保护儿童安全的作用。

(1) 车窗玻璃上升。在安全开关 E_{39} 没有被按下的情况下,将 E_{52}(E_{54})置于上升位,车窗电动机 V_{26}(V_{27})正转,带动左后(右后)车门玻璃上升。其电路为:A 路电源—熔断器 S_{37}—P_+—E_{52}(E_{54})—E_{53}(E_{55})—左后(右后)门窗电机 V_{26}(V_{27})—E_{53}(E_{55})—E_{52}(E_{54})—P-—J_{52} 触点—接地—电源负极。如果按下左后(右后)车门上 E_{53}(E_{55})的上升键位,车窗电机 V_{26}(V_{27})同样可以带动车门玻璃上升。

(2) 车窗玻璃下降。在安全按键开关 E_{39} 没有被按下的情况下,按下 E_{52}(E_{54})或 E_{53}(E_{55})的下降位,车窗电动机 V_{26}(V_{27})电枢电流的方向与上述情况相反,电动机反转,带动左后(右后)车门正玻璃下降。

3) 前车窗电动机的控制

右前门车窗电动机 V_{15} 由按键开关 E_{41} 控制,而左前门车窗电动机 V_{14} 由按键开关 E_{40} 和自动继电器 J_{51} 控制,且具有点动自动控制功能。

(1) 车窗玻璃上升。按下按键开关 E41 的上升键位时,车窗电动机 V_{15} 正转,带动右前门车窗玻璃上升。其电路为:A 路电源—熔断器 S_{37}—P_+—E_{41}—车窗电动机 V_{15}—P-—T_{52} 触点—搭铁—电源负极。

按下按键开关 E_{40} 的上升键位时,P_+ 和 P-经 E_{40} 分别接至自动继电器 J_{51} 的输入端 S_2 和 S_1,此时,自动继电器 J_{51} 的触点 1 闭合,触点 2 断开,车窗电动机 V_{14} 正转,带动左前门玻璃上升。按键开关 E_{40} 复位时,电路被切断,车窗电动机 V_{14} 停转。

(2) 车窗玻璃下降。按下按键开关 E_{41} 的下降键位时,车窗电动机 V_{15} 反转,带动右前门车窗玻璃下降。

按下 E_{40} 的下降键位时,P_+ 和 P-经 E_{40} 分别接至自动继电器 J_{51} 的输入端 S_1 和 S_2,此时,自动继电器 J_{51} 的触点 2 闭合,触点 1 断开,车窗电动机 V_{14} 的电路为:A 路电源—熔断器 S_{37}—P_+—取样电阻 R—J_{51} 的触点 2—V_{14}—E_{40}—P-—J_{52} 触点—搭铁—电源负极,流过 V_{14} 的电流方向与上升时相反,电动机反转,带动玻璃下降,手抬起时 E_{40} 复位,J_{51} 的触点也复位(触点 2 断开,触点 1 闭合),切断电路,电动机停转。

(3) 点动自动控制。当按下按键开关 E_{40} 下降键位时间小于或等于 300ms 时,自动继电器 J_{51} 判断为点动自动下降操作,于是继电器动作,触点 2 闭合。流过车窗电动机 V_{14} 的电流方向与正常下降操作时相同,电动机反转,车窗玻璃下降。继电器 J_{51} 的触点 2 将一直处于闭合状态,直至玻璃下降到底,电动机 V_{14} 堵转,此时电枢电流将增大,当电流增至约 9A 时,取样电阻 R 上的电压使继电器 J_{51} 动作,触点 2 断开,自动切断车窗电动机的通电回路,电动机停转;如果在下降期间,按下 E_{40} 的上升键位,继电器 J_{51} 将判断为下降操作结束,触点 2 断开,车窗电动机 V_{14} 停转。这样,通过对按键开关 E_{40} 进行点动控制就可以使左前车窗玻璃停止在任意位置。

4.4 电动后视镜

4.4.1 电动后视镜的组成

汽车电动后视镜可使驾驶员在车内调整后视镜的倾斜角度,使后视镜的调节变得十分方便。电动后视镜主要由永磁电动机、传动机构和控制开关组成,每个后视镜都装有两套驱动装置,可操纵后视镜上下及左右转动。通常上下方向的转动用一个电动机控制,左右方向的转动用另一个电动机控制。通过改变电动机的电流方向,即可完成后视镜的上下及左右调整。有的后视镜还带有可伸缩功能,由后视镜伸缩开关控制电动机工作,驱动伸缩传动装置带动后视镜收回和伸出。

4.4.2 电动后视镜的控制原理

电动后视镜通常采用组合式开关操纵,典型的电动后视镜的控制电路如图 4-15 所示。

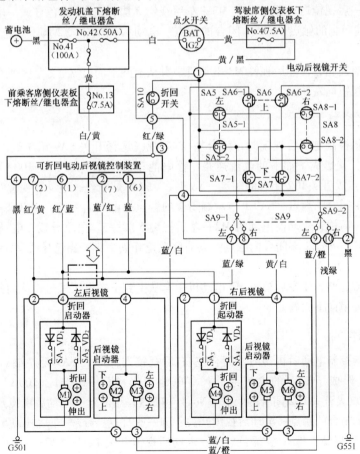

图 4-15 广州本田雅阁轿车电动后视镜控制电路

本田雅阁系列轿车电动后视镜系统中，左右后视镜的结构及工作原理基本相同。下面以左侧电动后视镜为例来介绍工作原理。

1. 向右倾斜控制

当要进行向右倾斜控制电动后视镜时，闭合左/右后视镜选择开关 SA9 至左端，再闭合向右倾斜联动开关 SA8 后，就形成了如下的电流通路：蓄电池正极电压—No.41（100A）熔断丝—No.42（50A）熔断丝—点火开关 IG2 闭合的触点—No.4（7.5A）熔断丝—电动后视镜开关 1 脚—向右倾斜联动开关 SA8 闭合的上触点 SA8—1—SA9-2 与左端闭合的触点—电动后视镜开关 9 脚—左后视镜开关 3 脚—后视镜启动器电动机 M3—左后视镜 4 脚—蓝/绿色导线—电动后视镜开关 7 脚—SA9-1 与左端闭合的触点—SA8-2 开关闭合的触点—电动后视镜开关 2 脚—黑色导线—G551 搭铁点—蓄电池负极。上述这一电流通路，使左后视镜 M3 电动机中有从下到上的电流通过，从而使 M3 电动机启动工作，驱动左后视镜向右倾斜。

2. 向左倾斜控制

当要向左倾斜控制电动后视镜时，闭合左/右后视镜选择开关 SA9 至左端，再闭合向左倾斜联动开关 SA5，就形成了如下的电流通路：蓄电池正极电压—No.41（100A）熔断丝—No.42（50A）熔断丝—点火开关闭合的 IG2 触点—No.4（7.5A）熔断丝—电动后视镜开关 1 脚—向左倾斜联动开关 SA5-2 闭合的触点—SA9-1 与左端闭合的触点—电动后视镜开关 7 脚—蓝色/绿色导线—左后视镜 4 脚—后视镜启动器电动机 M3—左后视镜 3 脚—蓝色/橙色导线—电动后视镜开关 9 脚—SA9-2 与左端闭合的触点—SA5-1 闭合的触点—电动后视镜开关 2 脚—黑色导线—G551 搭铁点—蓄电池负极。

上述这一电流通路，使左后视镜 M3 电动机中有从上到下的电流通过，从而使 M3 电动机启动工作，驱动左后视镜向左倾斜。

3. 向下倾斜控制

当要向下倾斜控制电动后视镜时，闭合左/右后视镜选择开关 SA9 至左端，再闭合向下倾斜联动开关 SA7 后，就形成了如下的电流通路：蓄电池正极电压—No.41（100A）熔断丝—No.42（50A）熔断丝—点火开关 IG2 闭合的触点—No.4（7.5A）熔断丝—电动后视镜开关 1 脚—向下倾斜联动开关 SA7-1 闭合的触点—SA9-1 与左端闭合的触点—电动后视镜开关 7 脚—蓝色/绿色导线—左后视镜 4 脚—后视镜启动器电动机 M2—左后视镜 5 脚—蓝/白色导线—电动后视镜开关 4 脚—向下倾斜联动开关 SA7-2 端闭合的触点—电动后视镜开关 2 脚—黑色导线—G551 搭铁点—蓄电池负极。

上述这一电流通路，使左后视镜 M2 电动机中有从上到下的电流通过，从而使 M2 电动机启动工作，驱动左后视镜向下倾斜。

4. 向上倾斜控制

当要向上倾斜控制电动后视镜时，闭合左/右后视镜选择开关 SA9 至左端，再闭合向上倾斜联动开关 SA6 就形成了如下的电流通路：蓄电池正极电压—No.41（100A）熔断丝—No.42（50A）熔断丝—点火开关 IG2 闭合的触点—No.4（7.5A）熔断丝—电动后视镜开关 1 脚—向上倾斜联动开关 SA6-2 闭合的触点—电动后视镜开关 4 脚—蓝/白色导线—左后视镜 5 脚—后视镜启动器电动机 M2—左后视镜 4 脚—蓝/绿色导线—电动后视镜开关 7 脚—SA9—1—SA6—1—电动后视镜开关 2 脚—黑色导线—G551 搭铁点—蓄电池负极。

上述这一电流通路，使左后视镜 M2 电动机中有从下到上的电流通过，从而使 M2 电动机启动工作，驱动左后视镜向上倾斜。

5. 可折回控制

左右后视镜折回电路主要由可折回电动后视镜控制装置、左右折回启动器、折回开关 SA10 等组成。

1）可折回控制装置的供电

可折回控制装置的供电有常通电源和可控电源两种。常通电源：由蓄电池正极电压，经 No. 41（100A），No. 13（7.5A），熔断丝，白/黄色导线加到可折回电动后视镜控制装置；可控电源：受折回开关 SA10 控制的电源，该电压是从电动后视镜开关 5 脚加到可折回电动后视镜控制装置的 3 脚上的，由可折回电动后视镜控制装置输出相应的控制电压，去驱动相应的电动机 M1 或 M4 正向运转或反向运转，以使后视镜伸出或缩回去，达到可折回控制的目的。

2）折回启动器内部结构

在左右后视镜伸缩电动机（即折回启动器）总成内，有两对联动触点 SA1 与 SA2、SA3 与 SA4，由这两组开关的通/断来控制折回电动机 M1，M4 中流过电流的方向，以达到使电动后视镜伸出或缩回的目的。这两对联动触点的工作均受可折回电动后视镜控制装置的控制，控制原理相同。

3）折回控制过程

由于左右后视镜的折回过程完全相同，以左后视镜的折回过程为例，SA1 与 SA2 在左后视镜处于各种工作情况下的通/断状况如下。

后视镜完全平行于车身：此时 SA2 闭合，SA1 断开。当后视镜要伸出，但尚未完全处于正常位置时，电流从可折回电动后视镜控制装置的 7 脚输出—从下到上经过 M1 电动机—SA2 开关闭合的触点—隔离二极管 VD_2—可折回电动后视镜控制装置 6 脚，使 M1 驱动后视镜逐渐从平行于车身的状态伸出。一旦后视镜完全伸出来处于正常位置，SA2 受控就被断开，SA1 受控被闭合。

同样，当后视镜正在缩回去，但尚未完全处于平行车身状态时，也仍是 SA2 开关断开，SA1 开关闭合，电流控制回路：可折回电动后视镜控制装置 6 脚输出的电流—左后视镜的 4 脚—隔离二极管 VD_1—SA1 闭合的触点—折回驱动电动机 M1—左后视镜 2 脚—可折回电动后视镜控制装置 7 脚。

上述这一电流通路，使折回电动机 M1 中有从上到下的电流通过，M1 启动工作，以与上述相反的方向运转使电动后视镜逐渐缩回去。一旦后视镜完全缩回去，SA2 又由受控为闭合状态，而 SA1 则由闭合状态受控变为断开状态，为下一次的伸出做准备。

第 5 章 汽车电器设备总线路

汽车电器设备总线路，就是将电源、启动系统、点火系统、照明和信号系统、仪表和显示装置、辅助电器装置等，按照它们各自的工作特性以及相互间的内在联系，通过开关、保险装置用导线连接起来构成的一个整体。

汽车电器设备总线路的布置虽然因车而异，但都存在一定的规律性。了解汽车电器线路的内在联系和熟悉全车电器线路，对正确使用、保证汽车安全都有十分重要的意义。

5.1 汽车电器设备线路分析

5.1.1 汽车电器设备线路的特点

汽车总线路，由于各种车型的结构形式、电器设备的数量、安装位置、接线方法不同而各有差异。但其线路一般都遵循以下基本原则：

（1）低压直流。电压有 6V，12V，24V 三种，以 12V 和 24V 为多，由于蓄电池充放电均为直流电，所以汽车上采用直流电。

（2）并联单线。汽车上用电设备都是并联的。汽车发动机、底盘等金属体为各种电器的公共并联支路一端，而另一端是用电器到电源的一条导线，故称为并联单线。

接成并联电路，能发挥两个电源的优越性，能满足蓄电池工作的要求，能使任何一个用电设备的启用、停止非常方便，能保证每个用电器正常工作而互不干扰，能限制电路的故障范围，便于电器设备的独立装拆和排除故障维护保养。但仍有少数电器设备与某一电路接成串联，如闪光器串接在转向灯电路之中，电源稳压器串联于油压表和燃油表电路内等。

单线制具有节约铜线、减轻质量、简化线路、便于安装、减少线路故障并易于排除故障等优点，但对某些个别电器设备，为保证其工作可靠，提高灵敏度，仍然采用双线连接方式，如发电机与调节器的连接，双线电喇叭和双线电热塞等。

（3）负极搭铁。我国规定，汽车电器系统统一采用电源负极搭铁。负极搭铁，火花塞点火有利，对车架金属的化学腐蚀较轻，对无线电干扰小。

（4）电流表串联在电源电路中，能反映蓄电池充放电情况。因起动机工作时间短、电流大，所以起动机电流不经过电流表。

（5）为防止短路而烧坏线束和用电设备，汽车大部分用电设备都装有保护装置。

（6）汽车线路有共同的布局。无论哪一种类型、哪一个国家生产的汽车，各种电器设备均按其用途安装于相同的位置，从而形成了汽车电器线路的走向和布局的共性。

（7）汽车线路有颜色和编号特征。汽车电器设备虽然采用单线制，但线路还是很多。为便于连接区别，汽车所用的低压线，必须采用不同颜色的单色或双色导线，并在每根导线上编号。

（8）为不使全车电线零乱，以便安装和保护导线的绝缘，应将导线做成线束。一辆汽车可以有多个线束。

（9）汽车电器线路由各独立电系组成。

5.1.2 汽车电器设备线路的表示方法

汽车电器设备线路常见的表示方法有电路原理图、线路图、线束图和接线图等。

1. 电路原理图

电路原理图是用简明的图形符号表明电路系统的组成和电路原理。它可以是子系统的电路原理图，也可以是整车电路原理图。电路原理图对分析电路原理及电路故障较为方便。

汽车电路原理图以表达汽车电路的工作原理和相互连接关系为重点，不讲究电器设备的形状、位置和导线的走向等实际情况，对线路图做了高度简化，因此图面清晰、电路简单明了、通俗易懂、电路连接控制关系清楚。对了解汽车电器设备的工作原理和迅速分析排除电器系统的故障十分有利。电路原理图是参考原车线路图、相关资料和实物改画成的。各个系统由主到次、由表及里、由上到下合理排列，然后再将各个系统连接起来，使电路原理变得简明扼要、准确清晰。各电器的电流路线看起来十分清楚，各局部电路的工作原理一目了然。

2. 线路图

线路图是传统汽车电路的表示方法，由于汽车电器设备的实际位置及外形与图中所示方位相符，且较为直观，所以便于循线跟踪地查找导线的分布和节点，适用于载货汽车等较简单的汽车电路。但由于线路图线条密集、纵横交错，所以线路图的可读性较差，进行电路分析也较为复杂。

3. 线束图

为了安装方便及保护导线的绝缘，汽车上全车线路除点火高压线之外，一般将同路的导线用薄聚氯乙烯带缠绕包扎成束，称为线束。一辆汽车可以有多个线束，如空调线束、车顶线束、电动车窗线束、ABS线束、自动变速器线束、电动座椅线束、电动车窗线束等。

线束图是根据汽车线束在汽车上的布置、分段以及各分支导线端口的具体连接情况而绘制的电路图，其重点反映的是已制成的线束外形，组成线束各导线的规格大小、长度和颜色，各分支导线端口所连接的电器设备的名称、连接端子和护套的具体型号、线束各主要部分的长度等，因此主要用于汽车线束的制作和电器设备的连接。有的车型线束图还表示了各段线束在汽车上的具体布置情况，即汽车线束布置图，以便于在汽车上安装。

4. 接线图

接线图是一种专门用来标记接线与插接器的实际位置、色码、线型等信息的指示图，用于检修时寻查线束走向、线路故障及线路复原时使用，图中不涉及所连接电器的工作原理及型号。接线图中的导线以接近于线束的形式从相应的连接点引出，便于维修时查找线路故障，但不便于进行电路分析。

5.1.3 汽车电路的接线规律

汽车电路一般以点火开关为中心将全车电路分成几条主干线。

1. 蓄电池火线（B 线或 30 号线）

从蓄电池正极引出直通熔断器盒，也有汽车的蓄电池火线接到起动机火线接线柱上，再从那里引出较细的火线。

2. 点火、仪表、指示灯线（IG 线或 15 号线）

点火开关在 ON（工作）和 ST（启动）挡才提供电的电源线，一般用来控制点火、励磁、仪表、指示灯、信号、电子控制系等发动机工作时的重要电路。

3. 附件电源线（Acc 线或 15A 线）

用于发动机不工作时需要接入的电器，如收放机、点烟器等。

4. 启动控制线（ST 线或 50 号线）

用于对起动机的控制电路进行控制并提供电源。大功率起动机启动时电流很大，容易烧蚀点火开关的"30-50"触点对，必须另设起动机继电器（如东风、解放及三菱重型车）。装有自动变速器的轿车，为了保证空挡启动，常在 50 号线上串有空挡开关。

5. 搭铁线（接地线或 31 号线）

发动机机体都接上大截面积的搭铁线，并将接触部位汽车电路中，以元件和机体（车架）金属部分作为一根公共导线的接线方法称为单线制，将机体与电器相接的部位称为搭铁或接地。

搭铁点分布在汽车各处，由于不同金属相接（如铁、铜与铝、铅与铁），形成电极电位差，有些搭铁部位容易沾染泥水、油污或生锈，有些搭铁部位是很薄的钣金件，都可能引起搭铁不良，如灯不亮、仪表不起作用、喇叭不响等。要将搭铁部位与火线接点同等重视，所以现代汽车局部采用双线制，设有专门公共搭铁接点，编绘专门搭铁线路图。为了保证启动时减少线路接触压降，蓄电池极桩夹头、车架彻底除锈、去漆、拧紧。

5.1.4 汽车电路分析的基本方法

正确识读和分析汽车电路图是了解整个汽车电器系统的基本组成、工作原理、电路的结构特点以及各电器装置之间相互连接关系的主要途径，也是分析和判断汽车电器系统故障的主要依据，因此，掌握汽车电路图的正确识读和分析方法，对于汽车技术和维修人员迅速分析电器系统故障原因、准确查找故障所在、最终解决问题是十分重要的。汽车电路图识读和分析的基本方法如下。

（1）识记汽车电路图所用图形符号的意义以及各种标记、字母等图注的含义，这是识读和分析汽车电路图的基础，否则就无从下手，更谈不上分析了。

（2）具备一定的电工电子技术基础知识，掌握直流电路、交流电路的一般规律，如电磁感应定律、整流滤波电路、稳压电路、晶体管放大电路、晶体管开关电路与可控硅电路等。

（3）熟悉汽车电器与电子设备的结构原理。在分析某个电路系统前，要清楚该电路中所包括的各部件的功能和作用，技术参数等，如电路中的各种自动控制开关在什么样条件下闭合或断开等。

（4）将布线图按系统改画成不同单元的电路原理图。对仅有布线图的电路图，由于线条密集、纵横交错，分析电路工作原理较为困难，可参考有关资料和实物改画成各单元电路原理图。

(5) 先从比较熟悉的车型入手，由简到繁、先易后难、整理归纳、逐步深入，以至充分把握，再举一反三，互相比较，掌握汽车电路的一些共性规律及寻找各种车型之间的差异，触类旁通。例如，掌握了解放牌汽车电路的特点，就可以大致了解东风汽车电路；掌握了桑塔纳轿车的电路，就可以了解奥迪、捷达等德国大众公司汽车电路的特点等。如此反复，不断积累，从而获得读析各种汽车电路图的能力。

(6) 善于利用汽车电路特点，把整车电路化整为零。按整车电路系统的各功能及工作原理把整车电器系统划分成若干个独立的电路系统，分别进行分析。这样化整体为部分，有重点地进行分析。

(7) 掌握和正确运用回路原则。回路是一个最基本、最重要，也是最简单的分析工具，电器设备工作必须形成一个完整的电流回路。由于汽车电路单线并联，回路原则的一般形式是：电流由电源正极流出，经用电设备后，搭铁回到同一电源的负极。也可逆着电路电流的方向，由电源负极或搭铁开始，经用电设备到电源正极。分析时应注意把握同一电源和电位差，形成真正意义上的电流回路。

(8) 抓住开关和继电器的作用并注意它们的状态。特别注意继电器不但是控制开关也是被控制对象。大多数电器或电子设备都是通过开关（包括电子开关）或继电器的不同状态而形成回路的，当开关或继电器的触点状态改变时，其所控制的电器装置或回路将改变，从而实现不同的控制功能。在汽车电路图中，各种开关、继电器都是按初始状态画出的，即开关未接通，继电器线圈未通电，其触点处于原始状态。读析电路图时，把含有线圈和触点的继电器，看成是由线圈工作的控制电路和触点工作的主电路两部分。主电路中的触点只有在线圈电路中有工作电流流过后才能动作。

(9) 正确判断接点标记、线型和色码标起。

(10) 进口汽车一般只配有接线图，其原理图往往是有关人员为研究、使用与检修而收集和绘制的。由于这些图的来源不同，收集时间不同以及符号变更等，在画法上可能出现差异。所以在读析电原理图时应注意这一点。

5.2 汽车电器配电器件

5.2.1 导线

汽车电路中的导线按照其用途可分为低压导线和高压导线。

低压导线根据电路的额定电压、工作电流和绝缘要求等选取导线截面、绝缘层的类型，不同规格或用途的导线可通过导线的颜色加以区分。

常见的导线由多股细铜丝绞制而成，外层为绝缘层。绝缘层一般采用聚氯乙烯绝缘包层或聚氯乙烯—丁腈复合绝缘包层。导线标称截面是经过换算的线芯截面积，而不是实际的几何面积。

启动电缆用于连接蓄电池与起动机开关的主接线柱，导线截面大，允许通过的电流达500A～1000A，电缆每通过100A电流，电压降不得超过0.1V～0.15V。蓄电池的搭铁电缆通常采用由铜丝制成的扁型软铜线，应搭铁可靠，以满足大电流启动的要求。汽车各电路的导线规格见表5-1。

表5-1 汽车各电路系统的导线规格

各电路系统	标称截面/mm²	各电路系统	标称截面/mm²
仪表灯、指示灯、后灯、顶灯、牌照灯、燃油表、刮雨器、电子电路等	0.5	5A以上的电路	1.3~4.0
转向灯、制动灯、停车灯、分电器等	0.8	电源电路	4~25
前照灯、3A以下的电喇叭等	1.0	启动电路	16~95
3A以上的电喇叭	1.5	柴油机电热塞电路	4~6

在电路图中,进口汽车导线的颜色常用英文字母表示,国产汽车常用汉字表示。导线的颜色可以是单色或双色。采用双色导线时,一种颜色为主色,另一种颜色为辅色。

在电路图中,一般将导线标称截面和颜色同时标出。例如1.5Y,表示标称截面积为1.5mm^{2}的黄色导线;又如1.0GY,表示标称截面积为1.0mm^2,主色为绿色,辅色为黄色的双色导线。汽车低压导线的颜色与代号见表5-2。

表5-2　汽车各电路系统规定的导线颜色与代号

电器系统	主色	代号	电器系统	主色	代号
充电系统	红	R	仪表、报警信号、电喇叭线路	棕	Br
启动和点火系统	白	W	收音机等辅助电器线路	紫	P
外部照明线路	蓝	BL	辅助电动机及电器控制线路	灰	Gr
转向指示灯及灯光线路	绿	G	搭铁线	黑	B
防空灯和车内照明线路	黄	Y			

高压导线用于传送高电压,如点火系统的高压线。由于工作电压一般为15kV以上,电流小,所以高压导线绝缘包层厚、耐压性能好、线芯截面较小。

国产汽车用高压导线有铜芯线和阻尼线两种,其型号和规格见表5-3。为了衰减火花塞产生的电磁波干扰,目前已广泛使用了高压阻尼点火线,其制造方法和结构亦有多种,常用的有金属阻丝式和塑料芯导线式。金属阻丝式又有金属阻丝线芯式和金属阻丝线绕电阻式两种。

表5-3　高压点火线的型号和规格

型号	名称	线芯结构		标称外径
		根数/根	单线直径/mm	
QGV	铜芯聚氯乙烯绝缘高压点火线	7	0.39	7.0±0.3
QGXV	铜芯橡皮绝缘聚氯乙烯护套高压点火线			
QGX	铜芯橡皮绝缘氯丁橡胶护套高压点火线			
QG	全塑料高压阻尼点火线	1	2.3	

注:QG全塑料高压阻尼点火线线芯系聚氯乙烯塑料加炭黑及其他辅料混炼塑料经注塑成型

金属阻丝线芯式是由金属电阻丝疏绕在绝缘线束上,外包绝缘体制成阻尼线;金属丝线绕电阻式是由电阻丝绕在耐高温的绝缘体上制成电阻,再与不同形式的绝缘套构成。

塑料芯导线式是用塑料和橡胶制成直径为2mm的电阻线芯,在其外面紧紧地编织着玻璃纤维,外面再包有高压PVC塑料或橡胶等绝缘体,电阻值一般在6kΩ/m~25kΩ/m。这种结构形式的制造过程易于自动化,成本低且可制成高阻值线芯,具有低电磁辐射的特点,可减小点火系统的电磁波辐射。

5.2.2　线束

汽车上的全车线路(除高压线以外),为了不零乱、安装方便和保护导线的绝缘,一般都将同路的不同规格的导线用绵纱编织或用薄聚氯乙烯带半叠缠绕包扎成束,称为线束。一辆汽车可以有多个线束。汽车线束在汽车电器中占有重要位置,尤其是近年来,随着汽车电器与电子设备的增多,线束总成的结构与线路也越来越复杂,因此对线束的结构、功能、适用性、可靠性都提出了更高的要求。

现代汽车的线束总成由导线、端子、插接器,护套等组成。

端子一般由黄铜、纯铜、铝材料制成,它与导线的连接均采用冷铆压合的方法。

线路间的连接采用插接器,现代汽车线束总成中有很多个插接器。为了保证插接器的可靠连接,其上都有一次锁紧、二次锁紧装置,极孔内都有对端子的限位和止退装置。为了避免装配和安装中出现差错,插接器还可制成不同的规格型号、不同的形体和颜色,这样不仅装拆方便而且不会出现差错。安装汽车线束,一般都事先将仪表板和车灯总开关、点火开关等连接好,然后再往汽车上安装。

5.2.3 插接器

为便于拆装,各线束之间或线束与电器电子设备之间采用插接器连接。插接器的结构和符号如图 5-1 所示。连接插接器时,应先对准插头与插座的导向槽后稍用力插入到位,通过闭锁装置固定插头与插座。拆开插接器时,应先压下闭锁装置,再用力分开插头与插座,注意不可拉动导线,以免损坏导线和插接器。

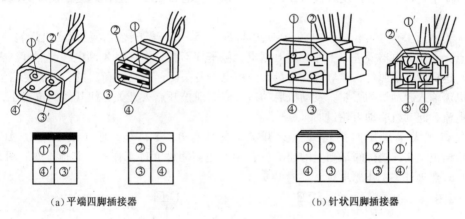

(a) 平端四脚插接器　　　　　　(b) 针状四脚插接器

图 5-1　插接器的结构和和符号

5.2.4 开关

1. 点火开关

点火开关又称点火锁或电门锁,主要用来控制点火电路,另外还控制发电机磁场电路、仪表电路、启动继电器电路以及一些辅助电器等。一般都具有拔出时方向盘能自动锁住功能。

常用的点火开关有三挡位与四挡位式。

三挡位式点火开关具有 0,Ⅰ,Ⅱ(或 LOCK, ON, START)挡位。0 挡时钥匙可自由插入或拔出,顺时针旋转 40°至 Ⅰ 挡,继续再旋转 40°为 Ⅱ 挡,外力消除后能自动复位到 Ⅰ 挡。图 5-2 所示为捷达轿车点火开关工作原理。

(1) 点火开关位于 0 位置。点火开关处于关闭状态,汽车转向盘被锁死,具有防盗功能。此时电源总线 30 与 P 接通,操作停车灯开关,可使停车灯点亮,与点火开关是否拔下无关。如将点火开关钥匙插入,将使 30 与 SU 端接通,蜂鸣器可工作。

(2) 点火开关位于 Ⅰ 位置。启动后,松开点火开关钥匙,点火开关将自动反时针旋转回到位置 Ⅰ,这是工作挡。这时 P 端子无电,而 15,X,SU 三端子通电。15 通电,点火系统继续工作;X 通电使得前照灯、雾灯等工作,以满足夜间行驶的需要。

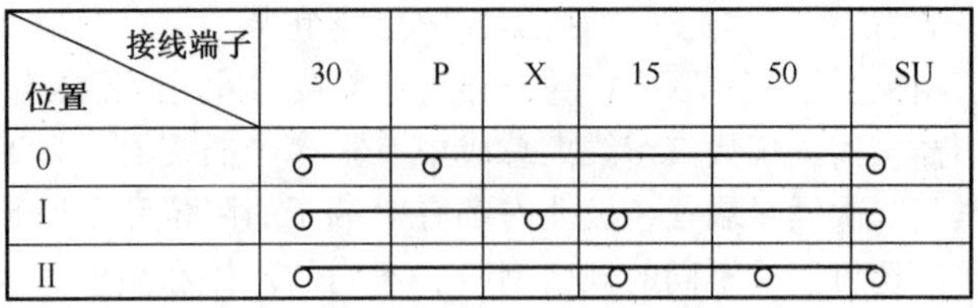

接线端子 位置	30	P	X	15	50	SU
0	○—|—○				○—|—○
Ⅰ	○—	———	———	—○		
Ⅱ	○—	———	———	—○	○—

图 5-2 捷达轿车点火开关工作图

位置0—关闭点火开关、锁止方向盘；位置Ⅰ—接通点火开关；位置Ⅱ—启动电动机；
30—接蓄电池；P—接停车灯电器；X—接卸荷工作电荷；15—接点火电源；
50—接启动电源；SU—接蜂鸣器电源。

如果一次启动失败，想再次启动，必须先将钥匙拧回到位置Ⅰ，间隔30s后，重新拧到Ⅱ位置启动。

在点火开关内还装有防止重复启动的装置。在正常行驶状况下，若误操作将钥匙从位置Ⅰ转向Ⅱ，只能稍稍转过一个角度就被卡住，从而使起动机电源无法接通，避免了损坏起动机和发动机飞轮。

（3）点火开关位于Ⅱ位置。电源总线30与50, 15, SU端子接通，使起动机运转；30与15接通使点火系统分电器等进入工作。因P断电，停车灯不能工作；因X断电，前照灯、雾灯等不能工作。这样就将前照灯、雾灯等耗电量大的用电设备关闭，达到卸荷目的，以满足启动时需要瞬间大电流输入起动机的需要。发动机启动后，应立即松开点火开关，使其回到位置Ⅰ，切断起动机的电流，起动机驱动齿轮退回。

现代汽车大量采用四挡位式点火开关，它具有0，Ⅰ，Ⅱ，Ⅲ（或LOCK, ACC, ON, START）挡位，在三挡位的基础上增加了一个ACC电器附件元件工作挡，其他不变。图5-3为富康四挡位式点火开关工作原理。

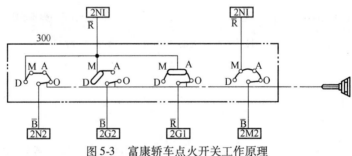

图 5-3 富康轿车点火开关工作原理

其中，A——电器附件工作位置。点火钥匙位于该位置时，可使用电器附件，此时蓄电池信号灯亮。

M——熄火位置（发动机不启动）。此时下列指示灯亮：蓄电池充电指示灯、驻车和制动液面报警灯、机油压力报警灯、水温报警灯。

D——起动机工作位置。发动机启动后，下列指示灯熄灭：蓄电池充电指示灯、驻车和制动液面指示灯、机油压力报警灯、水温报警灯。发动机启动后应立即松开点火钥匙。

2M1, 2N1——蓄电池电源。

2N2, 2G2, 2G1, 2M2——点火开关输出，控制不同的电路。

2. 组合开关

轿车多采用组合开关，将各种不同功能的电器开关组装在一个组合体内，安装在汽车的转向柱上，它具有控制前照灯、远近变光、超车信号、前小灯、尾灯、停车灯、转向信号灯、刮水器、洗涤器等功能，操作灵活，使用方便。

图5-4为捷达转向柱组合开关，采用一体式结构，通过下部的点火锁锁体固定于转向盘下方的转向柱上。它共有两个操作手柄，左右对称布置，左侧为转向信号灯、前照灯变光等操纵手柄；右侧为刮水及清洗装置开关操纵手柄，组合开关的下方为点火锁体及点火开关。

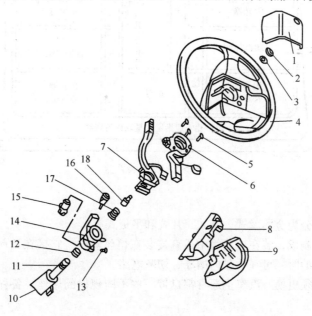

图5-4 捷达转向柱组合开关组成

1—喇叭按钮罩盖；2—螺母；3—垫圈；4—方向盘；5—转向柱开关的固定螺栓；
6—转向信号灯开关；7—刮水器开关；8—上护罩；9—下护罩；10—套管；11—转向轴；
12—支撑环；13—转向锁外壳；14—转向锁；15—点火开关；16—锁芯；17—弹簧；18—多齿接头轴套。

除上述点火开关、组合开关外，汽车电器系统中大量采用的开关类型还有推拉式开关、旋转式开关、扳柄式开关、翘扳式开关、顶杆式开关、按钮式开关等，可用来控制汽车的车灯、室内顶灯、雾灯、暖风机、变光等。

5.2.5 继电器

继电器可通过流经开关和继电器线圈的小电流，接通和断开用电装置的大电流，起到减小开关电流负荷、保护开关触点不被烧蚀或实现电路的转换等作用，在现代汽车中得到广泛应用。

根据继电器所控制的电路，电路控制继电器又有电源继电器（减荷继电器）、充电指示继电器、启动继电器、灯光继电器、喇叭继电器、空气压缩机电磁离合器继电器、风扇电动机继电器等。

5.2.6 保险装置

为了防止过载和短路时烧坏用电设备和导线，在电源与用电设备之间串联有保险装置。汽车常见的保险装置有熔丝和易熔线。国产汽车保险装置通常装在中央接线盒里；进口汽车保险装置通常装在保险盒内，如图5-5所示的汽车保险装置盒，为了便于维修，盒盖上标有记号。

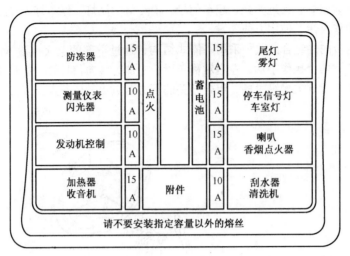

图 5-5 保险装置盒

1. 熔丝

熔丝按结构形式分为金属丝式、管式、片式和平板式等。

熔丝由铅锡合金制成,装在玻璃管中或直接装在熔丝盒内。它接在负荷不大的电路中。当电路中电流过载或短路的时,可在数秒内熔断,切断电路。

熔丝烧断后,必须更换,汽车上通常都自带一些不同规格的熔丝,各种熔丝的额定电流见表5-4。

表 5-4 各种熔丝的额定电流

类 型	额定电流/A
管式、片式熔丝	2,3,5,7.5,10,15,20,25,30
金属丝熔丝	7.5,10,15,20,25,30
平板熔丝	40,60

2. 易熔线

易熔线是一种截面一定,能长时间通过较大电流的合金导线,主要用于保护电源电路和大电流电路。有棕、绿、红、黑四种颜色,以表示其不同规格。各易熔线的规格见表5-5。

表 5-5 易熔线的规格

色别	尺寸/mm²	构成	1m长电阻值/Ω	连续通电电流/A	5s以内熔断时的电流/A
黑	1.25	中0.5×7股	0.0141	33	约300
红	0.85	中0.32×11股	0.0205	25	约250
绿	0.5	中0.32×7股	0.0325	20	约200
棕	0.3	中0.32×5股	0.0475	13	约150

5.2.7 中央接线盒

汽车上装有各种继电器和熔断器,为便于装配和使用中排除故障,现代汽车往往将各种控制继电器与熔断丝安装在一起,成为一个中央接线盒。它的正面装有继电器和熔断丝插头。背面是插座，用来与线束的插头相连。

5.3 汽车电路图分析实例

德国大众系列汽车在我国的轿车工业中已占据了主导地位，如一汽生产的奥迪、捷达轿车以及上海生产的帕萨特以及桑塔纳轿车等，这些产品的电路图与其他系列汽车电路图相比，具有许多不同之处。它既不同于其他车辆的接线图，也不同于原理图。但在实际上，却可以看做是电路原理图，只不过形式上更接近于接线图。

下面以捷达轿车部分电路为例，介绍大众系列汽车电路图的读法。

5.3.1 捷达轿车蓄电池、起动机、发电机、点火开关部分电路图分析

发动机、蓄电池、起动机、点火开关电路如图5-6所示。

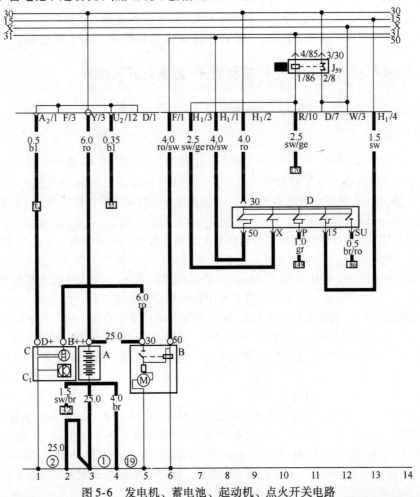

图5-6 发电机、蓄电池、起动机、点火开关电路

A—蓄电池；B—起动机；C—发电机；C_1—电压调节器；D—点火开关；J59-X—触点卸荷继电器；
T_{1a}—单孔接头-蓄电池附近；①—接地线，蓄电池-车身；②—接地线，变速器-车身；
119—接地连接点，前大灯线束内。

(1) 蓄电池。用A表示。负极接地，用①表示，接地点在车身上；用②表示，接地点在变速

器。这两条接地线较粗,截面积为25.0mm²。另一个接地点用119表示,在前大灯线束内,线粗4.0,棕色。还有一个接地点在晶体管点火系统控制单元,位置在压力通风舱左侧,线粗1.5,黑/棕两色线。

蓄电池的正极与起动机接点30用粗线连接,是用来向起动机供大电流的。同时通过接点30用一根6.0的红色线与发电机的B+端连接,属充电电路的一部分。还有一条6.0红线与Y连接器的第3个接点连接,以30线标示,向其他用电设备供电。

(2) 起动机。用B表示。接续号5,6表示自身内部搭铁。接点30如前述。接点50用粗4.0、红/黑两色线与F连接器第一个接点连接,并通过连接器H_1的接点1与点火开关接点50连接,组成起动机电磁开关的控制电路。

(3) 发电机。用C表示。发电机电压调节器,用C_1表示。发电机的D+端子,通过一个单孔接头T_{1a}连接器A_2的1号接点连接。T_{1a}的安装位置在蓄电池附近。接续号1表示内部搭铁。

(4) 点火开关。用D表示。开关有6个接点。接点SU,用0.5棕/红双色线,通过在中央配电盒后面的单孔插接件T_{1b},与收放机上的8孔插接件T_8的第4个接点连接,用来控制收音机电路。接点X用2.5黑/黄双色线,经H连接器1号接点、4号继电器1号接点与X(触点卸荷继电器J_{59})相连。其中4号继电器1号接点上标示的86表示继电器/控制器上触点86。

5.3.2 捷达轿车前大灯、变光开关及变光/超车灯开关电路

前大灯、变光开关及变光/超车灯开关电路如图5-7所示。

1. 车灯开关

点火开关处在点火挡时,车灯开关E_1处于2挡位置,变光开关E_4处于0位置。这时前大灯电路中的工作电流由点火开关X线取电—车灯开关7/X—车灯开关6/56接线柱—中央配电盒—p线—变光开关56与56b触点到熔断器S_1与S_2—前大灯近光灯再到蓄电池(-)。于是两个前大灯的近光点亮。

在上述前大灯近光工作的情况下,若想将近光转换成远光,只需把变光开关E_4朝转向盘方向拉过压力点,这时前大灯工作电流由点火开关X线取电—车灯开关7/X—车灯开关/56接线柱—中央配电盒R/9—p线—变光开关56与56a,又经熔断器S_{11}与S_{12}—前大等远光灯及仪表中远光指示灯到蓄电他(-)。于是前大灯远光及仪表板中远光指示灯也被点亮。

超车灯电路工作时,只需将变光开关E_4朝转向盘方向拉至压力点,这时超车灯电路工作电流有蓄电池(+)经变光/超车灯开关触点30与56a、熔断器S_{11}与S_{12}、前大灯远光灯及远光指示灯至蓄电池(-)。于是前大灯远光及仪表中远光指示灯同时点亮。当松开开关手柄时,前大灯远光及远光指示灯同时熄灭。再将该开关拉动,前大灯远光又被点亮,如此反复地操纵光/超车灯开关,即可得到前大灯远光闪亮的超车信号。

当车灯开关处于一挡时,车灯开关10/58L,11/58R,9/58皆有电,电从中央配电盒30线—车灯开关10/58L中央配电盒R/2—中央配电盒S_8线—熔断器S_8—左尾灯M_4供电,同时熔断器S_8—中央配电盒n线—左停车灯M_1供电。电从中央配电盒30线—车灯开关11/58R—中央配电盒R/6—中央配电盒r线V熔断器S_7—右尾灯M_2供电,同时熔断器S_7—中央配电盒o线—右停车灯M_1供电。当车灯开关处于二挡时,供电情况依旧。

当车灯开关处于一挡、二挡时,车灯开关9/58有电,电从中央配电盒30线—车灯开关9/58—熔断器S_3—牌照灯供电。

2. 转向灯开关E_2

当点火开关转至点火挡时,如果车辆向左转弯行驶,将转向开关E_2手柄向下扳动,这时左侧

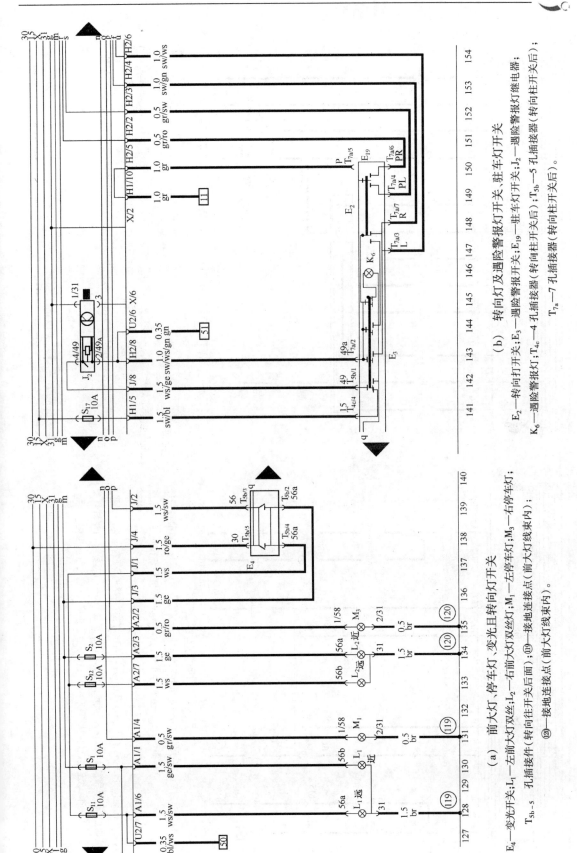

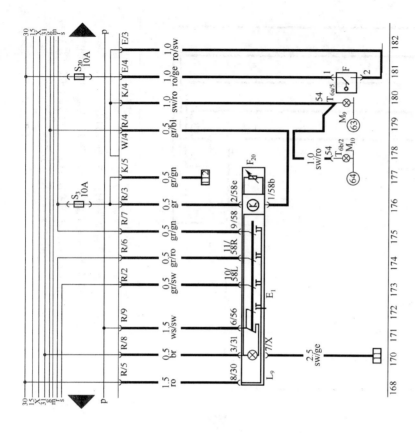

图 5-7 前大灯、变光开关及变光/超车灯开关电路

转向灯及仪表板中转向指示灯电路的工作电流由蓄电池（+）经点火开关触点 30 与 15 至熔断器 S_{17}，经危险警报灯开关 E3 的常闭触点、闪光器触点 49 和 49a、转向开关 E_2 的触点 $T_{7a/3}$、左侧转向灯及转向指示灯至蓄电池（-），左侧转向灯 M_5，M_6 及转向指示灯闪亮。当转向结束，转向盘回位时会自动将转向开关拨回，转向灯和仪表板中转向指示灯同时熄灭。

当右转向时，工作电流在转向开关处发生改变，变为向右转向灯及转向指示灯供电。须指出的是，本车左右转向指示灯共用一个，为了便于分析，图中画出了两个。

3. 遇险警报灯

当汽车发生故障或有紧急情况时，打开遇险警报开关，这时前后左右 4 个转向灯一起闪烁，以示报警。无论点火开关处于什么位置，遇险警报灯都可以工作。

遇险警报灯开关 E_3 按下，这时遇险警报灯电路的电流由蓄电池（+）经遇险警报灯开关直接至闪光器 49 触点，再由闪光器 49a 触点经遇险警报开关至 4 个转向灯及转向指示灯，然后流回蓄电池（-），形成回路，4 个转向灯及转向指示灯一起闪亮。

第 6 章 发动机电子控制系统

汽车发动机电子控制系统又称发动机管理系统（Engine Management System，EMS），通过电子控制手段对发动机点火、喷油、空燃比、排放废气等进行优化控制，使发动机工作在最佳工况，达到提高性能、安全、节能、降低废气排放的目的。其控制过程如图 6-1 所示。

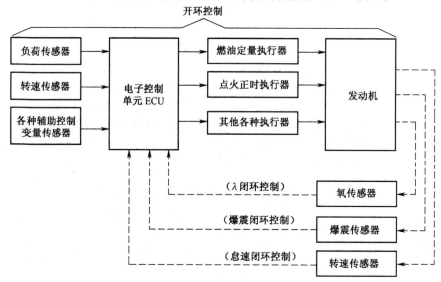

图 6-1 汽油机电子控制系统的控制过程

6.1 电控燃油喷射系统

发动机电控燃油喷射系统（Electric Fuel Injection，EFI）采用电动喷油器，由电子控制单元根据发动机运行工况和使用条件，将适量的汽油喷入进气道或汽缸内，实现对发动机供油量的精确控制。

6.1.1 汽车发动机燃油喷射系统的分类

20 世纪 60 年代以来，德国、美国和日本等发达国家相继开发研制了多种类型、不同档次的汽车发动机控制系统。20 世纪 90 年代以后，我国一汽大众集团公司、上海大众集团公司和奇瑞公司等也研制了多种类型的汽车发动机燃油喷射系统。

电子控制发动机燃油喷射系统是随着机械式控制系统、机电结合式控制系统和电子控制技术的发展而逐步发展而成的。其分类方法各有不同,常按控制方式、燃油喷射部位和喷油方式进行分类。

1. 按控制方式分类

按喷油控制的方式可分为机械式、机电混合式和电子控制式三种燃油喷射系统。

（1）机械式燃油喷射系统。该系统在柴油机中应用时间较长,在汽油机中应用较少。德国博世公司的 K-Jetronic 系统属于机械式汽油喷射系统,简称 K 系统。该系统采用连续喷射方式,可分为单点或多点喷射,其喷油量是通过空气计量板直接控制汽油流量调节柱塞来控制的,采用的是机械式计量方式,故由此得名。该系统中设有冷启动喷油器、暖车调节器、空气阀及全负荷加浓器等装置,以便根据不同工况对基本喷油量进行修正。

（2）机电混合式燃油喷射系统。德国博世公司的 KE-Jetronic 系统属于该类型,简称 KE 系统,是在 K 式的基础上改进后的产品。其特点是增加了一个电子控制单元（ECU）。ECU 可根据水温、节气门位置等传感器的输入信号来控制电液式压差调节器的动作,以此实现对不同工况下的空燃比进行修正的目的。

（3）电子控制式燃油喷射系统。燃油的计量通过电控单元和电磁喷油器来实现。电子控制单元通过各种传感器来检测发动机运行参数（包括发动机的进气量、转速、负荷、温度、排气中的氧含量等）的变化,再由 ECU 根据输入信号和数学模型来确定所需的燃油喷射量,并通过控制喷油器的开启时间来控制喷入汽缸内的每循环喷油量,进而达到对气流内可燃混合气的空燃比进行精确配制的目的。

电子控制式燃油喷射系统在发动机各种工况下均能精确计量所需的燃油喷射量,且稳定性好,能实现发动机的优化设计和优化控制。因此,它在汽油喷射系统中被广泛应用。

2. 按燃油喷射部位分类

（1）缸内喷射。喷油器安装在汽缸盖上,并以较高的汽油压力（3MPa~4MPa）将汽油直接喷入汽缸,可进一步改善汽油机的燃油经济性能和排放性能,如图 6-2（a）所示。但由于汽油黏度低而喷射压力较高,且缸内工作条件恶劣（温度高、压力高）,因此对喷油器的技术条件和加工精度要求较高,缸内喷射方式目前应用较少。

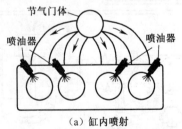

图 6-2 喷油器喷油位置示意图

（2）进气管喷射。喷油器安装在进气歧管内各缸进气门附近,按照一定的规律适时将汽油喷入进气管,如图 6-2（b）所示。由于喷油器不受燃烧高温、高压的直接影响,设计喷油器时受到的制约少,对发动机机体的设计影响少。它可以采用低压喷射装置,喷射压力一般只有 0.3MPa~1.0MPa。目前,汽车上采用的燃油喷射系统多为进气道喷射。根据喷油器的数量不同,进气道喷射又分为单点喷射和多点喷射两种方式。

①单点燃油喷射系统（Single-point Injection,SPI）：在节气门体上安装一个或两个喷油器集中

向进气管中喷油,与进气气流混合形成燃油混合气,在各缸进气行程时,燃油混合气被吸入汽缸内,这种方式也称为节气门体喷射(TBI)或中央喷射(CBI),如图6-3(a)所示。单点喷射结构简单、工作可靠,对发动机本身结构改动量小,但由于与化油器发动机一样存在各缸混合气分配均匀性差的问题,所以近年来逐步被多点电喷所取代。

②多点燃油喷射系统(Multi-Point Injection,MPI)。在发动机每个汽缸进气门前方的进气歧管上均设计安装一只喷油器,如图6-3(b)所示。发动机工作时,燃油适时喷在进气门附近的进气歧管内,空气与燃油在进气门附近混合,使各个汽缸都能得到混合均匀的混合气。

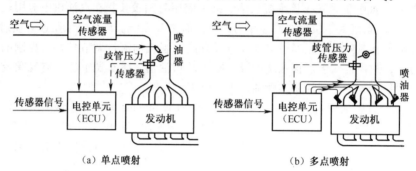

(a) 单点喷射　　　　　　　　(b) 多点喷射

图6-3　喷油器数量示意图

进气管多点喷射系统在发展过程中,曾经研制出几种典型的基本形式,可分为D型、L型、LH型和M型等燃油喷射系统,它们代表着不同年代燃油喷射系统的设计思路和技术。其中D型采用进气歧管绝对压力传感器间接测量进气量;L型采用翼片式空气流量传感器直接测量发动机的进气量;LH型采用热丝式空气流量传感器,提高了发动机进气量的测量精度,且电控单元开始采用大规模集成电路制作,控制功能增强,空燃比采用闭环控制;M型汽油喷射系统将L型汽油喷射系统与电子点火系统结合起来,用一个由大规模集成电路组成的数字式微型计算机同时对这两个系统进行控制,从而实现了汽油喷射与点火的最佳配合,进一步改善了发动机的启动性、怠速稳定性、加速性、经济性和排放性。图6-4为博世公司Motronic电控燃油喷射系统示意图。

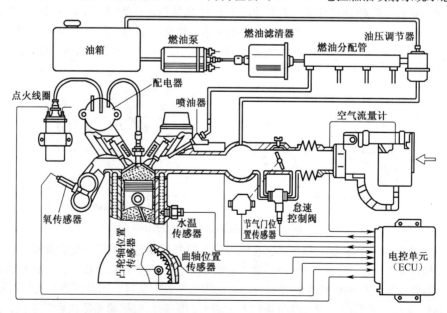

图6-4　博世公司Motronic电控燃油喷射系统

3. 按喷射方式分类

（1）连续喷射系统。在发动机运转期间，喷油器稳定连续地喷油，其流量正比于进入汽缸的空气量。在连续喷射系统内，汽油被连续不断地喷入进气歧管内，并在进气管内蒸发后形成可燃混合气，再被吸入汽缸内。由于连续喷射系统不必考虑发动机的工作时序，故控制系统结构较为简单。德国博世公司的 K 系统和 KE 系统均用了连续喷射方式。

（2）间歇喷射系统。又称为脉冲喷射或同步喷射。其特点是喷油频率与发动机转速同步，且喷油量只取决于喷油器的开启时间（喷油脉冲宽度）。因此，ECU 可根据各种传感器所获得的发动机运行参数动态变化的情况，精确计量发动机所需喷油量，再通过控制喷油脉冲宽度来控制发动机各种工况下的可燃混合气的空燃比。由于间歇喷射方式的控制精度较高，故被现代发动机集中控制系统广泛采用。间歇喷射系统根据喷射时序不同，又可分为同时喷射、分组喷射和顺序喷射，如图 6-5 所示。

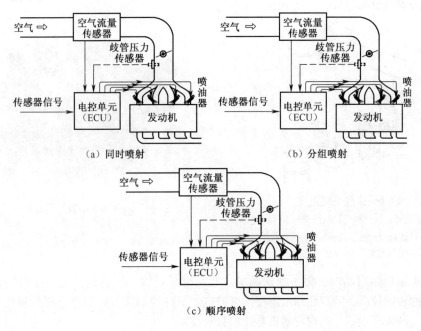

图 6-5 喷射时序示意图

①同时喷射是指发动机在运行期间，各缸喷油器同时开启、同时关闭。通常将一次燃烧所需要的汽油量按发动机每工作循环分两次进行喷射。仅可用于进气管喷射，同时喷射不需要判缸信号，而且喷油器驱动回路通用性好，结构简单。因此，现在这种喷射方式占主导地位。

②分组喷射是将喷油器按发动机每工作循环分成若干组交替进行喷射。仅用于进气管喷射，分组喷射中，过渡空燃比的控制性能介于顺序喷射和同时喷射之间，喷射时刻与顺序喷射方式一样，需判缸信号，但喷油器驱动回路等于分组数目即可。

③顺序喷射则是指喷油器按发动机各缸的工作顺序依次进行喷射。它是缸内喷射和进气管喷射都可采用的喷射方式。

相比而言，由于顺序喷射方式可在最佳喷油情况下定时向各缸喷射所需的喷油量，故有利于改善发动机的燃油经济性。但要求系统能对待喷油的汽缸进行识别，同时要求喷油器驱动回路与汽缸的数目相同，其电路较复杂，多在高挡轿车发动机控制系统中采用。

6.1.2 电控燃油喷射系统的组成

发动机燃油喷射系统主要分为三大部分：空气供给系统（进气系统）、燃油供给系统（燃油系统）和燃油喷射电子控制系统。

1. 进气系统

进气系统的作用是为发动机可燃混合气的形成提供必需的空气，并且能够通过电控单元对进气量进行测量和控制。进气系统的组成包括空气滤清器、进气管道（进气总管和进气歧管）、节气门及节气门体和怠速调整机构等，如图6-6所示。

通常，空气流量由节气门控制，而节气门则通过油门踏板操作，图6-7为旁通式空气供给系统的节气门总成。怠速时，节气门关闭，空气由旁通气道通过，ECU控制怠速控制装置来控制发动机的怠速转速及负荷。

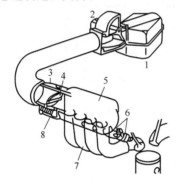

图6-6 进气系统组成
1—空气滤清器；2—空气流量计；3—节气门体；
4—节气门；5—进气总管；6—喷油器；
7—进气歧管；8—辅助空气阀。

图6-7 节气门总成

当发动机在低温启动时，为了加快暖机过程，ECU设置了快怠速控制，可提供较多的空气量，发动机的转速较高。随着冷却水温度逐渐升高，怠速控制装置控制怠速空气量逐渐减小，使发动机转速逐渐恢复正常，实现发动机怠速的自动控制。

2. 燃油系统

燃油供给系统的作用是向汽缸供给燃烧所需的燃油，如图6-8所示。

燃油供给系统主要由燃油箱、燃油泵、燃油滤清器、油压脉动阻尼器、燃油压力调节器、燃油总管和喷油器等组成。燃油从燃油箱中被燃油泵吸出，先由燃油滤清器将杂质滤除后再通过输油管送到各个喷油器。喷油器则根据ECU发出的指令，将燃油喷入各进气歧管或稳压室中与空气混合，形成混合气。

油压调节器的作用是将喷油压力控制在250kPa～300kPa范围内，而将多余的燃油从调压器经回油管送回油箱。油压脉动阻尼器的作用是为了消除燃油泵泵油时或喷油器喷油时引起的油压脉动，吸收管路中油压波动时的能量，提高喷油精度。

1) 燃油泵

燃油泵的作用是向燃油系统提供足够流量和规定压力的燃油，根据其安装位置可分为内置式电动燃油泵和外置式电动燃油泵两种。外置式电动燃油泵安装在燃油箱外的管路中。内置式电动燃油泵安装在燃油箱内，不易发生气阻和漏油现象，对泵的自吸性能要求较低，且噪声小。目前大多数 EFI 系统广泛采用内置式燃油泵。

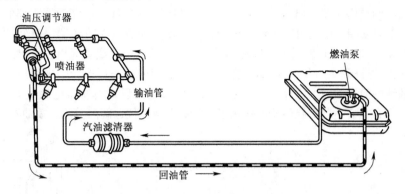

图 6-8 燃油系统组成

电动燃油泵主要由油泵、永磁电动机、安全阀（卸压阀）、单向阀和外壳等组成，常用的蜗轮汽油泵结构如图 6-9 和图 6-10 所示。电动机通电时即可带动泵体转动，燃油经滤网过滤从吸油口吸入，流经电动燃油泵内部，压开单向阀从出油口流出，向燃油系统供油。同时，燃油流经电动燃油泵的内部，可对永磁电动机的电枢部分进行冷却，故此种燃油泵又称作湿式燃油泵。

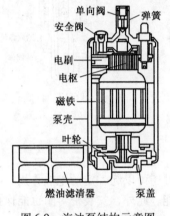

图 6-9 汽油泵结构示意图

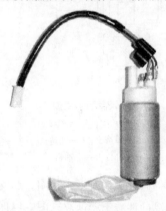

图 6-10 汽油泵外形

2）燃油压力调节器

燃油压力调节器的作用是根据进气歧管绝对压力的变化来调节系统油压（燃油总管的绝对压力），使喷油器的喷油压力保持恒定，因此喷油器的燃油喷射量唯一地取决于喷油器的开启持续时间。

压力调节器位于分配管的一端，按装置的不同，可使燃油压力调节在 250kPa～300kPa 的范围内。压力调节器的结构及外形如图 6-11 和图 6-12 所示，由金属壳体组成的内腔，其中有一个膜片把内腔分成两室：一个室内装有预紧力的弹簧压在膜片上；一个室通燃油。当油压超过预调的压力值时，将克服弹簧压力，使膜片向下移动，由膜片操纵的阀门可将回油孔打开，使超压的燃油流回到油箱，以保持一定的燃油压力。在弹簧室内有一根通气管与发动机节气门后的进气管相连通，这样，燃油系统的压力就取决于进气管内的绝对压力。因此喷油器的喷油压力可保持恒定，不随进气歧管压力的变化而发生变化，其大小由下式确定：

喷油压力 = 燃油压力 — 进气歧管绝对压力

= （弹簧压力 + 进气歧管绝对压力）— 进气歧管绝对压力

即 喷油压力 = 弹簧压力。

3）喷油器

典型喷油器的结构如图 6-13 所示，喷油器体内有 1 个电磁线圈，喷油器头部的针阀与衔铁结合成一体。当电磁线圈无电流时，喷油器内的针阀被螺旋弹簧压在喷油器出口处的密封锥形阀座上，燃油不能喷出。当 ECU 发出喷油脉冲信号时，喷油器的电磁线圈通电，电磁线圈产生电磁吸力，吸动衔铁带动针阀离开阀座，燃油从针阀与阀座之间的精密环形缝隙中喷出。为使燃油能被充分雾化，轴针的前端被加工成针状。当喷油脉冲信号结束后，喷油器电磁线圈的电流被切断，电磁力迅速消失，在喷油器螺旋弹簧的作用下，针阀迅速回位，阀门关闭，喷油器停止喷油。

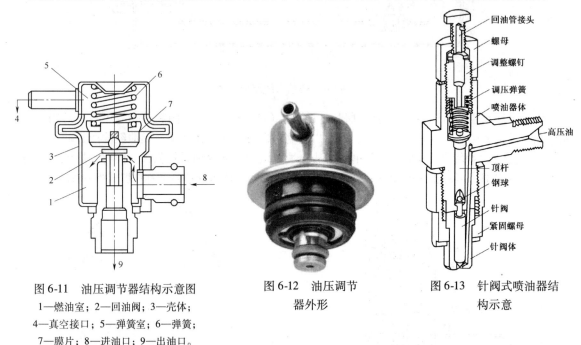

图 6-11　油压调节器结构示意图
1—燃油室；2—回油阀；3—壳体；
4—真空接口；5—弹簧室；6—弹簧；
7—膜片；8—进油口；9—出油口。

图 6-12　油压调节器外形

图 6-13　针阀式喷油器结构示意

喷油器阀体上设有形密封圈，起支撑与密封作用，同时还可以起一定的绝热作用，防止喷油器内温度过高而产生燃油蒸气泡，以保持良好的热启动性能。此外，安装密封圈也能保持喷油器免受高的振动力。

3. 电子控制系统

在发动机集中控制系统中，电子控制系统被集成为一个整体，同时控制燃油喷射系统、点火系统和其他辅助系统，主要由传感器、电子控制单元（ECU）和执行器三部分组成，如图 6-14 所示。

除以上三种主要部件外，控制系统还包括电源开关继电器、电路断开继电器等各类继电器，以及控制冷启动喷嘴的热定时开关等。接通或断开汽油喷射系统总电源继电器的称为 EFI 主继电器，控制燃油泵接通的继电器称为燃油泵继电器。

1）传感器

（1）空气流量传感器（AFS）。它将发动机的进气量转变为相应的电信号，是电子控制单元计算基本喷油量、确定最佳点火提前角的重要参数之一。目前最常用的有热式空气流量传感器。

热式空气流量传感器的工作原理是在进气通道中放置一铂金电热体，通入稳定电流后使电热体温度与吸入空气温度差保持在 100℃ 左右，电热体成为惠斯顿电桥电路的一个臂，如图 6-15 所示。当空气经过电热体时，就会带走热量而使电热体温度下降，电热体的电阻随之下降，电热体

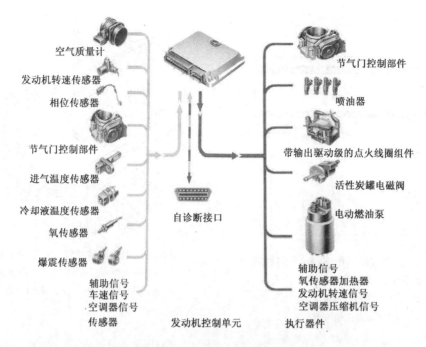

图6-14 发动机集中控制系统的组成

的电流则相应增加。进气通道的空气流量与电热体的电流在一定的范围内成正比关系,通过测量电路将电热体的电流变化转换为电压的变化,由电压信号来反映空气流量。

热式空气流量传感器根据其电热体放置的位置不同,可分为主流式和旁通式两种,根据电热体的结构形式不同,又有热线式和热膜式之分。

主流热线式空气流量传感器的电热体用铂丝制成,如图6-16所示。热丝的工作温度一般在100℃~120℃,在其两端都有金属网,以防止进气气流的冲击和发动机回火损坏热丝。为防止热丝粘有沉积物而影响传感器的测量精度,热线式传感器都没有自洁功能:在每次发动机熄火后约5s,控制电路使热丝通过较大的脉冲电流(约1s),将热丝迅速加热到1000℃左右,用以烧掉热丝上的沉积物。

旁通热线式空气流量传感器如图6-17所示。冷丝(空气温度补偿电阻)和热丝均绕在螺线管上,安装在旁空气通道上,热丝的工作温度一般在200℃左右。这种旁通的结构形式可以减小进气通道的进气阻力,有助于提高发动机的充气效率。

热膜式空气流量传感器的电热体由铂片固定在树脂薄膜上构成,如图6-18所示。这种结构形式可使铂片免受空气气流的直接冲击,提高了传感器的工作可靠性和使用寿命。

热式空气流量传感器的测量范围大、反应灵敏、体积小,由于信号与空气质量流量相对应,因此一般无需对大气压力及进气温度的变化进行修正。热式空气流量传感器的缺点是电热体受污染后,对测量精度影响较大。

(2)节气门位置传感器(TPS)。它将节气门的开度转变为电信号,输送给电子控制器。电子控制器从节气门位置传感器信号中获得节气门开度、节气门开启速度、怠速状态等信息,用于进行点火时间、燃油喷射、怠速、废气潜循环、炭罐通气量等控制。

节气门位置传感器有线性式和开关式两种类型。开关式节气门位置传感器只检测节气门关闭和全开状态,现在的汽车电子控制系统中已经比较少见。线性节气门位置传感器相当于一个加设了怠速触点的滑片式电位器,其结构与内部电路如图6-19所示。

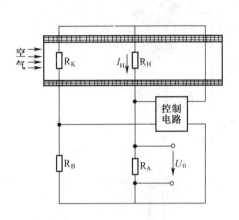

图 6-15 热式空气流量传感器的电路原理

R_K—温度补偿电阻；R_H—电热体电阻；

R_A、R_B—常数高精度电阻；

U_0—传感器输出信号电压。

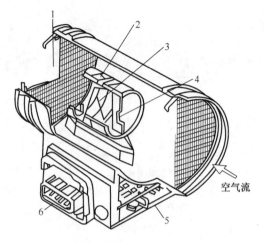

图 6-16 主流测量热线式空气流量传感器

1—防回火网；2—取样管；3—白金热线；
4—温度传感器；5—控制回路；6—连接器。

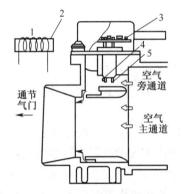

图 6-17 旁通热线式空气流量传感器

1—热金属线和冷金属线；2—陶瓷螺线管；
3—控制回路；4—冷金属线（进气温度传感器）；
5—铂金热丝。

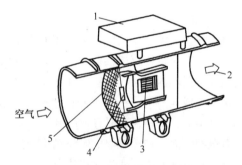

图 6-18 热膜式空气流量传感器

1—控制回路；2—通往节气门体；3—热膜；
4—气流温度传感器；5—金属网。

(a) 传感器外形

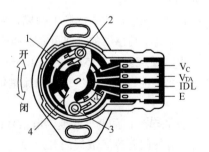

(b) 内部结构

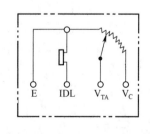

(c) 内部电路

图 6-19 线性节气门位置传感器

1—滑片电阻；2—节气门位置滑片；3—节气门全关滑片；4—滑片摆臂；V_C—电源；
V_{TA}—节气门位置信号；IDL—怠速信号；E—搭铁。

测量节气门位置的滑片和测量节气门全关（怠速）的滑片通过传感器与节气门联动。节气门开度变化时，节气门位置滑片在电阻体上做相应的滑动，电位器输出相应的节气门位置信号 V_{TA}。在节气门关闭时，节气门关闭滑片使怠速触点处于接通状态，从 IDL 端子输出怠速信号。

(3) 进气歧管绝对压力传感器（MAP）。它由半导体压力转换元件（硅片）与过滤器组成，如图 6-20 所示。该传感器的主要元件是一片很薄的硅片，外围较厚，中间最薄，硅片上下两面各有一层二氧化硅膜。在膜层中，沿硅片四边，有四个应变电阻。在硅片四角各有一个金属块，通过导线和电阻相连。在硅片底面粘接了一块硼硅酸玻璃片，使硅膜片中部形成一个真空窗以传感压力，如图 1-17（a）所示。传感器通常用一根橡胶管和需要测量其中压力的部位相连。

硅片中的四个电阻连接成惠斯顿电桥形式，如图 6-20（c）所示，由稳定电源供电，电桥应在硅片无变形时调到平衡状态。当空气压力增加时，硅膜片弯曲，引起电阻值的变化，其中 R_1 和 R_4 的电阻增加，而 R_2，R_3 的电阻则等量减少。这使电桥失去平衡而在 AB 端形成电位差，从而输出正比于压力的电压信号。

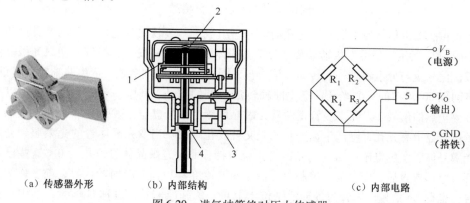

图 6-20 进气歧管绝对压力传感器
1—真空室；2—硅片；3—输出端子；4—过滤体；5—集成电路 $R_1 \sim R_4$ 半导体应变片。

(4) 进气温度传感器（IATS）和水温传感器（CTS）。现代汽车发动机用的温度传感器基本上都是负热敏系数（NTC）温度传感器，如图 6-21 所示。这种传感器是利用半导体的电阻随温度的升高而减小的特性，其灵敏度高。

进气温度传感器的功用是给 ECU 提供进气温度信号，作为燃油喷射和点火正时控制的修正信号。D 型燃油喷射系统的进气温度传感器安装在空气滤清器或进气管内，L 型燃油喷射系统安装在空气流量计内。

水温传感器用于检测发动机冷却液温度，并转化为电信号，送给 ECU 作为燃油喷射量和点火正时的修正信号，也是其他控制系统（如 EGR 等）的控制信号。水温传感器一般安装在汽缸体或冷却水出口处。

图 6-21 温度传感器

(5) 曲轴位置传感器（CPS）与凸轮轴位置传感器（CIS）。曲轴位置传感器又称为发动机转速与曲轴位置传感器，其功用是采集曲轴转动角度和发动机转速信号，并输入控制单元 ECU，以便确定点火时刻和喷油时刻。

凸轮轴位置传感器又称为汽缸识别传感器，其功用是采集配气凸轮轴的位置以便识别第一缸活塞处于压缩上止点的位置，信号并输入 ECU，以识别第一缸活塞处于压缩上止点的位置，从而进行顺序喷油控制、点火时刻控制和爆震控制。

曲轴位置传感器和凸轮轴位置传感器主要分为光电式、磁感应式和霍耳式。

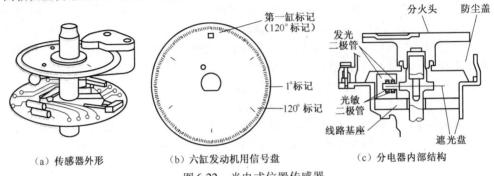

图 6-22　光电式位置传感器

光电式传感器由信号发生器和带光孔的信号盘组成，一般装在分电器内，也可直接装于凸轮轴端，如图 6-22 所示。信号发生器安装在分电器壳体上，由两只发光二极管、两只光敏晶体管和电路组成。信号盘与分电器轴一起转动，信号盘外圈有 360 条光刻缝隙，产生曲轴转角 1°的信号；稍靠内有间隔 60°均布的 6 个光孔，产生曲轴转角 120°的信号，其中一个光孔较宽，用以产生相对于 1 缸上止点的信号。发光二极管正对着光敏晶体管。信号盘位于发光晶体管和光敏晶体管之间，由于信号盘上有光孔，则产生远光和遮光交替变化现象。当发光晶体管的光束照到光敏晶体管时，光敏晶体管产生电压；当发光晶体管光束被挡住时，光敏晶体管电压为 0。这些电压信号经电路部分整形放大后，即向电子控制单元输送曲轴转角为 1°和 120°时的信号，前者作为发动机转速信号，也称 Ne 信号；后者为各缸活塞位于上止点的基准信号，也称 G 信号，其中较宽的一个为第一缸活塞位于上止点的信号。光电式曲轴位置传感器输出矩形脉冲信号，适合与电控单元的数字系统配用。电子控制单元根据这些信号计算发动机转速和曲轴位置。

磁感应式传感器的工作原理及外形如图 6-23 所示。大部分发动机在飞轮特制环上有 58 个齿（根据需要也可以设计成其他齿数）信号齿盘。每一齿占飞轮的 6°角。并带有一个 12°角间隔的齿，通常称为缺齿，它的位置可确定某一缸上止点位置，作为点火正时信号的参考基准。信号齿盘的轮齿顶部与传感器头部的间隙要求在 (1±0.5) mm。信号齿盘由曲轴带动旋转，利用轮齿靠近和离开感应线圈时，通过感应线圈的磁通量变化，从而在线圈中产生感应电压。信号齿盘不停旋转，在感应线圈中就产生交变电压信号，发动机 ECU 可以根据电压交变的变化频率来计算出发动机的转速。

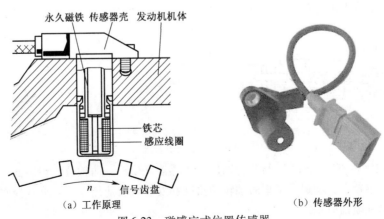

图 6-23　磁感应式位置传感器

霍耳效应式传感器是一种利用霍耳效应的信号发生器。当电流垂直于外磁场通过导体时，在导体的垂直于磁场和电流方向的两个端面之间会出现电势差，霍耳电压的大小正比于通过导体的电流和磁场的磁通量，如图 6-24 所示。

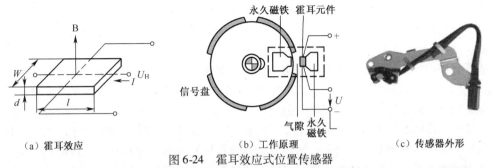

图 6-24　霍耳效应式位置传感器

霍耳式传感器主要由触发叶轮、霍耳集成电路、导磁钢片（磁轭）与永久磁铁等组成。触发叶轮安装在转子轴上，叶轮上制有叶片（叶片数与发动机汽缸数相等）。当触发叶轮随转子轴一同转动时，叶片便在霍耳集成电路与永久磁铁之间转动。当信号发生器上的叶片进入永久磁铁与霍耳组件之间的间隙时，霍耳触发器的磁场被叶片旁路，此时不产生霍耳电压，传感器无输出信号；当信号发生器的触发叶轮的缺口部分进入永久磁铁与霍耳组件之间的间隙时，霍耳电压升高，传感器输出电压信号。

目前，汽车上应用的霍耳式传感器日益增加，主要原因在于霍耳式传感器有两个突出优点：一是输出电压信号近似于方波信号；二是输出电压高低与被测物体的转速无关。霍耳式传感器与磁感应式传感器不同的是需要外加电源。

（6）氧传感器（EGO）。是排气氧传感器的简称，其功用是通过监测排气中氧离子的含量来获得混合气的空燃比信号，并将该信号转变为电信号输入 ECU。ECU 根据氧传感器信号，对喷油时间进行修正，实现空燃比反馈控制（闭环控制），从而将过量空气系数（λ）控制在 0.98~1.02 的范围内（空燃比 A/F 约为 14.7），使发动机得到最佳浓度的混合气，从而达到降低有害气体的排放量和节约燃油的目的。

目前最常用的氧化锆式传感器是以陶瓷材料氧化锆作敏感元件，在氧化锆内外表面都覆盖着一层铂薄膜作电极。为了防止铂膜被废气腐蚀，在铂膜外覆盖一层多孔的陶瓷层，并且还加上一个开有槽口的套管。氧传感器的接线端有一个金属护套，其上开有一个小孔，使氧化锆传感器的内侧通大气，外侧裸露在尾气中，如图 6-25 所示。

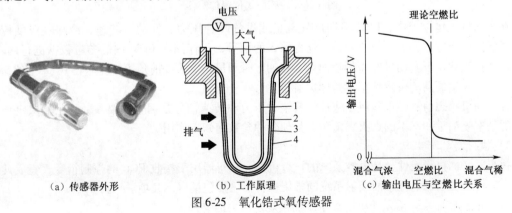

图 6-25　氧化锆式氧传感器

1—内表面铂电极层；2—氧化锆陶瓷体；3—外表面铂电极层；4—多孔氧化铝保护层。

氧化锆陶瓷是多孔的，允许氧渗入到该固体电解质中，当温度高于 350℃时，氧气发生电离。

如果陶瓷体内侧大气含氧量与陶瓷体外侧含氧量不同，即存在着氧浓度差时，则在固体电解质内氧离子从大气侧向尾气侧扩散，使氧化锆元件内形成一个微电池，在氧化锆内外侧之间产生一个电压。当混合气稀时，排气中氧的含量高，传感器内外侧的氧浓度差别很小，氧化锆传感器产生的电压低（接近于0V）；反之，当混合气浓时，在排气中几乎没有氧，传感器内外两侧氧的浓度相差很大，氧化锆元件产生的电压高（约1V）。在最佳工作区（14.7∶1）附近，电压值有突变，如图6-25（c）所示。在发动机混合气闭环控制过程中，氧传感器相当于一个浓稀开关。元件表面的铂起催化作用，使尾气中的氧与一氧化碳反应，变成二氧化碳，使氧化锆两侧氧的浓度差变得更大，从而使两极间的电压产生突变。电控单元根据氧传感器的输出信号控制喷油量的增加和减少，保持混合气的空燃比在最佳工作区附近。

氧化锆式氧传感器输出信号强弱与工作温度有关，一般要在350℃~400℃才能正常工作，所以目前氧传感器采用加热型氧传感器。加热型氧传感器与不加热的传感器的工作原理相同，只是在传感器内部增加了一个陶瓷加热元件。只要不超过工作极限温度，陶瓷体温度总是不变，这可使氧传感器的安装位置不受温度的影响，也扩大了混合气闭环控制的工作范围。

2）控制单元（ECU）

电子控制单元是电子控制系统的核心，其作用是接收信号、运算、判断、发出指令。主要由I/O接口电路、A/D转换器、中央处理器（CPU）、随机存储器（RAM）、只读存储器（ROM）、驱动电路和固化在ROM中的发动机控制程序等组成。中央处理器包括累加器、控制器、算术逻辑运算器。图6-26表示了发动机电子控制单元的组成。

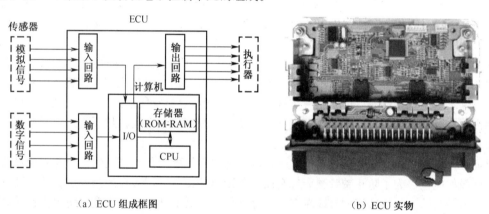

(a) ECU 组成框图　　　　　　　　　　　　　(b) ECU 实物

图6-26　磁感应式位置传感器

在发动机工作过程中，ECU根据进气流量或进气歧管压力、发动机转速、冷却液温度传感器、进气温度传感器、节气门位置传感器等输入的信号，与存储在ROM中的参考数据进行比较，从而确定在该状态下发动机所需的喷油量、喷油正时和最佳点火提前角等。存储在ROM中的参考数据是通过大量的发动机及整车试验标定所得。

在发动机状态信号中进气流量或进气管绝对压力和转速信号是两个主要参数，它们决定该工况下的基本喷油量和基本的点火提前角。其他各种参数起修正作用。

3）执行器

执行器又称执行元件，是电控系统的执行机构。执行器用于接收ECU的控制指令，完成具体的控制动作。发动机电控燃油喷射系统的常用执行器主要包括以下几项。

（1）电控燃油泵。给发动机电控系统提供规定压力的燃油。

（2）油泵继电器。控制电动汽油泵电路的接通与切断。

（3）喷油器。接收ECU发出的喷油脉冲信号，并计量汽油喷射量。

(4) 氧传感器加热器。加热氧传感器的检测部件,使传感器尽快正常工作。

6.1.3 电控燃油喷射系统的工作过程

1. 电动燃油泵控制

汽油泵控制电路的基本控制功能是:在启动发动机和发动机正常运转时,使汽油泵稳定可靠地工作;发动机一旦熄火,汽油泵能立即自动停止工作;发动机不工作时,即使将点火开关置于接通(点火)状态,汽油泵也不会工作。

汽油泵控制电路通常设有汽油泵继电器,该继电器为常外触点,有两个线圈,其中的一个线圈通电就可使触点闭合。汽油泵控制电路有多种形式,图6-27所示的汽油泵控制电路中,燃油泵继电器 L_1 线圈电流由ECU控制,在发动机工作时,ECU接收到发动机转速传感器的电信号,并通过内部的控制电路使三极管VT导通,L_1 通电而使 K_2 保持闭合,汽油泵正常通电工作;当发动机熄火时,ECU接收不到发动机转速传感器信号,ECU内部电路立即使 L_1 断电,K_2 断开,汽油泵立即停止工作。

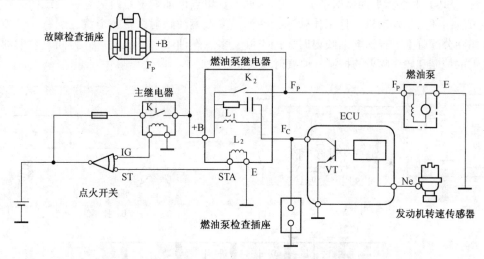

图6-27 由ECU控制的燃油泵控制电路(D型)

2. 喷油器驱动控制

发动机各种传感器信号输入到ECU后,ECU根据数学计算和逻辑判断结果,发出脉冲信号指令控制喷油器喷油。喷油器的驱动方式可分为电压驱动和电流驱动两种形式,如图6-28所示。电压驱动是指ECU输出电压信号驱动喷油器工作,该方式既适用于驱动线圈电阻值高、线圈匝数多、工作电流小的高阻值喷油器,又适用于线圈阻值小的低阻值喷油器,但需要在驱动回路中加入附加电阻。电流驱动是指ECU输出较大的电流进行驱动,适用于低阻喷油器。由于电流驱动电路无附加电阻,回路的阻抗和感抗均较小,驱动电流大,使喷油器具有良好的响应性。

当ECU向喷油器发出的控制脉冲信号高电平"1"加到驱动晶体管VT基极时,喷油器线圈通电,产生电磁力将阀吸开,喷油器开始喷油;当控制脉冲信号的低电平"0"加到驱动晶体管VT基极时,VT截止,喷油器线圈断电,在复位弹簧的作用下阀关闭,喷油器停止喷油。由于控制信号为脉冲信号,因此阀不断地开闭使喷出的油雾化质量良好。雾状燃油喷射在进气门附近,与吸入空气混合成可燃混合气。当进气门打开时,再吸入汽缸燃烧做功。

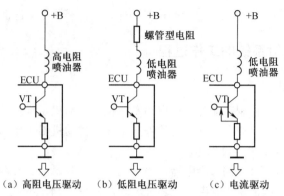

图 6-28　喷油器驱动方式

3. 喷油正时控制

供油正时就是指喷油器何时开始喷油。发动机燃油喷射系统按喷油器安装部位分为单点燃油喷射系统（SPI）和多点燃油喷射系统（MPI）两类。单点燃油喷射系统只有一只或两只喷油器，安装在节气门体上，发动机一旦工作就连续喷油。多点燃油映射系统每个汽缸配有一只喷油器，安装在燃油分配管上。根据燃油喷射时序的不同，多点燃油喷射系统又可分为同时喷射的控制、分组喷射的控制和顺序喷射的控制三种喷射方式。

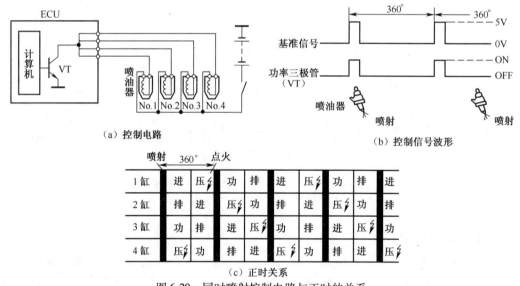

图 6-29　同时喷射控制电路与正时的关系

1）同时喷射的控制

多点燃油同时喷射就是各缸喷油器同时喷油，其控制电路如图 6-29（a）所示，各缸喷油器并联在一起，电磁线圈中的电流由一只功率三极管 VT 驱动控制。

发动机工作时，ECU 根据曲轴位置传感器和凸轮轴位置传感器输入的基准信号发出喷油指令，控制功率三极管 VT 导通或截止，再由功率三极管控制喷油器电磁线圈中的电流接通或切断，使各缸喷油器同时喷油或停止喷油。曲轴每转 1 圈（360°）或 2 圈（720°），各缸喷油器同时喷油一次，喷油器控制信号波形如图 6-29（b）所示。由于各缸同时喷油，因此供油正时与发动机进气—压缩—做功—排气工作循环无关，如图 6-29（c）所示。

各缸喷油器同时喷油的优点是控制电路和控制程序简单，且通用性较好。其缺点是各缸喷油时刻不可能都是最佳。因此，仅早期研制的燃油喷射系统采用，现代汽车已很少采用。

2）分组喷射的控制

多点燃油分组喷射就是将喷油器喷油分组进行控制，一般将四缸发动机分成两组，六缸发动机分成三组，八缸发动机分成四组。四缸发动机分组喷射的控制电路如图6-30（a）所示。

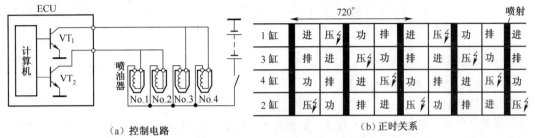

图6-30　分组喷射控制电路与正时的关系

发动机工作时，由ECU控制各组喷油器轮流喷油。发动机每转1圈，只有一组喷油器喷油，每组喷油器喷油时连续喷射1次~2次，供油正时关系如图6-30（b）所示。分组喷射方式虽然不是最佳的喷油方式，但由正时关系图可见，1，4两缸的喷油时刻较佳，其混合气雾化质量比同时喷射大大改善。

3）顺序喷射的控制

多点燃油顺序喷射控制就是各缸喷油器按照一定的顺序喷油，因此也称独立喷射，控制电路如图6-31（a）所示。

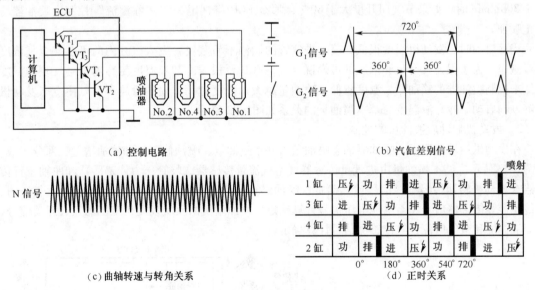

图6-31　顺序喷射控制电路与正时的关系

在顺序喷射的控制中，发动机工作一个循环（曲轴转2圈720°），各缸喷油器按照特定的顺序依次喷油一次，供油正时关系如图6-31（d）所示。

实现顺序喷射控制的一个关键问题是需要知道活塞即将到达排气上止点的是哪一个汽缸。为此，在顺序喷射系统中，ECU需要一个汽缸判缸信号（简称判缸信号）。ECU根据曲轴位置（转角）信号和判缸信号，确定出是哪一个汽缸的活塞运行至排气上止点前某一角度时，发出喷油控制指令，接通该缸喷油器电磁线圈电流，使喷油器开始喷油。

顺序喷射的优点是各缸喷油时刻均可设计在最佳时刻，燃油雾化质量好，有利于提高燃油经济性和降低废气（HC，CO，NO_x）的排放量。其缺点是控制电路和控制软件比较复杂，广泛应用于现代汽车上。

在顺序喷射的控制中,喷油顺序与点火顺序同步,点火时刻在压缩上止点前开始,喷油时刻在排气 L 止点前开始。例如桑塔纳 2000GU,2000G5i,捷达 AT,GTX,红旗 CA7220E 等型轿车的点火顺序为 1—3—4—2,喷油顺序也为 1—3—4—2;切诺基吉普车 4.0L 六缸电喷发动机的点火顺序为 1—5—2—3—6—2—4,喷油顺序也为 1—5—3—6—2—4,各缸喷油器分别由计算机进行控制,驱动回路数与汽缸数相等。

4. 喷油量控制

1) 发动机启动时喷油量的控制

发动机启动时,起动机驱动发动机运转,其转速很低(50r/min 左右)且波动较大,导致反映进气量的空气流量信号或进气压力信号误差较大。因此,在发动机冷启动时,ECU 不是以空气流量传感器信号或进气压力信导作为计算喷油量的依据的,而是按照可编程只读存储器中预先编制的启动程序和预定空燃比控制喷油。启动控制采用开环控制,ECU 首先根据点火开关、曲轴位置传感器和节气门位置传感器提供的信号,判定发动机是否处于启动状态,以便决定是否按启动程序控制喷油,然后根据冷却液温度传感器信号确定基本喷油量。

当点火开关接通启动挡位时,ECU 的 STA 端便接收到一个高电平信号,此时 ECU 再根据曲轴位置传感器和节气门位置传感器信号判定是否处于启动状态。如果曲轴位置传感器信号表明发动机转速低于 300r/min,且节气门位置传感器信号表明节气门处于关闭状态,则判定发动机处于启动状态,并控制运行启动程序。在燃油喷射系统具有"清除溢流"功能的汽车上,当发动机转速低于 300r/min 时,如果节气门开度大于 80%,那么 ECU 将判定为"清除溢流"控制,喷油器将停止喷油。

当冷启动时,发动机温度很低,喷入进气管的燃油不易蒸发,吸入汽缸内的可燃混合气浓度相对减小。为了保证具有足够浓度的可燃混合气,ECU 要根据冷却液温度传感器信号反映的温度高低来控制喷油器的喷油量,温度越低,喷油量越大;温度越高,喷油量越小,以使冷态发动机能够顺利启动。冷却液温度与基本喷油量的关系如图 6-32 所示。

2) 发动机启动后喷油量的控制

在发动机运转过程中,喷油器的总喷油量由基本喷油量、喷油修正量和喷油增量三部分组成,如图 6-33 所示。基本喷油量由进气量传感器(空气流量传感器或歧管压力传感器)和曲轴位置传感器(发动机转速传感器)信号计算确定;喷油修正量由与进气量有关的进气温度、大气压力、氧传感器等传感器信号和蓄电池电压信号计算确定;喷油增量由反映发动机工况的点火开关信号、冷却液温度和节气门位置等传感器信号计算确定。

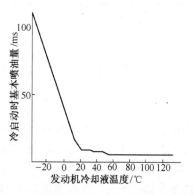

图 6-32 冷却液温度与基本喷油量的关系图

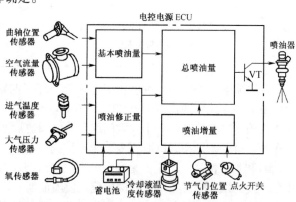

图 6-33 喷油量控制示意图

（1）基本喷油量的控制。基本喷油量（或基本喷油时间）是在标准大气状态（温度为20℃，压力为101kPa）下，根据发动机每个工作循环的进气量、发动机转速和设定的空燃比来确定的。

（2）喷油修正量的控制。

①进气温度和大气压力修正。当空气温度和大气压力变化时，空气密度就会发生变化，进气量就会随之发生变化。为此，需要ECU根据空气温度和大气压力等信号，对喷油量（喷油时间）进行修正，使发动机在各种运行条件下，都能获得最佳的喷油量。

②空燃比的修正。为了提高发动机动力性、经济性和降低废气的排放，在工况不同时，其空燃比也不相同。当发动机在部分负荷工况下工作时，其喷油量是按经济空燃比供给混合气成分的，即电控系统按理论空燃比（A/F=14.7）或大于理论值的空燃比来控制喷油量，以控制发动机燃烧稀薄混合气，用以提高经济性和降低有害气体的排放量。当发动机在高速、大负荷或全负荷工况下运行时，为了获得良好的动力性，要求发动机输出最大功率，因此需要供给浓混合气，ECU将根据节气门位置传感器内的功率触点信号，判定发动机是否正处于大负荷以上的工况下运行。当节气门开度大于70°（80%负荷）以上时，ECU将控制运行功率空燃比程序，增大喷油量，供给大于理论空燃比的功率混合气，满足发动机输出最大功率的要求。

③空燃比反馈修正。电控发动机都配装了三元催化转换器和氧传感器，借助于安装在排气管上的氧传感器反馈的空燃比信号，对喷油脉冲宽度进行反馈优化控制，将空燃比精确控制在理论空燃比（14.7）附近，再利用三元催化转换器将排气中的三种主要有害成分CH，CO，NO_x转化为无害成分。

④蓄电池电压修正。喷油器的电磁线圈为感性负载，其电流按指数规律变化，因此当喷油脉冲到来时，喷油器阀门开启和关闭都将滞后一定时间。蓄电池电压的高低对喷油器开启滞后的时间影响较大，电压越低，开启滞后时间越长，在控制脉冲占空比相同的情况下，实际喷油量就会减小，为此必须进行修正。

⑤喷油增量的控制。喷油增量是在一些特殊工况下（如暖机、加速等），为加浓混合气而增加的喷油量。加浓的目的是为了使发动机获得良好的使用性能（如动力性、加速性、平顺性等）。加浓的程度可表示为：

a. 启动后增量。发动机冷启动后，由于低温下混合气形成不良以及部分燃油在进气管上沉积，造成混合气变稀。为此，在启动后一段短时间内，必须增加喷油量，以加浓混合气，保证发动机稳定运转而不熄火。启动后增量比的大小取决于启动时发动机的温度，并随发动机的运转时间增长而逐渐减小为零。

b. 暖机增量。在冷启动结束后的暖机运转过程中，发动机的温度一般不高。在这样较低的温度下，喷入进气歧管的燃油与空气的混合较差，不易立即汽化，容易使一部分较大的燃油液滴凝结在冷的进气管道及汽缸壁面上，结果造成汽缸内的混合气变稀。因此，在暖机过程中必须增加喷油量。暖机增量比的大小取决于水温传感器所测得的发动机温度，并随着发动机温度的升高而逐渐减小，直至温度升高至80℃时，暖机加浓结束。

c. 加速增量。在加速工况时，计算机能自动按一定的增量比适当增加喷油量。使发动机能发出最大扭矩，改善加速性能。计算机是根据节气门位置传感器测得的节气门开启的速率鉴别出发动机是否处于加速工况的。

5. 发动机断油控制

断油控制是电控单元ECU在某些特殊工况下暂时中断燃油喷射，以满足发动机运行的特殊要求，主要包括以下几种情况：

（1）超速断油。在发动机运行过程中，ECU 随时都将曲轴位置传感器测得的发动机实际转速与存储器中存储的极限转速进行比较。当发动机转速超过允许的极限转速时，ECU 立即控制喷油器中断燃油喷射，防止发动机超速运转而损坏机件，如图 6-34 所示。

（2）减速断油。当汽车在高速行驶中突然松开油门踏板减速时，节气门完全关闭，为避免混合气过浓导致燃油经济性和排放性能变差，ECU 根据节气门位置、发动机转速和冷却液温度等传感器信号，判断是否满足减速断油条件，发出信号使喷油器停止喷油，当发动机转速降到某预定转速之下或节气门重新打开时，ECU 发出指令，喷油器恢复喷油，如图 6-35 所示。

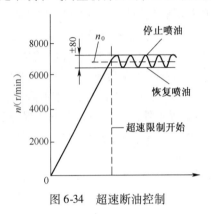

图 6-34 超速断油控制

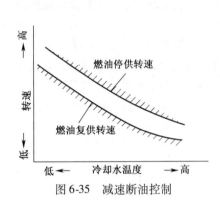

图 6-35 减速断油控制

6.2 电控点火系统

对汽油机而言，点火控制技术水平的高低直接影响到发动机的动力性、经济性、排放污染及工作稳定性。为了保证发动机在各种工况下可靠准确地点火，点火系统必须满足以下要求。

（1）提供足够高的次级电压，使火花塞电极间跳火。能使火花塞电极间产生电火花所需要的电压，称为火花塞击穿电压。发动机冷启动时，需要最高击穿电压达 19kV。为使点火可靠，通常点火系统的次级电压大于击穿电压。现代发动机的点火系统要求能够提供 20kV 以上的次级电压。

（2）火花要具有足够的能量。火花的能量不仅与点火线圈的次级电压有关，还与电流及火花持续时间有关，点火能量越大，着火性能越好。在发动机启动、怠速及急加速等情况下要求较高的能量。目前采用的高能点火装置都要求超过 80mJ ~100mJ。

（3）点火系统应按发动机的发火顺序并以最佳时刻（点火提前角）进行点火。最佳点火提前角是由发动机的动力性、经济性和排放性能要求共同确定的。

（4）当需要进行爆震控制时，能使点火提前角推迟。

6.2.1 汽车发动机点火系统的分类

按发展过程来分，点火系统可分为机械触点式（传统点火系统）、普通电子式和计算机控制式点火系统。其中普通电子式又分为有触点电火和无触点点火两种。计算机控制式又分为分电器计算机控制点火和无分电器计算机控制点火系统两种。

1. 机械式点火系统

传统的机械式点火系统由电源（蓄电池）、点火开关、点火线圈、断电器、分电器、点火提前调节机构、电容器、火花塞、高压导线以及附加电阻等组成，如图 6-36 所示。

传统点火系统的点火时刻和初级线圈电流的控制，是由机械传动的断电器触点来完成的，由发动机凸轮轴驱动的分电器轴控制着断电器触点张开、闭合的角度和时刻,以及与发动机各缸工作行程的关系。为了使点火提前角能随发动机转速和负荷的变化自动调节,在分电器上装有离心式机械提前装置和真空式提前装置,以感知发动机转速以及负荷的变化并自动加以调节。

传统触点式点火系统主要存在以下缺点:

(1) 闭合角不能变化,闭合时间随转速变化较大。次级电压的最大值随发动机的转速升高和汽缸数的增加而下降。

(2) 由于触点打开时易产生火花,使触点容易烧蚀。

(3) 由于初级电流大小受触点所允许电流强度的限制(一般不超过5A),因此火花能量的提高受到了限制。

(4) 点火提前角的控制精度差。

(5) 由于传统点火系统次级电压上升慢,因此对火花塞积炭和污染很敏感。

2. 电子点火系统

电子点火系统以蓄电池和发电机为电源,通过点火线圈和由半导体器件(晶体三极管)组成的点火控制器将电源提供的低压电转变为高压电,再通过分电器分配到各缸火花塞,使火花塞两电极之间产生电火花,点燃可燃混合气。与传统蓄电池点火系统相比具有点火可靠、使用方便等优点,是目前国内外汽车广泛采用的点火系统。

按有无断电器触点,电子点火系统又分为有触点电子点火系统(或晶体管辅助点火系统)和无触点电子点火系统两种。其中,晶体管辅助点火系统(图6-37)是电子点火系统发展的早期,为了解决传统点火系统断电器触点烧蚀的问题,而用大功率晶体管来控制电流较大的初级线圈电路的通和断,将断电器触点放在控制晶体管导通与截止的基极电路中,由于基极电路电流较小,所以触点不容易烧蚀。但是,这种电子点火装置由于无法克服触点式点火装置的固有缺点,例如:高速时触点臂振动,触点分开后不能及时闭合;顶推触点臂的顶块或凸轮磨损时,会改变点火时刻;触点污染时不能可靠地点火等。目前已很少使用触点式电子点火装置。

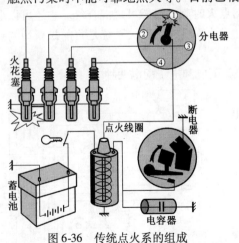

图 6-36 传统点火系的组成

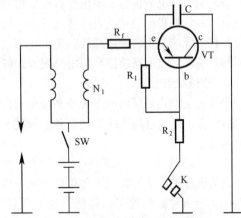

图 6-37 有触点式点火系统的电路原理

无触点电子点火系统的基本组成有:点火开关、蓄电池、点火信号发生器、电子点火器、点火线圈、分电器、点火提前调节机构、高压导线、火花塞等,如图6-38所示。

其结构特点是:在传统点火系统的基础上,增加了信号发生器和电子点火器,采用各种形式的点火信号发生器来代替断电器触点。信号发生器通常有三种:光电式、磁感应式和霍耳式。

其基本原理是:由信号发生器产生触发信号,经过点火器的放大电路整形、处理,最后控制大功率三极管的导通与截止,达到控制点火线圈初级电流通断的目的。

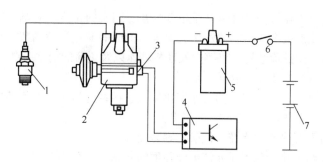

图 6-38 无触点式点火系统的组成
1—火花塞；2—分电器；3—点火信号发生器；4—点火控制器；
5—点火线圈；6—点火开关；7—电源。

电子点火器的作用是：对来自信号发生器的脉冲信号进行放大、处理、识别，求出发动机的转速，并根据发动机的转速来控制点火线圈初级电路电流的接通和断开时刻，同时还对初级电流的大小进行控制。

无触点电子点火系统的特点如下：
（1）取消了断电器触点，解决了触点烧蚀的问题。
（2）初极电流可通过电路加以限制。
（3）仍需采用机械离心提前和真空提前调节机构，无法精确控制点火提前角。

随着汽车电子技术的发展和发动机电控技术的广泛应用，这种点火系统已逐渐被计算机控制点火系统所取代。

3. 计算机控制点火系统

计算机控制点火系统（Microcomputer Control Ignition，MCI）通过点火线圈将电源的低压电转变为高压电，再由分电器将高压电分配到各缸火花塞，并由计算机控制系统根据各种传感器提供的反映发动机工况的信息，发出点火控制信号，控制点火时刻，点燃可燃混合气。它还可以取消分电器，由计算机控制系统直接将高压电分配给各缸。计算机控制点火系统是目前最新型的点火系统，已广泛应用于各种中高级轿车中。

计算机控制点火系统按高压电分配方式可分为机械配电和电子配电两种。

1）机械配电

机械配电方式是指由分火头将高压电分配至分电器盖旁电极，再通过高压线输送到各缸火花塞上的传统配电方式。

丰田皇冠轿车点火系统的工作过程如图 6-39 所示，发动机电控系统的曲轴转角传感器将曲轴转角信号 Ne、2 个凸轮轴位置传感器将凸轮轴位置信号 G1 和 G2，进气压力传感器将进入发动机汽缸的进气压力信号、节气门位置传感器将节气门开度信号和水温传感器将冷却液温度等信号传递到点火子系统 ECU，ECU 据此发出点火指令信号 IGT 给电子点火组件。电子点火组件内有一个大功率晶体管，该功率管用来控制点火线圈初级电路的通和断。火花塞点火完成后，将点火完成的 IGF 信号反馈回点火子系统计算机

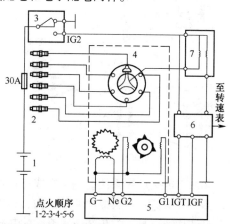

图 6-39 丰田皇冠轿车点火系统原理
1—蓄电池；2—火花塞；3—点火开关；
4—分电器；5—ECU；
6—电子点火组件；7—点火线圈

ECU，再指令发动机供油系统 ECU 确定是否提供喷油脉冲。

机械配电方式存在以下缺点：

（1）分火头与分电器盖旁电极之间必须保留一定间隙才能进行高压电分配，因此，必然损失一部分火花能量，同时也是一个主要的无线电干扰源。

（2）为了抑制无线电的干扰信号，高压线采用了高阻抗电缆，也要消耗一部分能量。

（3）分火头、分电器盖或高压导线漏电时，会导致高压电火花减弱、缺火或断火。

（4）曲轴位置传感器转子由分电器轴驱动，旋转机构的机械磨损会影响点火时刻的控制精度。

（5）分电器安装的位置和占据的空间，会给发动机的结构布置和汽车的外形设计造成一定的困难。

2）电子配电

电子配电方式是指在点火器控制下，点火线圈的高压电按照一定的点火顺序，直接加到火花塞上的点火方式，也称为无分电器点火系统（Distributor-less Ignition System，DIS）。目前，DIS 在汽车上应用广泛。常用的电子配电方式分为双缸同时点火和各缸单独点火两种。

（1）双缸同时点火控制。双缸同时点火是指点火线圈每产生一次高压电，都使两个汽缸的火花塞同时跳火。次级绕组产生的高压电将直接加在两个汽缸（四缸发动机的 1，4 缸或 2，3 缸；六缸发动机的 1，6 缸，2，5 缸或 3，4 缸）的火花塞电极上跳火。

双缸同时点火时，一个汽缸处于压缩行程末期，是有效点火，另一个汽缸处于排气行程末期，缸内温度较高而压力很低，火花塞电极间隙的击穿电压很低，对有效点火汽缸火花塞的击穿电压和火花放电能量影响很小，是无效点火。曲轴旋转一转后，两缸所处行程恰好相反。

利用点火线圈直接分配高压的同时点火电路原理如图 6-40 所示，点火线圈组件由两个（四缸发动机）或三个（六缸发动机）独立的点火线圈组成，每个点火线圈供给成对的两个火花塞工作（四缸发动机的 1，4 缸和 2，3 缸分别共用一个点火线圈；6 缸发动机 1，6 缸、2，5 缸和 3，4 缸分别共用一个点火线圈）。点火控制组件中设置有与点火线数量相等的功率三极管，分别控制一个点火线圈工作。点火控制器根据电控单元 ECU 输出的点火控制信号，按点火顺序轮流触发功率三极管导通与截止，从而控制每个点火线圈轮流产生高压电，再通过高压线直接输送到成对的两缸火花塞电极间隙上跳火点燃可燃混合气。

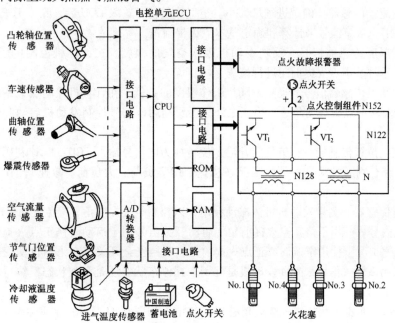

图 6-40　点火线圈分配高压同时点火电路原理

(2) 各缸独立点火控制。点火系统采用单独点火方式时，每一个汽缸都配有一个点火线圈，并安装在火花塞上方。在点火控制器中，设置有与点火线圈相同数目的大功率三极管，分别控制每个线圈次级绕组电流的接通与切断，其工作原理与同时点火方式相同。国产2005年款红旗轿车采用了单独点火控制方式。

单独点火的优点是省去了高压线，点火能量损耗进一步减少；此外，所有高压部件都可安装在发动机汽缸盖上的金属屏蔽罩内，点火系对无线电的干扰可大幅度降低。

综上所述，计算机控制无分电器点火系统（DIS）消除了分电器高压配电的不足。由于点火线圈（或初级绕组）数量增加，对每一个点火线圈来说，初级绕组允许通电时间可增加2倍~6倍。因此，即使发动机高速运转，初级绕组也有足够充裕的通电时间。换句话说，无分电器点火系统具有足够大的点火能量和足够高的次级电压来保证发动机在任何工况都能可靠点火。

6.2.2 电控点火系统的组成

汽车发动机计算机控制点火系统主要由凸轮轴位置（上止点位置）传感器、曲轴位置（曲轴转速与转角）传感器、空气流量（负荷）传感器、节气门位置（负荷）传感器、冷却液温度传感器、进气温度传感器、车速传感器、各种控制开关、电控单元、点火控制器、点火线圈及火花塞等组成，如图6-40所示。

1. 传感器

传感器用来检测与点火有关的发动机工作和状况信息，并将检测结果输入ECU，作为计算和控制点火时刻的依据。虽然各型汽车采用的传感器的类型、数量、结构及安装位置不尽相同，但是其作用都大同小异，而且这些传感器大多与燃油喷射系统和其他电子控制系统共用。

（1）曲轴位置传感器。测量发动机曲轴的转角与转速。在计算机控制电子点火系统中，发动机曲轴转角信号用来计算具体的点火时刻，转速信号用来计算和读取基本点火提前角。

（2）凸轮轴位置（上止点位置）传感器。确定曲轴基准位置和点火基准的传感器凸轮轴位置和曲轴位置信号是保证ECU控制电子点火系统正常工作最基本的信号。

（3）空气流量传感器。确定进气量大小。空气流量信号输入ECU后，除了用于计算基本喷油时间之外，还用作负荷信号来计算和确定基本点火提前角。

（4）进气温度传感器信号。反映发动机吸入空气的温度。在计算机控制电子点火系统中，ECU利用该信号对基本点火提前角进行修正。

（5）冷却水温传感器信号。反映发动机工作温度的高低。在计算机控制点火系统中，ECU除了利用该信号对基本点火提前角进行修正之外，还要利用该信号控制发动机启动和暖机期间的点火提前角。

（6）节气门位置传感器。将节气门开启角度转换为电信号输入ECU，ECU利用该信号和车速传感器信号来综合判断发动机所处的工况（怠速、中等负荷、大负荷、减速），并对点火提前角进行修正。

（7）爆震传感器。测量发动机机体振动频率，以控制点火提前角，避免发动机产生爆燃。

各种开关信号——用于修正点火提前角。启动开关信号用于启动时修正点火提前角；空调开关信号用于怠速工况下使用空调时修正点火提前角；空挡安全开关仅在采用自动变速器的汽车上使用，ECU利用该开关信号来判断发动机是处于空挡停车状态还是行驶状态，然后对点火提前角进行必要的修正。

目前大多数汽车都采用压电式爆震传感器，其结构如图6-41所示，它是利用压电效应制成。某些晶体（如石英、酒石酸盐、食盐、糖）的薄片受到压入或机械振动之后产生电荷的现象，称为压电效应。当晶体受到外力作用时，在晶体的某两个表面上就会产生电荷（输出电压）；当外力去掉时，晶体又恢复到不带电状态；晶体受力产生的电荷量与外力大小成正比。

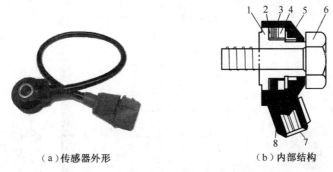

图 6-41　爆震传感器

1—套筒底座；2—绝缘垫圈；3—压电元件；4—惯性配重；5—塑料外壳；
6—固定螺栓；7—接线插座；8—电极。

通过将爆震传感器安装在发动机缸体上，可用于检测发动机的爆燃状况。传感器的敏感元件为一个压电晶体，当晶体受到外部机械力作用时，晶体的两个极面上就会产生电压。发动机发生爆燃时，传感器套筒底座及惯性配重随之产生振动，套筒底座和配重的振动作用在压电元件上，由压电效应可知，压电元件的信号输出端就会输出与振动频率和振动强度有关的交变电压信号。试验证明，发动机爆燃频率一般在6kHz～9kHz之间，其振动强度较大，所以信号电压较高。发动机转速越高，信号电压幅值越大。

2. ECU

现代发动机通过 ECU 实现对包括电控燃油点火系统在内的各子系统的集中控制。ECU 的 ROM 中存储有监控和自检等程序以及该型发动机在各种工况下的最佳点火提前角。ECU 不断接收各种传感器和开关发送的信号，并按预先编制的程序进行计算和判断后，向点火控制器发出控制信号，实现点火提前角和点火时刻的最佳控制。

3. 执行器

（1）点火控制器。又称点火控制组件、点火器或功率放大器，是计算机控制点火系统的一个执行机构，它可将 ECU 输出的点火信号进行功率放大后，再驱动电火线圈工作。

（2）点火线圈。它可储存点火所需要的能量，并将储存的能量转变成15kV～20kV 高压电，击穿火花塞电极，产生电火花。图 6-42 为六缸发动机无分电器独立点火系统采用的双火花点火线圈组件。

（3）火花塞。在火花塞的中心电极和接地电极之间施加由点火装置所产生的高电压（10kV以上），由此电极间的绝缘状态被破坏而产生电流，放电生成电火花。火花能量决定能否使压缩混合气体点火爆发。图 6-43 是火花塞的内部结构。

6.2.3　电控点火系统的工作过程

根据发动机对点火系统的工作要求，电控点火系统的工作过程主要包括点火提前角控制、闭合角控制和爆震控制三个方面。

1. 点火提前角的控制

点火提前角是指从火花塞电极间跳火到活塞运行至上止点时这一段时间内曲轴所转过的角度。

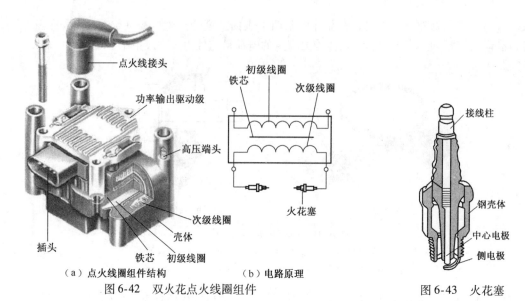

图 6-42 双火花点火线圈组件

图 6-43 火花塞

如果点火过迟,即活塞在到达压缩上止点时点火,那么混合气在活塞下行时才燃烧,使汽缸内压力下降。同时由于燃烧的炽热气体与缸壁接触面加大,热损失增加,发动机过热,从而使发动机功率下降,油耗增加。

如果点火过早,混合气在活塞压缩行程中完全燃烧,活塞在到达上止点前缸内达到最大压力,使得活塞上行的阻力增加,也会使功率下降,还会产生爆震。

现代发动机的最佳点火提前角,不仅要使发动机的动力性、经济性最佳,还应使有害排放物最少。汽缸内压力与点火时刻的关系如图 6-44 所示。可以看出:B 点点火过早,最大燃烧压力最高,但出现爆震;D 点点火过晚,最大燃烧压力很低;而在 C 点点火,最大燃烧压力在上止点后 10°~15°CA 出现,做的功(斜线部分)最多。

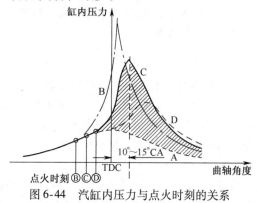

图 6-44 汽缸内压力与点火时刻的关系

计算机控制的点火提前角 θ 由初始点火提前角 θ_i、基本点火提前角 θ_b 和修正点火提前角 θ_c 三部分组成,即

$$\theta = \theta_i + \theta_b + \theta_c$$

1)初始点火提前角 θ_i

初始点火提前角又称为固定点火提前角,其值大小取决于发动机的结构形式,并由曲轴位置传感器的初始位置决定,一般设定为上止点前 BTDC10°左右,如桑塔纳 2000GLi 型轿车为 BTDC8°。

在下列情况时,由于发动机转速变化大,空气流量不稳定,进气量传感器输出的流量信号就不稳定，点火提前角不能准确控制，因此采用固定的初始点火提前角进行控制，其实际点火提前角等于初始点火提前。

（1）发动机启动时；

（2）发动机转速低于 400r/min 时；

（3）检查初始点火提前角时。

2）基本点火提前角 θ_b

基本点火提前角是发动机最主要的点火提前角，是设计计算机控制点火系统时确定的点火提前角。由于发动机本身的结构复杂，影响点火的因素较多，理论推导基本点火提前角的数学模型比较困难，而且很难适应发动机的运行状态。因此，国内外普遍采用台架试验方法，即利用发动机最佳运行状态下的试验数据来确定基本点火提前角，发动机在不同转速和不同负荷条件下的点火提前角数据经离散后存放在 ROM 中，如图 6-45 所示。当汽车行驶时，计算机根据发动机转速信号（由曲轴位置传感器确定）和负荷信号（由空气流量和节气门位置传感器确定），即可从 ROM 中查询出相应的基本点火提前角，从而对点火时刻进行控制。

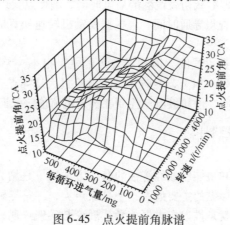

图 6-45　点火提前角脉谱

3）修正点火提前角 θ_c

为使实际点火提前角适应发动机的运转状况，以便得到良好的动力性、经济性和排放性能，必须根据相关因素（冷却液温度、进气温度、开关信号等）适当增大或减小点火提前角，对点火提前角进行必要的修正。修正点火提前角的项目有多有少，主要有暖机修正和怠速修正。

（1）暖机修正。指节气门位置传感器（TPS）的怠速触点 IDL 闭合、发动机冷却水温度变化时，对点火提前角进行的修正。当冷却水温度低时，应当增大点火提前角，以促使发动机尽快暖机；当冷却水温度升高后，点火提前角应相应减小。

（2）怠速修正。它是为了保证怠速运转稳定而对点火提前角进行的修正。发动机怠速运转时，由于负荷变化，ECU 会将怠速转速调整到设定的目标转速。如动力转向开关或空调开关接通，发动机实际转速低于规定的目标转速时，ECU 将根据转速之差，相应地减小点火提前角，使怠速运转平稳，防止发动机怠速熄火。怠速稳定修正信号主要有：发动机转速信号（Ne）、节气门位置（IDL）、车速（SPD）、空调信号（A/C）等。

（3）过热修正。发动机正常运行时，若冷却液温度过高，为了避免发动机过热产生爆燃，应减小点火提前角，但当发动机处于怠速工况时，若冷却液温度过高，为了避免发动机长时间过热，则增大点火提前角。控制过热修正量的主要信号有冷却液温度信号和节气门开度信号。

（4）空燃比反馈修正。当装有氧传感器的燃油喷射系统进入闭环控制时，ECU 通常根据氧传感器的反馈信号对空燃比进行修正。随着修正喷油量的增加或减少，发动机的转速在一定范围内波动。为了提高发动机转速的稳定性，当反馈修正油量减少而导致混合气变稀时，点火提前角应适当地增加；反之，当反馈修正油量增加而导致混合气变浓时，点火提前角应适当地减少。

发动机的实际点火提前角是上述三个点火提前角之和。发动机每转一转，ECU 计算处理后就输出一个提前角信号。因此，当传感器检测到发动机转速、负荷、水温发生变化时，ECU 就会自动调整点火提前角。当 ECU 确定的点火提前角超过允许的最大提前角或小于允许的最小点火提前角时，发动机很难正常运转，此时 ECU 则以最大或最小点火提前允许值进行控制。

2. 闭合角的控制

闭合角是指在一个点火触发信号周期内，点火线圈一次电流充电时间所对应的曲轴转角，也称导通角。

闭合角控制电路的作用是：根据发动机转速和蓄电池电压调节闭合角，以保证足够的点火能量。在发动机转速上升和蓄电池电压下降时，闭合角控制电路使闭合角加大，即延长初级线圈的通电时间，防止初级线圈储能下降，确保点火能量。在发动机转速下降和蓄电池电压较高时，闭合角控制电路使闭合角减小，即缩减初级线圈的通电时间，确保点火线圈的安全。

通常，ECU 根据电源电压查得导通时间，再根据发动机转速换算成曲轴的转角，以确定闭合角的大小。

由于点火线圈采用了高能点火线圈，即初级绕组的电阻很小，为 $0.52\Omega \sim 0.76\Omega$，这样，点火系初级电路的饱和电流可达 20A 以上，为防止初级电流过大烧坏点火线圈，点火控制器必须控制末级大功率开关管的导通时间，使初级电流控制在额定电流值，保证点火系可靠工作。

3. 爆燃控制（又称爆震控制）

1）爆燃控制系统组成

汽油发动机获得最大功率和最佳燃油经济性的有效方法之一是增大点火提前角，但是点火提前角过大会引起发动机爆燃。爆燃的主要危害：一是噪声大，二是导致发动机使用寿命缩短甚至损坏。消除爆燃最有效的方法就是推迟点火提前角。理论与实践证明，剧烈的爆燃会使发动机的动力性和经济性严重恶化，而当发动机工作在爆燃的临界点或有轻微的爆燃时，发动机热效率最高，动力性和经济性最好。因此，利用点火提前角闭环控制系统能够有效地控制点火提前角，从而使发动机工作在爆燃的临界状态。带有爆燃控制的点火提前角闭环控制系统如图 6-46 所示，由传感器、带通滤波电路、信号放大电路、整形滤波电路、比较基准电压形成电路、积分电路点火提前角控制电路和点火控制器等组成。

爆燃传感器用于检测发动机是否发生爆燃，每台发动机一般安装 1 只~2 只，带通滤波器只允许发动机爆燃的信号（频率为 6kHz~9kHz 的信号）或接近爆燃的信号输入 ECU 进行处理，其他频率的信号则被衰减。信号放大器的作用是对输入 ECU 的信号进行放大，以便整形滤波电路进行整理。接近爆燃的信号经过整形滤波和比较基准电路处理后，形成判定是否发生爆燃的基准电压 U_B，爆燃的信号经过整形滤波和积分电路处理后，形成的积分信号用于判别爆燃强度。

2）爆燃的判别

发动机爆燃一般仅在大负荷、中低转速（小于 3000r/min）时产生，由于爆燃传感器输出电压的振幅随发动机转速高低不同而有很大的变化，因此判别发动机是否发生爆燃不能根据爆燃传感器输出电压的绝对值进行判别，常用的方法是，将发动机无爆燃时的传感器输出电压与产生爆燃时的输出电压进行比较，从而得出结论。

（1）基准电压的确定。判别爆燃的基准电压通常利用发动机爆燃时的传感器输出信号电压来确定。最简单的方法如图 6-47 所示，首先对传感器输出信号进行整波和半波整流，利用平均电路求得信号电压的平均值，然后再乘以常数倍即可形成基准电压 U_B。平均值的倍数由设计制造时的

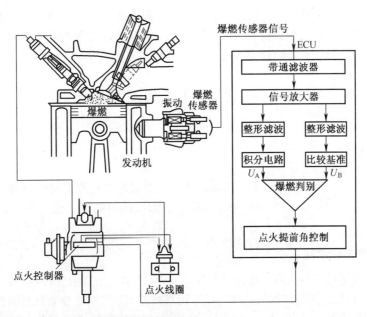

图 6-46 爆燃控制系统的组成

试验确定。因为发动机转速升高时,爆燃传感器输出电压的幅值增大,所以基准电压不是一个固定值,其值将随发动机转速升高而增大。

(2) 爆燃强度的判别。发动机的爆燃强度取决于爆燃传感器输出信号电压的振幅和持续时间。爆燃信号电压值超过基准电压值的次数越多,说明爆燃强度越大,反之,说明爆燃强度越小。确定爆燃强度常用的方法如图 6-48 所示,首先利用基准电压值时传感器输出信号进行整形处理,然后对整形后的波形进行积分,求得积分值 U_i。爆燃强度越大,积分值 U_i 越大,反之,积分值 U_i 越小,当积分值 U_i 超过基准电压 U_B 时,ECU 将判定发动机发生爆燃。

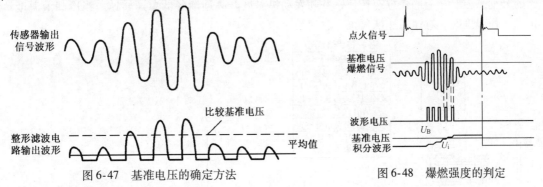

图 6-47 基准电压的确定方法　　图 6-48 爆燃强度的判定

3) 爆燃的控制

当发动机工作时,缸体振动频繁剧烈,为使监测得到的爆燃信号准确无误,监测爆燃的过程并非随时都在进行,而是在发出点火信号后的定范围内进行的,这是因为发动机产生爆燃的最大可能性是在点火后的一段时间内。

爆燃控制系统是一个闭环控制系统,发动机工作时,ECU 根据爆燃传感器信号,从存储器中查询相应的点火提前角控制点火时刻,控制结果由爆燃传感器反馈到 ECU 输入端,再由 ECU 对点火提前角进行修正,控制过程如图 6-46 所示。

爆燃传感器的信号输入 ECU 后,ECU 便将积分值 U_i 与基准电压 U_B 进行比较。当积分值 U_i 高于基准电压 U_B 时,ECU 立即发出指令,控制点火时刻推迟,一般每次推迟 0.5°~1.5°曲轴转角（日产公司为 0.5°～1.0°），直到爆燃消除。爆燃强度越大，点火时间推迟越多；爆燃强度越小，点火时间推迟越少。当积分值 U_i 低于基准电压 U_B 时，说明爆燃已经消除，ECU 又递增定量的提前角控制点火，直到再产生爆燃为止。

6.3 发动机辅助控制系统

6.3.1 怠速控制

怠速控制（ISC）就是怠速转速的控制。燃油喷射式发动机都配置有怠速控制系统，在汽车有效使用期内，发动机老化、内缸积炭、火花塞间隙变化和温度变化等都不会使怠速转速发生改变。

1. 怠速控制系统的组成

设有旁通空气道的发动机怠速控制系统如图 6-49 所示，主要由各种传感器、控制信号开关、电子控制单元 ECU 和怠速控制器等组成。在采用直接控制节气门来控制怠速的汽车上，如桑塔纳 2000GSi 和桑塔纳 3000、捷达 AT～GTX 以及红旗 CA7220E 型等轿车，设有设置旁通空气道，由 ECU 控制怠速控制阀（或电动机）直接改变节气门的开度来控制怠速转速。

车速传感器提供车速信号，节气门位置传感器提供节气门开度信号，这两个信号用来判定发动机是否处于怠速状态。发动机怠速时，节气门关闭，节气门位置传感器的开度小于 1.2°，怠速触点 IDL 闭合，传感器输出端子 IDL 输出低电平信号。因此，当 IDL 端子输出低电平信号时，如果车速为零，就说明发动机处于怠速状态；如果车速不为零，则说明发动机处于减速状态。

冷却液温度信号用于修正怠速转速。在 ECU 内部，存储有不同水温对应的最佳怠速转速，如图 6-50 所示。在发动机冷机启动后的暖机过程中，ECU 根据发动机温度信号，通过控制怠速控制阀的开度来控制相应的快怠速转速，并随发动机温度升高逐渐降低怠速转速。当冷却液温度达到正常工作温度时，怠速转速恢复正常怠速转速。

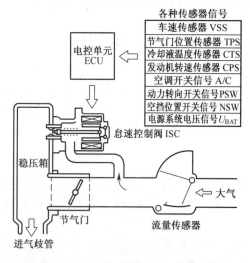

图 6-49 怠速控制系统的组成

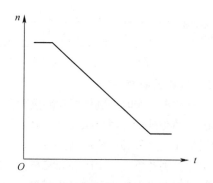

图 6-50 不同温度下的怠速转速

空调开关、动力转向开关、空挡启动开关信号和电源电压信号等向 ECU 提供发动机负荷变化的状态信息。在 ECU 内部，存储有不同负荷状况下对应的最佳怠速转速。

2. 怠速控制系统的分类

发动机怠速时进气量的控制方式有两种基本类型,即控制节气门旁通通道空气量的旁通空气式和直接控制节气门关闭位置的节气门直动式,控制原理如图 6-51 所示。其中旁通空气式应用广泛。

节气门直接控制方式,由于控制时要克服节气门关闭方向上所加的回位弹簧力,执行器结构比较大。在单点喷射系统中,对各缸燃油分配均匀性没有影响的节气门直接控制方式用得较多。在旁通控制式中,可根据需要灵活应用步进电动机、旋转阀和直动电磁阀等多种执行元件,由于旁通控制式安装方便而采用较多。

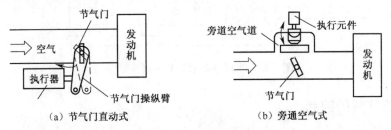

图 6-51 怠速控制方式

根据怠速阀(ISCV)的驱动方式,旁通空气怠速装置又分为附加空气阀式、真空控制阀式、步进电动机式、旋转阀式。现代汽车广泛采用步进电动机式怠速控制装置,它是将步进电动机与怠速控制阀做成一体,装在进气总管内,其结构如图 6-52 所示,电动机可顺时针或逆时针旋转,使阀沿轴向移动,改变阀与阀座之间的间隙,调整流过节气门旁通通道的空气量,该种怠速控制阀还可用来控制发动机的快怠速,而不需要辅助空气阀。

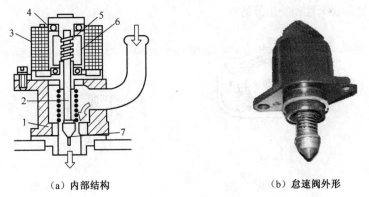

图 6-52 怠速控制阀
1—阀座;2—阀轴;3—定子线圈;4—轴承;5—进给丝杠机构;6—转子;7—阀芯。

3. 怠速控制系统的工作原理

怠速控制主要是发动机负荷变化和电器负荷变化而控制发动机怠速时的进气量。怠速时的喷油量则由 ECU 根据预先设定的怠速空燃比和实际空气量计算确定。

当发动机怠速运转时,ECU 首先根据怠速信号和车速信号,确认发动机处于怠速状态,再根据发动机冷却液温度传感器信号、空调开关、动力转向开关及自动变速器挡位等信号,依据 ECU 存储的数据,确定相应的目标转速 n_g,通常采用发动机怠速反馈控制,依据发动机实际转速与目标转速比较得出的差值确定控制量(步进电动机步数),然后驱动步进电动机。步进电动机的控制电路如图 6-53 所示。ECU 按相序使功率管 $VT_1 \sim VT_4$ 依次导通,驱动步进电动机转子旋转,带动控制阀的阀芯轴向移动,由此改变阀门开启高度,调节旁通空气流量,使发动机怠速转速达到目标转速。

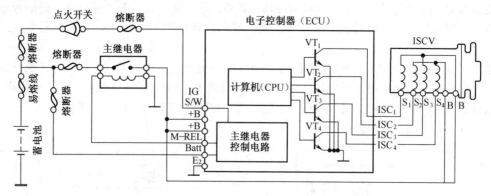

图 6-53　步进电动机式怠速阀控制电路

6.3.2　电子节气门控制

节气门的作用是控制发动机的进气流量,决定发动机的运行工况。传统的节气门控制是通过拉杆或拉索传动等机械连接方式来实现的,因此节气门开度完全取决于加速踏板的位置,即驾驶员的操作意图,但从动力性和经济性角度来看,发动机并不总是完全处于最佳运行工况,而且驾驶员的误操作也给安全性带来隐患。电子节气门取消了传统的机械连接,通过电控单元控制节气门快速精确地定位,如图 6-54 所示。它的优点在于能根据驾驶员的需求愿望以及整车各种行驶状况确定节气门的最佳开度,保证车辆最佳的动力性和燃油经济性,并具有牵引力控制、巡航控制等控制功能,可提高安全性和乘坐舒适性。

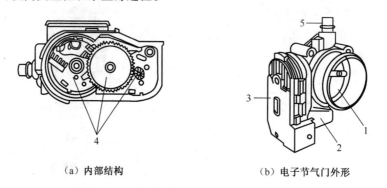

(a) 内部结构　　　　(b) 电子节气门外形

图 6-54　电子节气门

1—节气门;2—电动机;3—双轨道节气门位置传感器;4—传动齿轮;5—燃油蒸气吸入口。

1. 电子节气门的组成

(1) 加速踏板位置传感器 (PPS)。由两个无触点线性电位器传感器组成,在同一基准电压下工作,基准电压由 ECU 提供。随着加速踏板位置改变,电位器阻值也发生线性变化,由此产生反映加速踏板下踏量大小和变化速率的电压信号输入 ECU,如图 6-55 所示。

(2) 节气门位置传感器 (TPS)。也是由两个无触点线性电位器传感器组成,且由 ECU 提供相同的基准电压。当节气门位置发生变化时,电位器阻值也随之线性地改变,由此产生相应的电压信号输入 ECU,该电压信号反映节气门开度大小和变化速率。

(3) ECU。控制单元 ECU 是整个系统的核心，包括两部分：信息处理模块和电动机驱动电路模块。信息处理模块接受来自加速踏板位置传感器的电压信号，经过处理后得到节气门的最佳开度，并把相应的电压信号发送到电动机驱动电路模块。电动机驱动电路模块接受来自信息处理模块的信号，控制电动机转动相应的角度，使节气门达到或保持相应的开度。电动机驱动电路应保证电动机能双向转动。

(4) 节气门控制电动机（TCM）。一般选用步进电动机或直流电动机，经过两级齿轮减速来调节节气门开度。早期以使用步进电动机为主，步进电动机精度较高、能耗低、位置保持特性较好，但其高速性能较差，不能满足节气门较高的动态响应性能的要求，所以现在比较多地采用直流电动机，直流电动机精度高、反应灵敏、便于伺服控制。

2. 电子节气门的工作原理

在如图 6-56 所示的电子节气门系统中，只要驾驶员踩下加速踏板，加速踏板位置传感器就产生相应的电压信号输入节气门控制单元。控制单元首先对输入的信号进行滤波，以消除环境噪声的影响，然后根据当前的工作模式、踏板移动量和变化率解析驾驶员意图，计算出对发动机扭矩的基本需求，得到相应的节气门转角的基本期望值。通过获取其他车况信息以及各种传感器信号，如发动机转速、挡位、节气门位置、空调能耗等，ECU 计算出整车所需求的全部扭矩，通过对节气门转角期望值进行补偿，得到节气门的最佳开度，并把相应的电压信号发送到驱动电路模块，驱动控制电动机使节气门达到最佳的开度位置。节气门位置传感器则把节气门的开度信号反馈给节气门控制单元，形成闭环的位置控制。

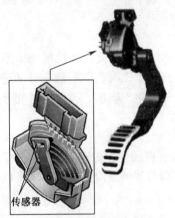

图 6-55　加速踏板位置传感器

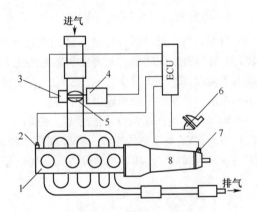

图 6-56　电子节气门控制系统

1—发动机；2—曲柄转角传感器；3—节气门位置传感器；
4—节气门执行器；5—节气门；
6—加速踏板位置传感器；7—车速传感器；8—变速器。

6.3.3　可变配气相位控制

配气相位是指用曲轴转角来表示的进气门、排气门开闭时刻和开启持续时间，主要包括进气门提前开启角、进气门迟后关闭角、排气门提前开启角、排气门迟后关闭角等。在发动机工作时，配气相位直接影响进排气过程进行的好坏，对发动机动力性、经济性有很大影响。

理想的配气系统应当满足以下条件：①低速时，采用较小的气门重叠角和较小的气门升程，防止缸内新鲜空气向进气系统倒流，以增加扭矩，提高燃油经济性。②高速时，应具有较大的气门升程和进气门迟闭角,最大限度地减小流动阻力,充分利用过后充气,提高充气系数,满足动力性的要求。③能够对进气门从开启到关闭的持续期进行调整,实现最佳的进气定时。

通常,汽车发动机根据性能的要求,通过试验来确定某一常用转速下较合适的配气相位,在装配时,对正配气正时标记,即可保证已确定的配气相位。在发动机使用中,已确定的配气相位是不能改变的。因此,传统发动机性能只有在某一常用转速下最好,而在其他转速下工作时,发动机的性能相对较差。为解决上述问题,有些汽车发动机通过可变气门正时和可变气门升程两项技术实现了可变配气相位控制,如图6-57所示。

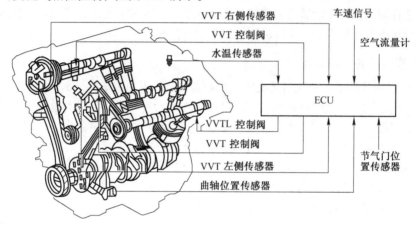

图6-57 可变配气相位控制系统的基本组成

1. 可变气门正时控制(VVT)

目前,汽车发动机转速范围已经达到6000r/min～9000r/min,因此,发动机在低速和高速运转时,气门开启关闭的时刻需要与转速匹配。这样发动机在各个工况都能得到充分的进气,从而提高了发动机的工作效率,也让发动机在低转速时能有充分的扭矩输出,高转速时能有更强大的功率输出,使发动机扭矩输出更平稳。

VVT主要由凸轮轴位置传感器、曲轴位置传感器、ECU、凸轮轴正时机油控制阀(或电动机)以及VVT调节机构组成。VVT利用凸轮轴位置传感器和曲轴位置传感器,检测凸轮轴转动的变化量,从而确定凸轮轴的转动方向及转动量。按照VVT调节器的结构形式,VVT可以分成以下三种类型。

1)叶片式

由定时链条驱动的外壳、固定在凸轮轴上的叶片组成,见图6-58。在凸轮轴左边有一凸轮轴同步齿形带轮,曲轴动力通过正时链条传递到带轮,并进一步输送到凸轮轴上,以控制凸轮轴角度,进而控制配气正时角。在凸轮轴同步齿形带轮上设置了一个液压装置。在ECU接收位于曲轴的传感器的信号,并进行处理后,将该转速下的配气正时角转变成为电信号传送到液压装置,由液压装置加压,使凸轮轴同步齿形带轮能够正反向自由转动,达到控制配气正时角的目的。

2)螺旋齿轮式

由正时皮带驱动的齿轮、与进气凸轮轴刚性连接的内齿轮,以及一个位于内齿轮与外齿轮之间的可移动活塞组成,见图6-59。活塞表面有螺旋形花键,活塞沿轴向移动,会改变内外齿轮的相位,从而产生气门配气相位的连续改变。当机油压力施加在活塞的左侧时,迫使活塞右移,由于活塞上的螺旋形花键的作用,进气凸轮轴会相对于凸轮轴正时皮带轮提前某个角度。当机油压力施加在活塞的右侧时,迫使活塞左移,使进气凸轮轴延迟某个角度。当得到理想的配气正时,凸轮轴正时液压控制阀就会关闭油道使活塞两侧压力平衡,活塞停止移动。

 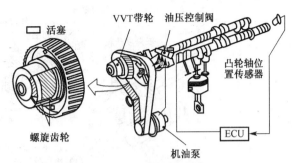

图 6-58 保时捷的叶片式 VarioCam　　　　图 6-59 丰田的螺旋齿轮式 VVT-i

3）链传动式

链传动式 VVT 在两个进气凸轮轴齿轮中间使用了一个可上下浮动的液压装置来控制正时链条的状态，如图 6-60 所示。当这个液压可变正时调节器下降时，两轴间链条上部放松，加快进气门关闭，从而减小进气迟角；当正时调节器上升时，减慢进气门关闭，增大进气迟角。

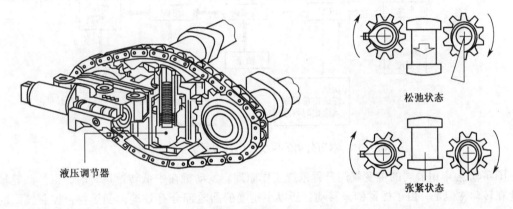

图 6-60 大众的链传动式 VVT

2. 可变气门升程

采用可变升程正时（Variable Valve Timing with Lift，VVTL）控制的发动机，气门升程能随发动机转速的变化而改变。发动机低转速时，采用短升程，能产生更大的进气负压及更多的涡流，使空气和燃油充分混合，提高发动机低转速时的动力输出；发动机高转速时，采用长升程提高重启效率，使发动机换气顺畅。

VVTL 是在 VVT 的基础上，采用凸轮转换机构，使发动机在不同转速工况下由不同的凸轮控制，及时调整进排气门的升程和开启持续时间。

本田公司（图 6-61）在 i-VTEC 中将进排气凸轮轴上分别设计有三个凸轮面，分别顶动摇臂轴上的三个摇臂，当发动机处于低转速或者低负荷时，三个摇臂之间无任何连接，左边和右边的摇臂分别顶动两个气门，使两者具有不同的正时及升程，此时中间的高速摇臂不顶动气门，只是在摇臂轴上做无效的运动。当转速不断提高时，发动机的各传感器将监测到的负荷、转速、车速以及水温等参数送到 ECU 中，ECU 对这些信息进行分析处理。当达到需要变换为高速模式时，ECU 就发出一个信号打开 VTEC 电磁阀，使压力机油进入摇臂轴内顶动活塞，使三只摇臂连接成一体，两只气门都按高速模式工作。当发动机转速降低达到气门正时需要再次变换时，ECU 再次发出信号，打开 VTEC 电磁阀压力开头，使压力机油泄出，气门再次回到低速工作模式。

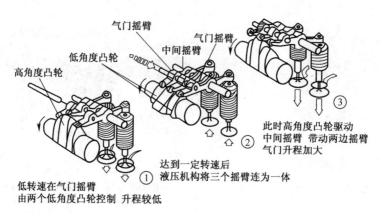

图 6-61 本田公司的可变气门升程系统工作原理图

图 6-62 为丰田公司的可变气门升程系统工作原理。发动机在中低转速运转时，虽然凸轮轴一样地在转动，但是，由于摇臂销未移动，所以小角度的凸轮部分有效地顶到摇臂，控制气门的启闭，此时，同一根凸轮轴上的大角度的凸轮以相同的速度做无效空转；当发动机转速变高时，虽然凸轮轴一样地在转动，但是，在油压的作用下，摇臂销已移动，所以是换成高角度的凸轮部分有效地顶到摇臂，控制气门的启闭，此时，小角度的凸轮却是无效地空转。

日产公司的 VVEL 系统设计了一套无凸轮轴连续调节气门升程系统，如图 6-63 所示。摇臂通过偏心轮套在控制杆上，而控制杆可以在直流电动机带动下，旋转一定角度。当发动机在高转速或者大负荷时，直流电动机带动螺杆转动，套在螺杆上的螺套向电动机方向横向移动，与螺套联动的机构使得控制杆逆时针旋转一定角度。由于摇臂套在控制轴的偏心轮上，因此摇臂的旋转中心下移，也就相当于摇臂位置距离气门更近，所以，凸轮轴旋转时，可以让摇臂上的连杆 B 点下移更多位置，气门的开启角度也就更大。当发动机转入中低转速或者小负荷时，电动机在 ECU 指令下，驱动螺套向远离电动机的方向移动，联动机构使控制轴顺时针方向旋转，偏心轮的圆心上移，摇臂的旋转中心也就上移，整个摇臂距离气门的距离变远，凸轮轴旋转时，摇臂上的连杆 B 下移距离变短，气门的开启角度也就变小。由于电动机的转动是线性的，它可以控制气门在最大升程和最小升程之间连续变化，因此，这种设计可以让发动机更平稳地输出动力。另外，在中低转速时，可以控制气门比普通发动机更小的开度，这样既节油，又可以减小凸轮轴的摩擦力，增加发动机低转扭力。随着发动机转速升高，气门的开启角度也渐渐增大，转入动力优先模式。相比分段可调的可变气门升程技术，连续可变的气门升程不仅提供全转速区域内更强的动力，也使得动力的输出更加线性。整体上来说，发动机排放要比没有 VVEL 技术时低 10% 以上，它使得动力、经济性、排放和平顺度都达到了高度均衡。

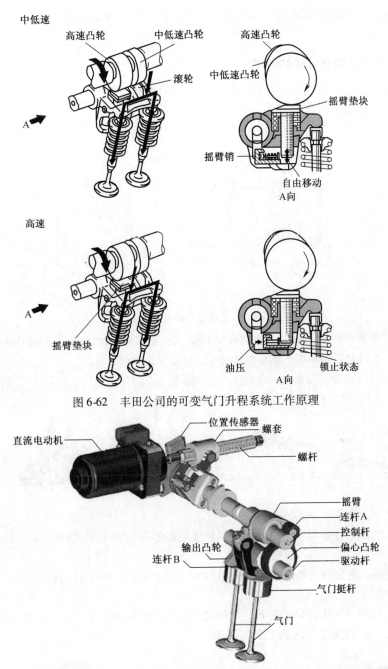

图 6-62 丰田公司的可变气门升程系统工作原理

图 6-63 日产公司的可变气门升程系统工作原理

6.3.4 燃油蒸发排放控制

燃油蒸发排放控制系统（EVAP）又称为燃油蒸气回收系统。汽车发动机燃油特别是汽油是一种挥发性很强的物质，燃油箱、曲轴箱、气门室和燃油管路内部的燃油受热后，表面就会产生蒸气，如不妥善处理，就会散发到大气中造成环境污染。燃油蒸发排放控制系统的功用就是防止燃油蒸气排入大气而污染环境，同时还可节约能源。燃油蒸发排放控制系统利用活性炭罐吸附燃油箱、曲轴箱、气门室及管路中挥发的燃油蒸气，待发动机启动后，再将活性炭罐中吸附的燃油送入燃烧室燃烧，不仅能使燃油蒸气排放减少（燃油蒸气的排放量降低95%以上），而且还能节约能源。

1. 汽油蒸发排放控制系统的组成

EGR 的组成与构造，随着汽车制造商和生产年代的不同而不同，最新的 EVAP 主要由油量传感器、油箱压力传感器、回收燃油蒸气压力传感器、ECU、活性炭罐、油气分离电磁阀等组成，如图 6-64 所示。

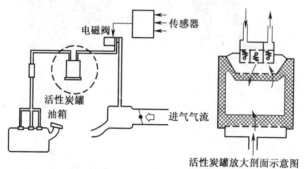

图 6-64　汽油蒸发排放控制系统

（1）油量传感器。利用浮球内磁铁随液位变化，改变连杆内的若干组不同干簧管开关与贴片电阻所组成分压电路的开闭状态，测量油箱中燃油量，如图 6-65 所示。

（2）油箱压力传感器。与进气歧管绝对压力相同，由半导体压力转换元件（硅片）与过滤器组成，用于测量油箱中燃油蒸气的压力，如图 6-66 所示。

图 6-65　燃油液位传感器　　　　　　　　图 6-66　油箱压力传感器

（3）燃油蒸气流量传感器。采用热线式气体流量传感器，用于测量经活性炭罐净化后的燃油蒸气流量，如图 6-67 所示。

（4）活性炭罐。内部装有吸附力极强的活性炭，用于吸附、收集燃油箱、曲轴箱、气门室及管路中挥发的燃油蒸气。

（5）EGR 电磁阀。又称再生电磁阀，结构原理与普通电磁阀基本相同，活性炭罐及电磁阀总成如图 6-68 所示。活性炭罐电磁阀受 ECU 控制。

图 6-67　燃油蒸气流量传感器　　　　　　图 6-68　活性炭罐及电磁阀总成

2. 汽油蒸发排放控制的工作原理

图 6-64 中，油箱与活性炭罐连接，燃油蒸气经油箱顶部的油气分离口、管道从进口进入活性炭罐，蒸气中的汽油分子被吸附在活性炭颗粒表面。当发动机工作后，ECU 根据发动机的工

作状态（空气流量、转速、温度）、油箱中油量传感器和燃油压力传感器信号确定燃油蒸气是否饱和，发出有一定占空比的脉冲信号，打开常闭型 EGR 电磁阀，控制回收气体流量，在进气歧管真空吸力的作用下，将直接来自大气中的新鲜空气引入活性炭罐，使吸附在活性炭表面的汽油分子重新蒸发，随空气一起被吸入到节气门体，进入发动机汽缸中燃烧。

汽油蒸气回收后，进入发动机进气歧管的时机和进入量都必须进行测量和控制，以防止破坏发动机正常工作时的混合气成分，影响发动机正常工作。燃油蒸气流量传感器测得的信号送 ECU 后，供燃油喷射和电子点火控制用。

6.3.5 废气涡轮增压控制

废气涡轮增压利用发动机排出的废气能量驱动增压器的涡轮，并带动同轴的压气机叶轮旋转，将空气压缩并送入发动机汽缸，提高发动机的功率。通过涡轮增压系统对吸入的空气进行压缩，增大气体密度，从而增加每个进气冲程进入燃烧室的空气量，增加循环供油量，提高功率和扭矩，达到提高燃烧效率，提高整机使用经济性、动力性和排放控制的目的。

1. 废气涡轮增压控制的组成

废气涡轮增压系统主要是由涡轮增压器、中冷器、发动机工作状态（节气门开度、空气流量、进气压力、转速）传感器、ECU、切换阀等组成，如图 6-69 所示。由于强制性增压后，汽油机压缩和燃烧时的温度和压力都会增加，爆燃倾向增加。有的废气涡轮增压系统还通过爆燃传感器将检测到的非正常振动信号反馈至发动机 ECU，以控制点火正时。

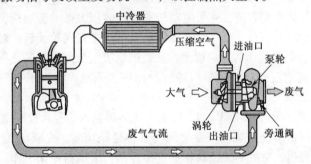

图 6-69 废气涡轮增压的工作过程

（1）涡轮增压器。它由涡轮室、增压器组成。发动机排气歧管与涡轮室的进气口相连，涡轮室的排气口则接在排气管上。空气滤清器管道与增压器的进气口相连，增压器的排气口接在进气歧管上。涡轮室和增压器内分别装有泵轮和涡轮，二者同轴刚性连接。发动机排出的废气驱动泵轮，泵轮带动涡轮旋转，涡轮转动后给进气系统增压。

（2）中冷器。在废气涡轮增压系统的工作过程中，当空气被涡轮增压器增压时，它的温度也会随之升高。进气温度高，进气密度就小，充气效率就降低，从而降低了发动机的功率，且容易产生爆燃。所以将增压器出口的增压空气加以冷却，一方面可以提高充气密度，从而提高发动机功率；另一方面也可以降低发动机压缩始点的温度和整个工作循环的平均温度，从而降低了发动机的热负荷和排气温度。

（3）旁通切换阀。在排气管泵轮的排气旁通通道上设置有切换阀，可以打开或关闭排气的旁通通道，从而使废气不流经或流经泵轮。切换阀受驱动气室的气室弹簧和气体压力的控制，当有气体压力时，克服弹簧力，切换阀关闭排气的旁通通道。当没有气体压力时，弹簧力使切换阀打开排气的旁通通道。驱动气室的气体来自废气涡轮增压器的出口，在废气涡轮增压器的出口到驱动气室之间的气体通路上安装有释压电磁阀，可以接通或切断气体通路。释压电磁阀的开启或关闭受控于 ECU。

2. 废气涡轮增压控制的工作原理

宝来 A41.8T 型轿车的废气涡轮增压控制包括增压压力调整和超速切断两种工作模式，其工作原理如图 6-70 所示。

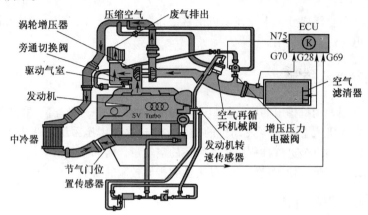

图 6-70 废气涡轮增压控制的工作原理

1) 增压压力调整

当 ECU 检测到进气压力在 0.1MPa 以下时，综合考虑进气压力、进气温度、发动机转速和节气门开度等信号和海拔高度等输入信号，控制增压压力电磁阀 N75，将进气管进气涡轮增压器出口处与驱动气室之间的气体通路打开，克服驱动气室弹簧的压力推动旁通阀，关闭废气的旁通通道，将废气进入涡轮室的通道打开，废气流经废气涡轮带动进气涡轮旋转，对进气增压。ECU 通过控制 N75 的占空比，控制旁通阀的开启程度，从而控制废气流经泵轮的流量，达到调整进气增压压力的目的。增压后的空气经过中冷器时进行冷却进入汽缸，增大了空气密度，提高了充气效率。

当 ECU 检测到进气压力高于 0.1MPa 时，综合考虑各种输入信号，控制增压压力电磁阀 N75，将进气管进气涡轮增压器出口处与驱动气室之间的气体通路切断，在驱动气室弹簧力的作用下，旁通阀打开废气的旁通通道，废气不流经涡轮室直接排出，增压器停止工作。当压力下降到规定值时，ECU 重新控制增压器开始工作。

2) 超速切断工况

当发动机转速过高，可能引起发动机损坏时，ECU 执行发动机超速断油和增压器超速切断控制。发动机运行时，ECU 将发动机的实际转速与储存的最高转速进行比较，当转速超过设定转速时，ECU 接通增压压力电磁阀的电路，旁通阀打开排气的旁通通路，废气不流经泵轮，涡轮增压器停止工作。同时 ECU 接通增压空气再循环阀的电路，使增压空气在进气管与空气再循环机械阀控制的内部通路中再次循环，以此降低进气压力，降低发动机转速，避免发动机超速损坏。此时，中冷器依然工作，但是经过的不再是高压空气。

6.3.6 废气再循环控制

废气再循环（Exhaust Gas Recirculation, EGR），是指在发动机工作时将一部分废气引入进气系统，与新鲜空气混合后吸入汽缸内再次进行燃烧的过程。EGR 是目前用于降低尾气中 NO_x 含量的一种有效方法，它既降低汽缸内的燃烧温度，又有效控制高温富氧条件下 NO_x 的生成，从而大大降低发动机废气中 NO_x 的生成。废气再循环程度用 EGR 表示，其定义为

$$EGR\ 率 = \frac{EGR\ 流量}{吸入空气量 + EGR\ 流量} \times 100\%$$

研究表明，当 EGR 率达到 15% 时，NO_x 的排放量即可减少 60%。但 EGR 率增加过多时，会使发动机动力性下降，HC 含量上升。因此，必须对 EGR 进行实时控制，既能降低 NO_x 含量，又可保证发动机的动力性。

1. 废气再循环控制的组成

EGR 系统由 EGR 阀、旁通阀、EGR 冷却器、节流阀、混合腔、发动机工作状态（节气门开度、曲轴转速、空气流量或进气压力、废气温度和压力等）传感器、EGR 阀位置传感器和 ECU 等组成，如图 6-71 所示。汽缸排气经过排气管，通过 EGR 控制阀部分进入 EGR 系统，高温气体经过 EGR 冷却器，最终到达混合腔与新鲜空气混合进入汽缸。在某些特定工况下，部分循环废气可以不经过 EGR 冷却器，而直接由旁通阀进入混合腔。

带冷却器的 EGR 系统通过降低循环废气的温度，降低了发动机的进气温度和燃烧峰值温度，从而能够更加有效地降低 NO_x 的排放。与此同时，较低的进气温度提高了进气密度和进气充量，有利于改善发动机的动力性和经济性。

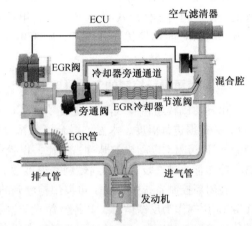

图 6-71 EGR 系统的基本组成

（1）EGR 阀。是 EGR 系统的主要元件，电控 EGR 阀分为两种：①比例电磁铁驱动的 EGR 阀；②步进电动机驱动的 EGR 阀，见图 6-72。目前常用步进电动机驱动的数控式 EGR 阀，具有响应速度快、控制精确等优点。阀体安装在排气歧管上，其作用是独立地对再循环到发动机的废气量进行准确的控制，而不管歧管真空度的大小。

（2）EGR 阀位置传感器。利用霍耳效应，精确测量 EGR 阀的位置，以便于 ECU 对 EGR 阀位置进行闭环控制，达到最佳的发动机 EGR 率，如图 6-73 所示。

图 6-72 电动式 EGR 阀

图 6-73 EGR 阀位置传感器

（3）发动机转速传感器。它提供发动机转速信号，是 ECU 计算 EGR 率的重要参数之一。此外，当发动机转速低于 900r/min 或高于 3200r/min 时（高低限值因车型而异），EGR 阀关闭，发动机进气管无废气循环。

（4）空气流量传感器或进气压力传感器。它提供发动机负荷信息，是 ECU 确定 EGR 率的另一个重要参数。

（5）发动机冷却液温度传感器。它提供发动机温度信号，在发动机温度低时，ECU 输出控制信号，废气不再循环。

(6) 节气门位置传感器。它提供发动机怠速信号。当发动机处于怠速工况时，ECU 输出控制信号，不进行废气再循环。

(7) 点火开关。它提供发动机启动信号。在启动发动机时，ECU 输出控制信号，不进行废气再循环。

ECU 是系统的控制中心，它根据各传感器送来的信号，计算废气回流量，实时控制 EGR 电磁阀的开度。相对其他形式的 EGR 系统，电控 EGR 具有动态响应好、调节精度高、排气回流量大以及结构相对简单等优点。因此，随着电子技术的发展，电控式 EGR 系统得到了日益广泛的应用。

2. 废气再循环控制的工作原理

由发动机转速和节气门开度信号，ECU 从 ROM 中读取存储的 EGR 阀位置脉谱数据（图 6-74），并根据进气温度、水温、混合气氧浓度等信号进行修正，ECU 经过计算分析后，发出信号控制 EGR 阀驱动电动机的脉冲占空比，以控制 EGR 阀的真空度，从而将一定流量的废气经 EGR 阀、冷却管及进气歧管引入到燃烧室中再燃烧。

在闭环控制系统中，除了可以用检测到的实际 EGR 阀开度作为反馈信号外，也可以将检测的实际 EGR 率作为反馈信号，其控制精度更高，如图 6-75 所示。EGR 率传感器安装在进气总管中的稳压箱上氧传感器，通过检测稳压箱内混合气体中的氧浓度（氧浓度随 EGR 率的增加而下降），并转换成电信号输送给 ECU，ECU 根据此反馈信号修正 EGR 阀的开度，使 EGR 率保持在最佳值。

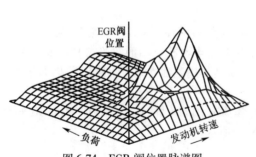

图 6-74 EGR 阀位置脉谱图

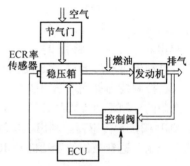

图 6-75 用 EGR 率反馈的闭环 EGR 系统

第 7 章 电控自动变速器

目前在汽车上广泛使用的是电子控制自动变速器,其电子控制系统根据汽车行车条件和驾车意图,对变速器液压控制及变矩器锁止控制,实现自动换挡,提高汽车的经济性、动力性和舒适性。

7.1 自动变速器的组成与工作原理

7.1.1 自动变速器的类型

在自动变速器的发展过程中出现了多种结构形式。自动变速器的驱动方式、挡位数、变速齿轮的结构形式、变矩器的结构类型及换挡控制形式等都有不同之处。

1. 按汽车驱动方式分类

自动变速器按照汽车驱动方式的不同,可分为前轮驱动自动变速器(图 7-1)和后轮驱动自动变速器(图 7-2)。后轮驱动自动变速器的变矩器和行星齿轮机构的输入轴及输出轴在同一轴线上,因此轴向尺寸较大,阀体总成则布置在行星齿轮机构下方的油底壳内。

图 7-1 前轮驱动自动变速器

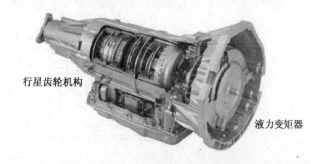

图 7-2 后轮驱动自动变速器

前轮驱动自动变速器(又称自动变速驱动桥)除了具有与后轮驱动自动变速器相同的组成外,在自动变速器的壳件内还装有差速器和主减速器。前轮驱动汽车的发动机有纵置和横置两种。纵置发动机的前轮驱动自动变速器的结构和布置与后轮驱动自动变速器汽车基本相同,只是在后端增加了一个差速器。横置发动机的前驱动自动变速器由于汽车横向尺寸的限制,要求有较小的轴向尺寸，因此通常将输入轴和输出轴设计成两个轴线的方式。变矩器和行星齿轮机构输入轴布置在上方，输出轴则布置在下方，这样的布置减少了变速器的轴向尺寸，但增加了变速器的高度。因此可将阀体总成布置在变速器的侧面或上方，以保证汽车有足够的最小离地间隙。

2. 按自动变速器前进挡位数分类

自动变速器按前进挡的挡数的不同，可分为2（前进）挡自动变速器、3挡自动变速器、4挡自动变速器等。早期的自动变速器通常为2个前进挡或3个前进挡。这两种自动变速器都没有超速挡，其最高挡为直接挡。现代轿车装用的自动变速器基本上都是4个前进挡，即设有超速挡。这种设计虽然使自动变速器的构造更加复杂，但由于设有超速挡，大大改善了汽车的燃油经济性。在商用车上，大多采用5挡和6挡自动变速器，一些新型轿车上也开始采用5挡和6挡自动变速器。

3. 按变矩器的类型分类

按液力变矩器的类型，自动变速器大致可分为普通液力变矩器式、综合液力变矩器式和带锁止离合器的液力变矩器式自动变速器三种。普通液力变矩器是指由泵轮、涡轮和导轮三个元件组成的液力变矩器。综合式液力变矩器是指在导轮与固定导轮的套管之间装有单向离合器的液力变矩器，它可以自动进行变矩器工况下液力耦合器工况的转换。新型轿车的自动变速器普遍采用带锁止离合器的液力变矩器。当汽车达到一定车速时，控制系统使锁止离合器接合，将液力变矩器的输入部分和输出部分连成一体，使发动机动力直接传入齿轮变速器，从而提高了传动效率，降低了油耗。

4. 按齿轮传动机构的类型分类

自动变速器按其齿轮传动机构的类型不同，可分为普通齿轮式和行星齿轮式两种。普通齿轮式自动变速器采用平行轴式齿轮传动机构，由于体积大，最大传动比小，只有本田的一些车型使用。行星齿轮式自动变速器结构紧凑，能获得较大的传动比，为绝大多数轿车采用。

5. 按控制方式分类

自动变速器按控制方式不同，可分为全液压自动变速器和电子控制自动变速器两种。

全液压自动变速器是通过机械的手段，将汽车行驶的车速及节气门开度这两个参数转变为液压控制信号；阀体中的各个控制阀根据这些液压控制信号的大小，按照设定的换挡规律，通过控制换挡执行机构的动作，实现自动换挡，如图7-3所示。

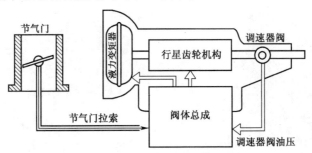

图7-3 全液压自动变速器结构原理

电子控制自动变速器是通过各种传感器，将发动机转速、节气门开度、车速、发动机冷却液温度、自动变速器油温等参数转变为电信号，再输入ECU；ECU根据这些信号，按照设定的换挡规律，向换挡电磁阀、油压电磁阀等发出电子控制信号，换挡电磁阀和油压电磁阀再将ECU的电子控制信号转变为液压控制信号，阀体中的各个控制阀根据这些液压控制信号，控制换挡执行机构的动作，从而实现自动换挡，如图 7-4 所示。

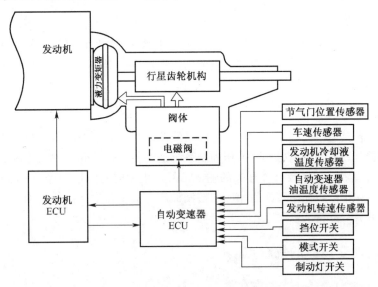

图 7-4　电子自动变速器结构原理

6. 按工作原理分类

按工作原理不同，自动变速器分为液力自动变速器（AT）、机械自动变速器（AMT）和无级自动变速器（CVT）三种。液力自动变速器通常指含有液力变矩器的自动变速器；机械自动变速器是在普通手动机械变速器（MT）的基础上增加了一套自动换挡控制系统；无级自动变速器指无级控制速比变化的变速器，它的种类很多，有机械式、流体式和电动式，目前应用最多的是金属带式机械无级变速器，如图 7-5 所示。

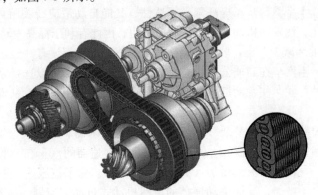

图 7-5　金属带式 CVT 传动装置

7.1.2　电控自动变速器的基本组成

电子控制液力自动变速器由液力传动装置、机械辅助变速装置和自动控制系统三大功能部分组成，如图 7-4 所示。

1. 液力传动装置

液力传动装置（液力变矩器）通过液力传动将发动机飞轮输出的功率输送给齿轮变速器。液力变矩器可在一定的范围内实现增矩减速和无级变速，在必要时还可通过锁止离合器锁止来提高传动效率。

2. 辅助变速装置

辅助变速装置包括齿轮变速机构和换挡执行机构两部分,其作用是进一步增矩减速,通过换挡实现不同的传动比传动,以提高汽车的适应能力。齿轮变速器与液力变矩器相配合,就形成了更大范围内的自动变速。

3. 自动控制系统

自动控制系统包括电子控制系统和液压控制系统两部分。电子控制系统包括相关的传感器及开关、电子控制器(ECU)及电磁阀,液压控制系统是安装在自动变速器阀体内的各种液压阀及控制油路。ECU 根据各传感器及有关开关的输入信号产生相应的电控信号控制各电磁阀的动作,再通过换档阀及阀体中的各油路转换为相应的控制油压,实现对换挡执行机构、油压调节装置及液力变矩器锁止装置等的自动控制。

7.1.3 电控自动变速器的优缺点

电子控制式自动变速系统具有以下优点:

(1)驾驶操纵简单轻便。自动变速器取消了离合器,无需频繁换挡,使得驾驶操作简单轻便,大大降低了劳动强度,提高了操纵方便性和行驶安全性。此外,驾驶员无须长时间培训,即可进行驾驶操作,这是汽车普及到家庭的条件之一,也是自动变速汽车广泛受到女士们青睐的原因之一。

(2)提高整车性能。液力传动装置的工作介质(自动传动液)是液体,因为液体传力为柔性传力,具有缓冲作用,所以能够有效地衰减传动系统的扭转振动与冲击,防止传动系统过载损坏,延长发动机和传动系统零部件的使用寿命,这是军用越野汽车采用自动变速器的主要原因之一;自动变速器既能保证汽车平稳起步,提高乘坐舒适性,又能自动适应行驶阻力的变化,在一定速度范围内实现无级变速,使发动机的功率得到充分利用,因此有利于提高发动机的动力性。

(3)高速节约燃油和减少污染。装备自动变速器的汽车一般都设有"经济"和"动力"两种行驶模式供选择使用。当汽车在高速公路或高等级路面上行驶时,可以选择"经济型"行驶模式并使用超速(O/D)挡行驶,使发动机经常处于经济、低排放工况运行,从而能够节约燃油和降低污染。

自动变速器的主要缺点是结构复杂、零部件加工工艺要求高、难度大、维修不便。此外,在低速行驶时,传动效率比手动变速器低。因此,装备自动变速器的汽车在一般道路(特别是城市道路)条件下行驶时,耗油量会有所增加(大约增加10%)。为了克服这一不足,汽车厂商在20世纪末开发出了既能自动换挡,又能手动换挡的灵活机动式自动变速器,通常称为"手自一体"自动变速器。

7.1.4 液力变矩器的组成与原理

1. 液力变矩器的基本组成与原理

液力变矩器安装在发动机与齿轮变速器之间,起着离合与传递转矩的作用,并可在一定的范围内实现无级变矩与变速。液力变矩器的基本元件是泵轮、涡轮、导轮,如图7-6所示。泵轮是液力变矩器的主动件,它与固定在泵轮上的变矩器壳连为一体;涡轮是变矩器的从动件,它与输出轴相连。泵轮和涡轮上都均布有叶片,变矩器壳体内充满了液压油。

图7-6 液力变矩器的组成

液力变矩器的工作原理如图7-7所示。在发动机不转动时，变矩器内的液压油静止不动，变矩器处于分离状态。当发动机飞轮带动泵轮转动时，泵轮内的液压油随泵轮叶片一起旋转，在自身离心力的作用下甩向泵轮叶片的外缘，并从涡轮叶片的外缘冲向涡轮叶片，涡轮便在液压油冲击力的作用下旋转；冲入涡轮的液压油顺着涡轮液片流向内缘后，又流回到泵轮的内缘，并再次被泵轮甩向外缘。转动的泵轮使变速器内的液压油循环流动，变矩器处于结合状态，并将发动机的转矩传递给涡轮，再由输出轴传递给齿轮变速器。

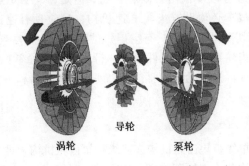

图7-7 液力变矩器的工作原理

导轮在泵轮与涡轮之间，流向涡轮内缘的液压油冲向静止不动的导轮后，沿导轮叶片流回泵轮。当液压油给导轮以一定的冲击力时，导轮则给液压油一个同样大小的反作用力，此反作用力传递给了涡轮，起到了增矩的作用。

2. 导轮单向离合器的作用与原理

导轮的增矩作用与涡轮冲向导轮的液流速度及液流方向与导轮叶片的夹角大小有关。同样的液流速度下，液流方向与导轮叶片的夹角越大，增矩作用也越大。

当涡轮不转动时，从涡轮内缘冲向导轮叶片的液流方向就是涡轮内缘处叶片的方向，此时，液流方向与导轮叶片的夹角最大，增矩作用也最大。当涡轮转动起来以后，从泵轮冲向涡轮的液流除沿涡轮叶片流动外，还将随涡轮一起做旋转运动，从涡轮内缘冲向导轮叶片的液流方向将向涡轮旋转方向倾斜，使之与导轮叶片的夹角变小，增矩作用也随之减小。涡轮的转速越高，从涡轮冲向导轮的液流与导轮叶片的夹角就越小，增矩作用也就越小。当涡轮的转速高至使涡轮冲向导轮的液流方向与导轮叶片的夹角为0时，变矩器就无增矩作用。如果涡轮的转速继续增高，从涡轮内缘冲向导轮的液压油将冲击导轮叶片的背面，此时的导轮就会起减矩作用了。

导轮与固定轴之间加装单向离合器后，当涡轮的转速较低，涡轮冲向导轮的液流方向与导轮叶片的夹角大于0时，单向离合器锁止而使导轮不能转动，导轮起正常的增矩作用；当涡轮的转速高至使其内缘液流冲向导轮叶片背面时，单向离合器打滑，导轮能自由转动而失去对液压油的反作用，避免了导轮起减矩作用。

3. 锁止离合器的作用与原理

为了充分利用发动机的功率，降低油耗，液力变矩器中设置了一个锁止离合器，用于在车速较高时，将变矩器锁定，使之成为一个纯机械传动，以提高变矩器的传动效率。

液力变矩器锁止离合器常采用摩擦盘式结构，如图7-8所示。离合器的主动片与变矩器外壳直接相连，从动片可轴向移动，通过花键与涡轮轴连接。锁止离合器的接合和分离由控制系统通过对其液压腔施加液压或释放液压进行控制。

图 7-8　锁止离合器

7.2　自动变速器的行星齿轮系统

汽车必须满足从停止到起步、从低速行驶到高速行驶和倒退行驶的使用要求。虽然液力变矩器在一定范围内能够自动无级地改变输出转矩和转速，但是，其变矩系数较小（一般为2～3），难以满足使用要求。因此，汽车必须设置齿轮变速机构，且应具有速比可变（即具有变速挡）、转向可逆（即具有倒挡）和切断动力（即具有空挡）的功能。

行星齿轮变速器由行星齿轮系和换挡元件组成。行星齿轮系通常由2个或3个单级行星齿轮机构或双级行星齿轮机构组成。换挡元件主要包括制动器、离合器和单向自由轮。

7.2.1　行星齿轮机构

行星齿轮机构通常采用单级行星齿轮机构或双级行星齿轮机构两种方式。

单级行星齿轮机构的结构和工作原理如图7-9所示。行星齿轮在工作过程中始终保持啮合状态，通过制动器对太阳轮、行星轮架和齿圈制动，或通过离合器对太阳轮、行星轮架和齿圈两元件结合即可获得所需的传动挡位。

双级行星齿轮机构的结构和工作原理如图7-10所示，包括大太阳轮、小太阳轮、长行星齿轮、短行星齿轮、齿圈和行星齿轮架。大太阳轮、小太阳轮采用前后分段式结构，长行星齿轮、短行星齿轮共用一个行星齿轮架。短行星齿轮与小太阳轮和长行星齿轮啮合，长行星齿轮与大太阳轮、短行星齿轮及齿圈啮合。

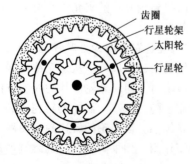

图 7-9　单级行星齿轮机构

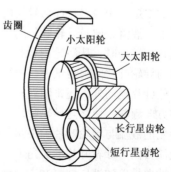

图 7-10　双级行星齿轮机构

通过制动器对大太阳轮、小太阳轮、行星轮架和齿圈制动，或通过离合器对大太阳轮、小太阳轮、行星轮架和齿圈啮合即可获得所需的传动挡位。

7.2.2 换挡执行机构

换挡执行机构中的离合器、制动器和单向离合器用于对行星齿轮构件实施不同的连接或制动，以使齿轮传动装置实现不同的传动组合。

1. 离合器

用于将行星齿轮中的某个构件与行星齿轮变速器的输入轴等主动部分连接，使之成为主动构件，如图 7-11 所示。或是将行星齿轮中的两个构件连接起来，使之成为一个整体，以实现直接传动。齿轮变速器换挡执行机构大都采用多片湿式离合器，由液压控制系统对离合器油缸工作腔注入控制油压或释放来控制离合器的接合或分离，如图 7-12 所示。

图 7-11　自动变速器离合器

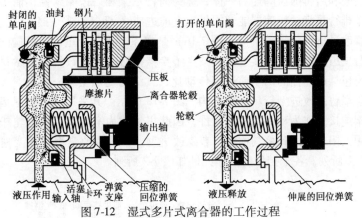

图 7-12　湿式多片式离合器的工作过程

2. 制动器

制动器的作用是将行星齿轮中的某一构件固定不动。制动器有摩擦片式和制动带式两种结构形式。摩擦片式制动器的结构与摩擦片式离合器相同，区别在于其制动鼓（相当于离合器鼓）是固定不动的，因而其摩擦片接合的效果是制动。制动带式制动器主要由连接行星齿轮某一构件的制功鼓、静止不动的制动带和制动油缸组成，如图 7-13 所示。

3. 单向离合器

单向离合器的作用是连接或制动。由于单向离合器以自身的单向锁止功能来实现连接和制动，无需控制机构对其控制，因此，从某种程度上讲，单向离合器的使用，可使自动变速器换挡控制系统得以简化。齿轮变速器换挡执行机构通常采用滚柱式单向离合器（图 7-14）和凸块式单向离合器（图 7-15）。

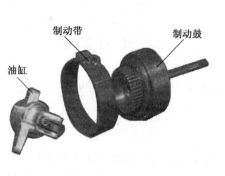 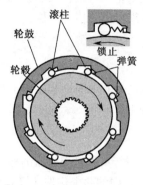 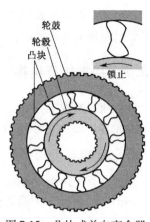

图 7-13　自动变速器带式制动器　　图 7-14　滚柱式单向离合器　　图 7-15　凸块式单向离合器

7.2.3　行星齿轮变速器

汽车自动变速器齿轮变速机构主要有行星齿轮式和平行轴式两种。行星齿轮变速器有辛普森（Simpson）式、拉维娜（Ravigneaux）式和阿里森（Arnoldson）式等。行星齿轮变速器大都是由辛普森式双排行星齿轮机构或拉维娜式复合行星齿轮机构组成。

1. 辛普森式行星齿轮系

辛普森式行星齿轮机构采用双行星排，特点是：前后两个太阳轮连为一个整体，称为太阳轮组件，前排的行星架和后排的齿圈连为一体，称为前行星架和后齿圈组件，输出轴通常与该组件连接。辛普森式单排行星齿轮变速器能够提供三个前进挡（即三速或三挡）和一个倒挡的行星齿轮变速器。辛普森改进型行星齿轮机构（图7-16）是在原辛普森行星齿轮机构的基础上进行了一些改进，改变了行星齿轮机构的连接关系，减少了换挡执行元件的数量。虽然只是使用两排行星齿轮，却可以获得包括超速挡的四个前进挡传动比，其结构更加紧凑，在欧、美、日等国车辆上的使用逐渐广泛。辛普森改进型行星齿轮机构如图7-18所示。其采用双排行星齿轮，其中的前齿圈仍然与后行星架连接并作为动力的输出元件，因此仍然称为辛普森行星齿轮机构。但由于双排行星齿轮不再共用太阳轮，因此将其称为辛普森改进型。辛普森改进型自动变速器换挡执行元件名称及作用如表7-1所列。各个挡位的工作元件如表7-2所列。

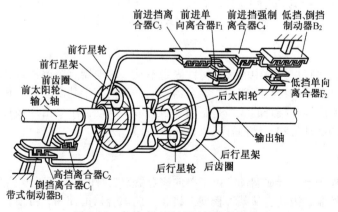

图 7-16　辛普森改进型行星齿轮机构

表 7-1 辛普森改进型自动变速器换挡执行元件名称及作用

元件代号	名称	作用
C_1	倒挡离合器	可使动力由输入轴传给前太阳轮
C_2	高挡离合器	可使动力由输入轴传给前行星架
C_3	前进挡离合器	可将前行星架与前进单向离合器 F_1 的外圈连接在一起
C_4	前进挡强制离合器	可将前行星架与后齿圈连接在一起
B_1	带式制动器	固定前太阳轮
B_2	低挡、倒挡制动器	固定前行星架
F_1	前进单向离合器	当前进挡离合器 C_3 起作用时,锁止后齿圈逆时针转动
F_2	低挡单向离合器	锁止前行星架逆时针转动

表 7-2 辛普森改进型自动变速器换挡执行元件工作表

变速杆位置	挡位	C_1	C_2	C_3	C_4	B_1	B_2	F_1	F_2
R	倒挡	○					○		
D	D_1			○				○	○
D	D_2			○		○		○	
D	D_3		○	○					
D	D_4		○	●					
2	2_1			○			○	○	
2	2_2			●		○	○		
2	2_3		○	●					

注:●——有动作,但不参加动力传递。其作用的目的是为了升挡、降挡时的衔接,不致出现换挡冲击。
○——有动作,并参加动力传递

以下具体分析辛普森改进型自动变速器各挡位的工作过程:

(1) D_1 挡。D_1 挡时,前进挡离合器(C_3)、前进单向离合器(F_1)和低挡单向离合器(F_2)工作,如图 7-17 所示。

动力经输入轴直接传递给后排太阳轮,后太阳轮力图使后行星架顺时针转动,但此时汽车未起步,后行星架不动。后行星轮力图使后齿圈逆时针方向转动,由于前进单向离合器和前进挡离合器工作,通过低挡单向离合器阻止后齿圈逆时针转动,后行星架便开始顺时针转动,汽车起步。

放松加速踏板,当汽车滑行时,输出轴转速高于输入轴转速,后行星架转速高于后太阳轮转速,后行星齿轮力图使后齿圈顺时针转动,而低挡单向离合器不能阻止后齿圈顺时针转动,此时后齿圈顺时针空转,驱动轮动力无法传递至发动

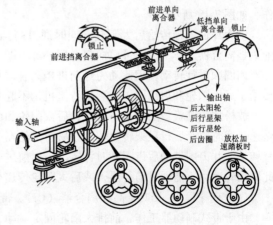

图 7-17 D_1 挡传动原理

机，无发动机制动效果。

（2）D_2 挡。D_2 挡时，前进挡离合器（C_3）、前进单向离合器（F_1）、带式制动器（B_1）工作，如图 7-18 所示。

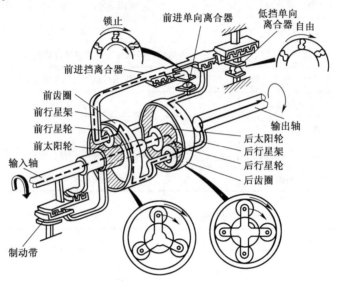

图 7-18　D_2 挡传动原理

动力经输入轴传给后太阳轮，后太阳轮带动后行星架顺时针转动，后行星架与前齿圈一起顺时针转动。由于带式制动器（B_1）工作，固定了前排太阳轮，前齿圈顺时针转动力图带动前行星架顺时针转动。而此时前进挡离合器和前进单向离合器工作，前行星架带动后齿圈转动，动力经后太阳轮和后齿圈共同作用传给输出轴。

放松加速踏板，当汽车滑行时，与无发动机制动的 D_1 挡一样，后太阳轮的转速为发动机怠速转速，后行星架为输出轴转速，并且为顺时针转动，由于后行星架速度高，因此后行星轮在绕后太阳轮转动的同时，绕本身轴线顺时针转动，带动后齿圈也顺时针转动，这时由于前进单向离合器不阻止后齿圈顺时针转动，驱动轮动力无法传递至发动机，因此无发动机制动效果。

（3）D_3 挡。D_3 挡时，高挡离合器（C_2）、前进挡离合器（C_3）、前进单向离合器（F_1）工作，如图 7-19 所示。

动力经输入轴传给后太阳轮，同时通过高挡离合器传给前行星架。动力在传给前行星架时，前进挡离合器工作，使前进单向离合器外圈力图相对于内圈顺时针转动，但单向离合器限制外圈相对内圈顺时针转动，因此动力经前进挡离合器和前进单向离合器也传给了后齿圈。即动力同时传给了后太阳轮和后齿圈，前后排行星机构不起变速作用，汽车处于直接挡传动。

放松加速踏板，当汽车滑行时，后太阳轮和前行星架为发动机怠速转速，后行星架为输出轴转速，这时由于后行星架转速较高，后行星轮在绕后太阳轮旋转的同时，自身会绕行星架轴顺时针转动，并力图带动后齿圈顺时针转动，而前进单向离合器不阻止内圈相对外圈顺时针转动，因此驱动轮动力不能通过前行星架或后太阳轮传递至发动机，无发动机制动效果。

（4）D_4 挡。D_4 挡时，高挡离合器（C_2）、带式制动器（B_1）工作，如图 7-20 所示。

由于带式制动器工作，前排太阳轮固定。动力经高挡离合器传给前行星架，然后经前齿圈传给驱动轮。此时，主动齿轮（前行星架）齿数大于从动齿轮（前齿圈）齿数，传动比小于 1，为超速挡传动。

放松加速踏板，当汽车滑行时，由于只有前排行星机构工作，且有固定传动比，驱动轮动力

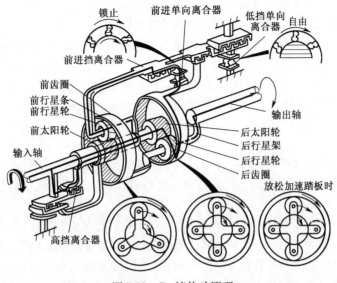

图 7-19 D_3 挡传动原理

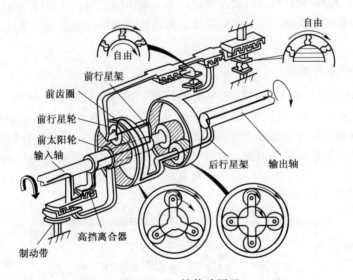

图 7-20 D_4 挡传动原理

可以传递至发动机,有发动机制动效果。

(5) 2_1 挡。2_1 挡时,前进挡强制离合器(C_4)、低挡、倒挡制动器(B_2)工作。

2_1 挡与 D_1 挡相比较,采用了前进挡强制离合器代替了前进挡离合器和前进单向离合器,用低挡、倒挡制动器代替了低挡单向离合器,即使用单向离合器的挡位没有发动机制动,有发动机制动的挡位不使用单向离合器。

动力经输入轴传给后排太阳轮,由于后排齿圈被前进挡强制离合器和低挡、倒挡制动器固定住,动力经后排行星架直接传给输出轴。

放松加速踏板,当汽车滑行时,由于这时只有后排行星机构工作,且齿圈被锁止,因此驱动轮动力可以传递至发动机,有发动机制动效果。

(6) 2_2 挡。2_2 挡时,前进挡强制离合器(C_4)、带式制动器(B_1)工作。

与 D_2 挡类似,动力经输入轴传给后太阳轮,后太阳轮顺时针转动,带动后行星架顺时针转动,因为前齿圈与后行星架连接在一起,所以前齿圈也顺时针转动。前齿圈转动时,由于前排太阳轮被固定,所以前行星架顺时针转动。前行星架转动时,由于有前进挡强制离合器工作,后排齿圈被带动顺时针转动。动力便经后排行星架传给输出轴。

放松加速踏板,当汽车滑行时,后排太阳轮为发动机转速,后行星架为输出轴转速。由于输出轴转速高,后行星架(后行星轮)会绕太阳轮顺时针转动,这时后行星轮在绕太阳轮转动时会绕自身轴线顺时针转动,带动后齿圈顺时针转动。后齿圈与前行星架被前进挡强制离合器连接在一起,输出轴与前齿圈连接在一起,前太阳轮被制动带固定,即驱动轮与前行星架有固定传动比,也即后齿圈与输出轴(后行星架)有固定传动比,因此驱动轮动力可以传递至发动机,有发动机制动效果。

(7) 2_3 挡。2_3 挡时,高挡离合器(C_2)、前进挡强制离合器(C_4)工作。

动力经输入轴传给后排太阳轮,与此同时经高挡离合器、前进挡强制离合器传给后排齿圈,故正向驱动时与 D_3 挡相同。

放松加速踏板,当汽车滑行时,输出轴动力同时传给后行星架和后齿圈,后排行星机构处于锁止状态,后太阳轮的转速与后行星架相同,驱动轮动力可以传递至发动机,有发动机制动效果。

(8) R 挡。R 挡时,倒挡离合器(C_1)和低挡、倒挡制动器(B_2)参加工作。

动力通过倒挡离合器传给前太阳轮,由于低挡、倒挡制动器固定了前行星架,前太阳轮通过前行星齿轮驱动前齿圈逆时针转动将动力输出,由于输出轴与输入轴的转动方向相反,因此是倒车挡。由于低挡、倒挡制动器固定了前行星架,驱动轮动力可以传递至发动机,因此倒挡时也有发动机制动效果。

2. 拉威娜式行星齿轮系

目前应用拉威娜式自动变速器的汽车类型较多,如图 7-21 所示。例如:德国大众使用的 01M、01N 自动变速器,韩国现代使用的 KM176、KM177 自动变速器,美国福特的 ATX、AOD 自动变速器等。拉维娜行星齿轮机构是由一个单行星排与一个双星行星排组合而成的复合式行星机构,共用一行星架、长行星轮和齿圈,故它只有四个独立元件。其特点是构成元件少、转速低、结构紧凑、轴向尺寸短、尺寸小、传动比变化范围大、灵活多变、适合 FR 式布置。各个挡位执行元件的工作情况如表 7-3 所列。

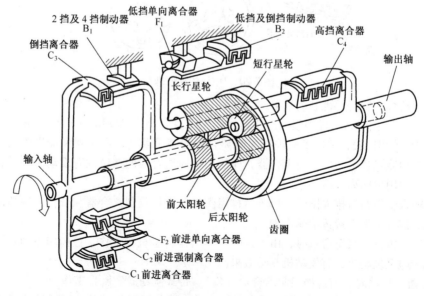

图 7-21 拉威娜式行星齿轮机构

表 7-3　拉威娜式自动变速器换挡执行元件工作情况

变速杆位置	挡位	C_1	C_2	C_3	C_4	B_1	B_2	F_1	F_2
D	一	○						○	○
D	二	○				○			○
D	三	○			○				○
D	四				○	○			
L 或 2, 1	一		○				○		
L 或 2, 1	二		○			○			
L 或 2, 1	三		○		○				
R	倒挡			○			○		

注：○——执行元件工作

以下具体分析拉威娜式自动变速器各挡位的工作过程：

（1）D 位一挡。前进离合器 C_1 接合，前进单向离合器 F_2 处于自锁状态，将输入轴与后太阳轮连接，单向离合器 F_1 处于自锁状态，行星架被固定。动力由太阳轮驱动齿圈，传动比较大，减速增扭。传动路线为：输入轴—离合器 C_1—单向离合器 F_2—后太阳轮—短行星轮—长行星轮—齿圈—输出轴。

放松加速踏板，当汽车滑行时，输出轴反向驱动行星齿轮变速器，齿圈通过长行星轮对行星架产生顺时针方向的力矩，此时单向离合器 F_1 处于解锁状态，行星架可在顺时针方向自由转动；另外，单向离合器 F_2 也处于解锁状态，后太阳轮可自由转动，因此驱动轮动力不能传递至发动机，无发动机制动效果。

（2）D 位二挡。前进离合器 C_1 接合，前进单向离合器 F_2 处于自锁状态，将输入轴与后太阳轮连接，二挡和四挡制动器 B_1 接合，前太阳轮被固定。动力由太阳轮先驱动行星架，再由行星架驱动齿圈。太阳轮驱动行星架是最大的减速增扭，行星架驱动齿圈是增速减扭，但增速程度小于太阳轮驱动行星架的减速程度，因此整个输出表现为减速增扭。传动路线为：输入轴—离合器 C_1—单向离合器 F_2—后太阳轮—短行星轮—长行星轮—行星架—齿圈—输出轴。

放松加速踏板，当汽车滑行时，单向离合器 F_2 处于解锁状态，后太阳轮可自由转动，行星齿轮变速器失去反向传递动力的能力，因此驱动轮动力不能传递至发动机，无发动机制动效果。

（3）D 位三挡。前进离合器 C_1 接合，单向离合器 F_2 处于自锁状态，将输入轴与后太阳轮连接，高挡离合器 C_4 也接合，将输入轴与行星架连接，这样后太阳轮与行星架被连接为一体，使齿圈随其一起转动，形成直接挡。

放松加速踏板，当汽车滑行时，单向离合器 F_2 处于解锁状态，后太阳轮可自由转动，行星齿轮变速器失去反向传递动力的能力，因此驱动轮动力不能传递至发动机，无发动机制动效果。

（4）D 位四挡。高挡离合器 C_4 接合，将输入轴与行星架连接，二挡和四挡制动器 B_1 工作。动力由行星架驱动齿圈，传动比小于1，增速减扭，所以称为超速挡。传动路线为：输入轴—离合器 C_4—行星架—长行星轮—齿圈—输出轴。

放松加速踏板，当汽车滑行时，由于二挡和四挡制动器 B_1 接合，前太阳轮被固定，且有固定传动比，驱动轮动力可以传递至发动机，有发动机制动效果。

（5）L 位一挡（或1位一挡，或2位一挡）。前进强制离合器 C_2 接合，将输入轴与后太阳轮连接，低挡和倒挡制动器 B_2 工作，行星架被固定，传动路线与 D 位一挡相同。但是由于前进单向离合器 F_2 不起作用，制动器 B_2 又代替了单向离合器 F_1 的工作，从而使汽车滑行时可以用发动机制动。

(6) L位二挡（或1位二挡，或2位二挡）。前进强制离合器C_2接合，将输入轴与后太阳轮连接，二挡和四挡制动器B_1工作，前太阳轮被固定，传动路线与D位二挡相同。但前进单向离合器F_2不起作用，使汽车滑行时可以用发动机制动。

(7) L位三挡（或2位三挡）。前进强制离合器C_2接合，将输入轴与后太阳轮连接，高挡离合器C_4也接合，将输入轴与行星架连接，使后太阳轮与行星架一起带动齿圈转动，形成直接挡。传动路线与D位三挡相同。当汽车滑行时，前进强制离合器C_2与高挡离合器C_4都能反向传递动力，所以可利用发动机的制动作用。

(8) R位倒挡。倒挡离合器C_3工作，将输入轴与前太阳轮连接，低挡和倒挡制动器B_2工作，行星架被固定。传动路线如下：输入轴—倒挡离合器C_2—前太阳轮（顺时针）—长行星轮—齿圈（逆时针）—输出轴。由于低挡和倒挡制动器固定了行星架，倒挡时也有发动机制动效果。

7.3 自动变速器液压控制系统

液压控制系统是自动变速器的重要组成部分，为液力变矩器提供传动介质，完成变速器自动换挡控制。同时，它还保证变速器各部分的润滑，使变速器得到可靠的散热和冷却。可见，液压系统具有传动、控制、操纵、冷却和润滑等功能。

7.3.1 液压系统的组成

自动变速器的液压系统由动力源、控制机构、执行机构、冷却润滑系统等组成。

动力源是被液力变矩器泵轮驱动的油泵，它向控制机构和执行机构供应压力油以完成换挡，同时为液力变矩器提供传动介质并进行冷却补偿，向行星齿轮系统提供润滑油。

控制机构的作用是在汽车行驶过程中接收换挡信号，控制执行机构的动作，使变速器得到不同档位。同时，它能改善换挡平顺性，保证换挡过程正常进行。控制机构由主油路调压装置、换挡阀和缓冲安全装置及液力变矩器控制装置组成。

执行机构是指行星齿轮系统的离合器和制动器的油缸。

自动变速器的液压控制系统除执行元件外，大部分控制阀、油道、电磁阀、滤网等都集中安装在一块或几块组合在一起的阀板上（有部分油道和元件，如蓄压器等，设置在油泵壳及变速器壳体上）。阀板多由铝合金铸造加工而成，上面有许多精加工的油孔和油道，油液通过设定的油孔和油道流入或流出阀板。为实现液压控制系统的功能，阀板上设置有许多控制滑阀和单向球阀，以切换油路或调节油液的流量和压力。这些控制阀按其作用可分为压力调节阀、手控阀、换挡控制阀、换挡品质控制阀、锁止控制阀等，如图7-22所示。

1. 油泵

油泵通常用内啮合齿轮泵、摆线转子泵或叶片泵，图7-23为齿轮泵的组成。为减少在高速时油泵引起的过高的动力损失，目前所用叶片泵大多为流量可变型。三种油泵在结构上的共同点是：转子与定子之间有一定的偏心距。叶片泵的转子与定子之间的偏心距可自动调节，达到改变流量的目的，可以消除发动机转速高时供油太多的缺陷，提高了系统效率。

2. 主油路油压调节装置

1) 主油路调压阀

主调压阀的作用是根据换挡手柄的挡位、汽车的行驶速度和节气门开度的变化，自动调节流

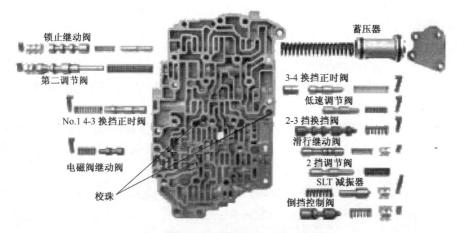

图 7-22　丰田 U341 自动变速器阀体

向自动变速器液压系统的油压（管路油压），使其与发动机功率相符，防止液压油泵功率损失。

主油路调压阀的结构和工作原理如图 7-24 所示。来自油泵的压力油从进油口进入阀体并作用于活塞端面。当主油路压力小于规定值时，活塞上端面的液体压力小于弹簧预紧力，泄油口处于关闭状态。当主油路压力超过规定范围后，活塞在液压力的作用下克服弹簧预紧力下移，泄油口开启。部分压力油被排出，从而保证主油路压力不致过高。由此可见，主油路压力是由调压阀弹簧的预紧力控制的。对于使用齿轮泵或转子泵的自动变速器来说，调压阀排出的多余压力油将回到油底壳。若采用叶片泵，这部分压力油会被送入叶轮壳内，定子在油压的作用下产生径向移动，使其和转子之间的偏心距减小，油泵的泵油量得到控制，进而从根本上限制了主油路压力。

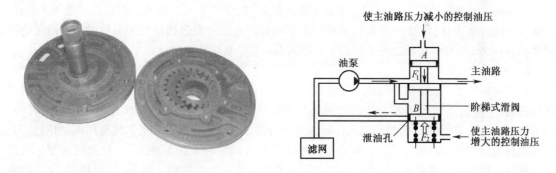

图 7-23　内啮合齿轮泵　　　图 7-24　阶梯滑阀式主油路调压阀的工作原理

滑阀的上腔和下腔各有一个液压反馈孔，用于对主油路油压的调整。当滑阀下腔接入反馈（控制）液压时，主油路的液压上升；而当滑阀上腔接入反馈（控制）液压时，主油路的液压就会下降。

2）主油路液压调节电磁阀

自动变速器油压调节电磁阀多采用开关电磁阀，由 ECU 根据节气门开度，进气压力等发动机负荷信号及车速、挡位信号输出占空比可变的脉冲信号以控制油压电磁阀，实现对主油路液压的自动调节。电磁阀线圈通电时，阀被打开，液压油从泄油孔排出，调节液压随之下降。电磁阀断电时，阀在弹簧力的作用下关闭，调节液压又会上升。同时 ECU 通过检测变速器输入轴转速信号（ISS）和输出轴转速信号（VSS）来判断升降挡时间。若换挡时间大于设定时间，ECU 控制主油路液压调节电磁阀增加管路主油压，以使换挡时间缩短；相反，如果换挡时间小于设定时间，ECU 控制主油路液压调节电磁阀减小管路主油压，以使换挡时间增加。这个过程可以补偿因离合器或制动器片磨损而造成的换挡时间变化。

3. 换挡液压控制装置

液压控制装置是将驾驶员操纵变速器挡位和控制开关的手动信号以及 ECU 输出电控信号转变为相应的控制液压，控制自动变速器中液压执行元件的动作，实现自动变速器的挡位设置和自动换挡控制。换挡液压控制装置包括手动阀、换挡阀、换挡电磁阀及相应的控制油路等。

1) 手动阀

手动阀由变速器操纵手柄控制，它是一个多位换向阀，其滑阀的位置决定了自动变速器的工作状态，其功用是控制各挡位油路的转换。手动阀的滑阀有两柱式和三柱式两种，三柱式滑阀控制的油路数要多于二柱式滑阀。图 7-25 是三柱式手动阀示意图。

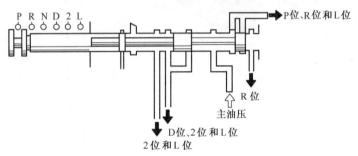

图 7-25 三柱式手动阀的结构

当驾驶员操纵选挡杆时，手动阀会移动，使主油压通往不同的油道。如当选挡杆置于 P 位时，主油压会通往 P 位、R 位和 L 位油道；当选挡杆置于 R 位时，主油压会同时通往 P 位、R 位和 L 位位油道与 R 位油道；当选挡杆置于 N 位时，手动阀会将主油压进油道切断，便不会有主油压通往各换挡阀；当选挡杆置于 D 位时，主油压会通往 D 位、2 位和 L 位油道；当选挡杆置于 2 位时，主油压会同时通往 D 位、2 位和 L 位油道与 2 位和 L 位油道；当选挡杆置于 L 位时，主油压会同时通往 D 位、2 位和 L 位油道与 2 位和 L 位油道及 P 位、R 位和 L 位油道。

2) 换挡阀

换挡阀是一个二位液压换向阀。在电控自动变速器中，由换挡电磁阀提供的控制油压控制其滑阀移动。换挡阀的功用是根据换挡控制信号或油压，切换挡位油路，以实现两个挡位的转换，如图 7-26 所示。换挡阀直接与换挡执行元件（离合器、制动器油缸）相通，当换挡阀动作后，会切换相应的油道以便给相应挡位的离合器和制动器供油，得到所需要的挡位。换挡阀的数量与自动变速器前进挡的个数有关。一般，四挡自动变速器需要三个换挡阀，即 1-2 挡换挡阀、2-3 挡换挡阀和 3-4 挡换挡阀。

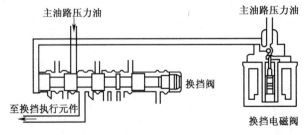

图 7-26 换挡阀

换挡电磁阀由电控单元控制，电控单元根据确定的换挡点及换挡信号工作，控制相应的电磁阀动作，切换控制油路，进行自动换挡。

为使换挡过程平稳、无冲击，通常是在液压通道上增加蓄能减振器、缓冲阀、定时阀、执行力调节阀等。在滑阀箱内布置着复杂油路和液压系统元件。

4. 液力变矩器控制装置

若液力变矩器的油液在发动机熄火后被部分或全部排干,将导致变矩器工作打滑或变速器换挡时间滞后。因此,通常在主油路调压阀与液力变矩器之间的油路中设置变矩器阀。变矩器阀的工作原理与主油路调压阀类似。关闭点火开关后,主油路压力下降,变矩器阀关闭上述油路,防止液力变矩器排空油液。

另外,液力变矩器油路系统中还有锁止控制阀,用以控制锁止离合器锁止时刻。根据锁止离合器的工作特点,只有当汽车在良好路面上行驶,且泵轮与涡轮之间转速差较小时,才能使变矩器锁止。因此,锁止控制阀根据汽车的实际行驶情况,在适当时机锁止(或解除锁止)泵轮与涡轮。在大多数自动变速器中,当变速器换入前进挡的较高挡位而且车速足够高时,锁止控制阀接通锁止离合器的油路,使液力变矩器进入锁止状态。

7.3.2 液压控制系统的工作原理

以四挡自动变速器为例。有4个前进挡的自动变速器通常有3个换挡阀。这3个换挡阀可以分别用3个换挡电磁阀来控制,也可以用2个电磁阀来控制,并通过3个换挡阀之间油路的互锁作用实现4个挡位的变换。目前大部分电子控制自动变速器采用由2个电磁阀操纵3个换挡阀的控制方式,如图7-20所示。1-2挡换挡阀和3-4挡换挡阀由电磁阀A控制,2-3挡换挡阀则由电磁阀B控制。电磁阀不通电时关闭泄油孔,来自手动阀的主油路压力油通过节流孔后作用在各换挡阀右端,使阀芯克服弹簧力左移。电磁阀通电时泄油口开启,换挡阀右端压力油被泄空,阀芯在左端弹簧力的作用下右移。

图7-27(a)所示为Ⅰ挡,此时电磁阀A断电,电磁阀B通电,1-2挡换挡阀阀芯左移,关闭

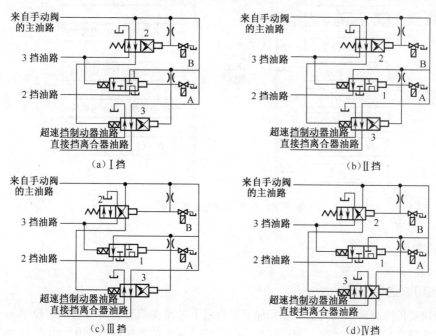

图7-27 电液换挡控制工作原理

A,B—换挡电磁阀;1—1-2挡换挡阀;2—2-3挡换挡阀;3—3-4挡换挡阀。

2挡油路；2-3挡换挡阀阀芯右移，关闭3挡油路。同时使主油路油压作用在3-4挡换挡阀阀芯左端，让3-4挡换挡阀阀芯停留在右端。

图7-27（b）为Ⅱ挡，此时电磁阀A和电磁阀B同时通电，1-2挡换挡阀右端油压下降，阀芯右移，打开2挡油路。

图7-27（c）为Ⅲ挡，此时电磁阀A通电，电磁阀B断电，2-3挡换挡阀右端油压上升，阀芯左移，打开3挡油路。同时使主油路压作用在1-2挡换挡阀左端，并让3-4挡换挡阀阀芯左端控制油压泄空。

图7-27（d）为Ⅳ挡，此时电磁阀A和电磁阀B均不通电，3-4挡换挡阀阀芯右端控制压力上升，阀芯左移，关闭直接挡离合器油路，接通超速挡制动器油路。由于1-2挡换挡阀阀芯左端作用着主油路油压，虽然右端有压力油作用，但阀芯仍保持在右端不能左移。

7.4　自动变速器电子控制系统

自动变速器电子控制系统由信号输入装置（传感器、控制开关）、电子控制单元（ECU）、执行机构三部分组成，如图7-28所示。电子控制系统的基本作用是将车速传感器、节气门开度传感器等的检测信号和换挡程序选择开关信号输入给电控单元，电控单元经过计算处理后，根据预先编写的换挡程序，确定挡位与换挡点输出换挡指令，控制电磁阀线圈电流的通断，自动切换换挡元件的油路，实现自动换挡。此外，系统还具有变矩器锁止控制、油压调节、故障自诊断与故障安全保护等功能。图7-29为丰田A341E，A342E自动变速器的控制电路。

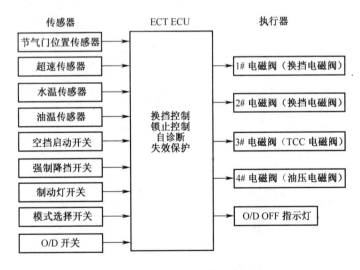

图7-28　电子控制系统组成框图

7.4.1　信号输入装置

1. 节气门位置传感器

节气门位置传感器将节气门的位置和加速踏板踏下的速度信息传给发动机电控单元，再由发动机电控单元将信息传给自动变速器电控单元。此信号用于计算按载荷变化的换挡时刻，并用于调整自动变速器的油压。若信号中断，自动变速器电控单元会用发动机平均负载来确定换挡时刻，自动变速器油压按节气门全开时的油压进行调节。

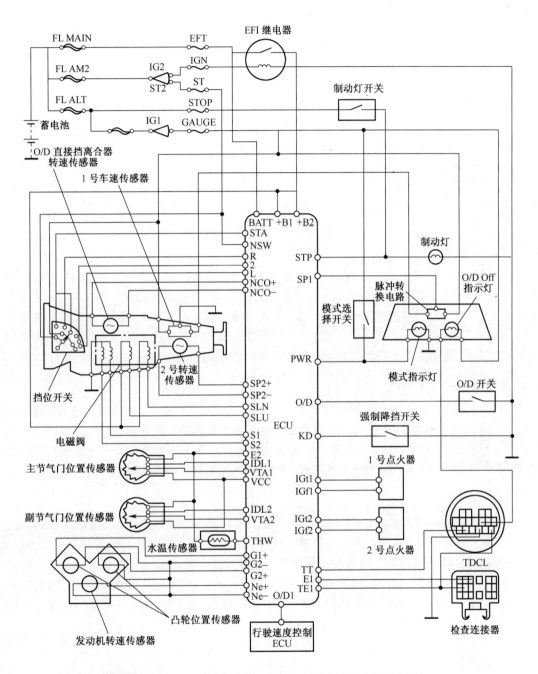

图 7-29　丰田 A341E，A342E 自动变速器的控制电路

2. 车速传感器

车速传感器位于行星齿轮变速器壳上。通过输出轴主动齿轮上的脉冲叶轮，用电磁感应方式检测车速信号，此信号用于 ECU 换挡控制，并控制变矩器的锁止和控制速度调节装置。此信号中断后，ECU 用发动机转速信号作为代用信号，锁止离合器失去锁止功能。

3. 输入轴转速传感器

对于轿车自动变速器，一般在齿轮变速器输入轴附近的壳体上装有输入轴转速传感器。该传感器一般也是采用电磁式,其结构、原理及检测与车速传感器一样。自动变速器 ECU 根据输入轴转速传感器的信号可以更精确地控制换挡。另外,ECU 还可以把该信号与发动机转速信号进行比较,计算出变矩器的转速比,使主油压和锁止离合器的控制得到优化,以改善换挡、提高行驶性能。

4. 水温传感器

水温传感器为热敏电阻结构,安装在发动机汽缸盖出水口处,用于监控发动机的温度。当发动机冷却液温度低于设定温度(如 60℃)时,发动机 ECU 会发送一个信号给自动变速器 ECU,以防止自动变速器换入超速挡,同时锁止离合器也不能工作。当发动机冷却液温度过高时,自动变速器 ECU 会让锁止离合器工作以帮助发动机降低冷却液的温度,防止变速器过热。如果水温传感器故障,发动机 ECU 会自动将冷却液温度设定为 80℃,以便发动机和自动变速器可以工作。

5. 油温传感器

自动变速器油温传感器为热敏电阻结构,安装在自动变速器底壳内,用于连续监控自动变速器油的温度。以作为 ECU 进行换挡控制、油压控制、锁止离合器控制的依据。在汽车起步或低速大负荷行驶时,液力变矩器转速比小、效率低、发热严重,造成油温高,因而在超过某一温度界限时,变速器要在较高的发动机转速状况下才开始换挡。随着汽车车速的提高,变矩器的转速比增大、发热减小、油温下降,自动变速器又重新开始正常的换挡行驶程序。

6. 超速挡开关(O/D)

超速挡开关通常装在自动变速器操纵手柄上,如图 7-30 所示。用于接通或断开自动变速器超速挡控制电路。当接通此开关时,自动变速器超速挡控制电路通路,在 D 挡位下变速器最高可升入Ⅳ挡(超速挡);如果断开此开关,就使超速挡控制电路断路,在 D 挡位下变速器最高只能升至Ⅲ挡。在驾驶室表盘上有超速挡切断指示灯(O/D OFF 指示灯)显示超速挡开关的状态。

7. 换挡模式开关

一些电子控制自动变速器设有模式选择开关,如图 7-31 所示。用于选择自动变速器的换挡控制模式,即选择自动变速器的换挡规律,以满足不同的使用要求。模式开关由驾驶员手动控制,选择不同的模式,ECU 就按照不同的换挡规律进行换挡控制。模式选择开关通常设有经济模式(Ecnomy)、正常模式(Normal)、跑车模式(Sport)、动力模式(Power)等选择按键。有的电子控制自动变速器其 ECU 设有自动换挡模式选择功能,因此,这种汽车自动变速器无模式选择开关。

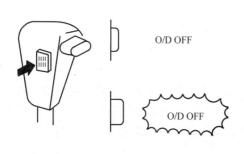

图 7-30 超速挡开关

图 7-31 换挡模式开关

8. 保持开关

一些电子控制自动变速器设有保持开关，其作用是锁定自动变速器的自动换挡，因此也被称为挡位锁定开关。当接通此开关时，自动变速器就不能进行自动换挡，换挡由驾驶员通过自动变速器操纵手柄的手动操作控制。将操纵手柄置于 D，S（或 2），L（或 1）挡位时，变速器就分别保持在Ⅲ挡、Ⅱ挡、Ⅰ挡。

9. 挡位开关

用于检测变速器操纵手柄的挡位，安装于自动变速器手动阀的摇臂轴上，内部有与被测挡位数相对应的触点。当变速器操纵手柄在行车挡位时，相应的触点被接通，向 ECU 提供变速器操纵手柄挡位的信号，使 ECU 按照该挡位的控制程序自动控制变速器的工作。为确保启动安全，挡位开关内设有空挡启动触点，只有当变速器操纵手柄在空挡位（N）或停车挡位（P）时，挡位开关才将启动开关电路接通，发动机才能启动。因此，也被称之为空挡启动开关，如图 7-32 所示。

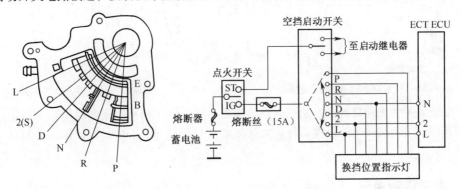

图 7-32　空挡启动开关及其电路

10. 多功能开关

多功能开关装在变速器壳体的手动换挡阀摇臂轴或操纵手柄上，由变速杆进行控制，作用等同于空挡启动开关，如图 7-33 所示。

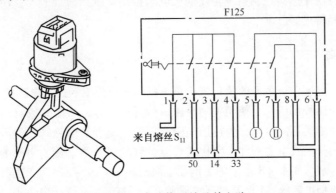

图 7-33　多功能开关及其电路

11. 降挡开关

也被称为自动跳合开关或强制降挡开关，如图 7-34 所示。强制降挡开关用来检测加速踏板打开的程度，此开关闭合，表示驾驶员要求较高的动力，变速器 ECU 接到此信号后将降低一个挡位。强制降挡开关安装在加速踏板的后面或节气门体上，与变速器 ECU 连接如图 7-34 所示。当加速踏板超过节气门的95%时，强制降挡开关接通，并向变速器ECU输送信号，这时变速器ECU按其设置的程序（一般在车速低于50km/h时）控制变速器降一个挡位，以提高汽车的加速性能。某些车型已取消了强制降挡开关而使用节气门位置传感器的信号来作为强制降挡信号。

12. 制动开关

制动开关安装在制动踏板支架上，如图7-35所示。当踩下制动踏板时开关接通，ECU根据制动开关信号，松开变矩器锁止离合器，同时停车灯亮。

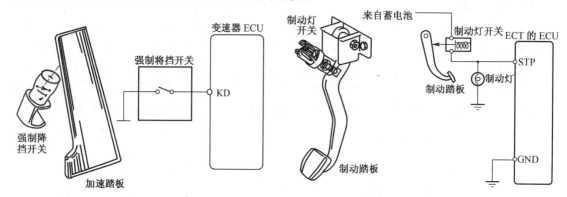

图7-34 强制降挡开关及其线路　　　　图7-35 制动开关及其电路

除了上述各种传感器之外，自动变速器的控制系统还将发动机控制系统中的一些信号，如发动机转速信号、发动机冷却液温度信号、大气压力信号、进气温度信号等，作为控制自动变速器的参考信号。

7.4.2 电子控制单元

自动变速器电子控制器（AT ECU）根据各个传感器及控制开关的信号及其内部设定的控制程序，经运算和分析后，通过各执行机构进行自动换挡、变速器油压调节及变矩器锁止等控制。自动变速器ECU通常与其他控制系统ECU互相传递所需的信号，以实现各个控制系统的互相协调控制。一些车型的自动变速器控制系统与发动机电子控制系统用一个ECU，使得自动变速器和发动机的控制相互匹配得更好。

7.4.3 执行机构

自动变速器电子控制系统主要的执行机构是电磁阀和故障指示灯。电磁阀将ECU输出的电控信号转变为相应的液压控制信号，使相关的液压执行元件动作，从而完成自动变速器的各项自动控制。电磁阀根据功能的不同可以分为换挡电磁阀、锁止离合器电磁阀和油压电磁阀。根据工作原理的不同可以分为开关式电磁阀和占空比式（脉冲线性式）电磁阀。不同的自动变速器使用的电磁阀数量不同，一般为3个~8个不等。例如上海通用的4T65-E自动变速器电控系统有4个电磁阀，其中2个是换挡电磁阀、1个是油压电磁阀、1个是锁止离合器电磁阀。而一汽大众的01M自动变速器电控系统则采用7个电磁阀。

绝大多数换挡电磁阀采用开关式电磁阀，油压电磁阀采用占空比式电磁阀，而锁止离合器电磁阀采用开关式的和脉冲线性式的都有。

1. 开关式电磁阀

开关式电磁阀的作用是打开或关闭液压油路，通常用于控制换挡阀及液力变矩器锁止控制阀的工作。开关式电磁阀由电磁线圈、衔铁、复位弹簧、阀芯和阀球等组成,如图 7-36 所示,它有两种工作方式,一种是使油路油压上升或使油路泄压,当电磁线圈不通电时,阀芯被油压推开,打开泄油孔,油路的液压油经电磁阀泄空;当电磁线圈通电时,电磁力使阀芯下移,关闭泄油孔,使油路压力上升。另一种是开启或关闭某一条油路,即当电磁线圈不通电时,油压将阀芯推开,阀球在油压作用下关闭泄油孔,打开进油孔,使主油路压力油进入控制油道;当电磁线圈通电时,电磁力使阀芯下移,推动阀球关闭进油孔,打开泄油孔,控制油道内的压力油由泄油孔泄空。

2. 脉冲线性式电磁阀

脉冲线性式电磁阀与开关式电磁阀类似,也是由电磁线圈、滑阀、弹簧等组成,如图 7-37 所示。它通常用于控制油路的油压,有的车型的锁止离合器也采用此种电磁阀控制。与开关式电磁阀不同的是,控制脉冲线性式电磁阀的电信号不是恒定不变的电压信号,而是一个固定频率的脉冲电信号。在脉冲电信号的作用下,电磁阀不断开启、关闭泄油口。ECU 可通过输出不同占空比的控制脉冲信号来控制变矩器锁止离合器的接合力大小和接合速度,使锁止离合器的接合力渐渐增大,使接合过程更加柔和。此外,在汽车行驶工况接近变矩器锁止条件时,脉冲式电磁阀控制形式可实现滑动锁止控制(半接合状态),以提高变矩器的传动效率。脉冲线性式电磁阀有两种工作方式,一是占空比越大,经电磁阀泄油越多,油压就越低;另一种是占空比越大,油压越高。

由于脉冲控制方式具有良好的变矩器锁止控制特性,因此,在现代汽车电子控制自动变速器中的应用越来越多。

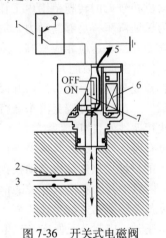

图 7-36 开关式电磁阀
1—ECU;2—节流口;3—主油路;4—控制油路;
5—泄油口;6—电磁线圈;7—衔铁和阀芯。

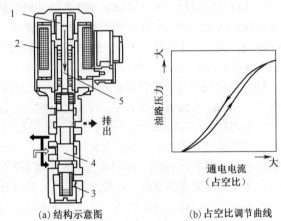

图 7-37 脉冲线性式电磁阀
1—滑阀;2—电磁线圈;3—弹簧;
4—控制阀;5—滑阀轴。

7.4.4 电控自动变速器的工作原理

随着汽车电子技术的发展,自动变速器电子控制系统的功能不断加强和完善,其具有换挡正时控制、油压控制、换挡平顺性控制、液力变矩器锁止离合器控制、发动机制动控制、自诊断和失效保护等多项功能。

1. 换挡正时控制

换挡正时指自动变速器的换挡时刻,即换挡车速,包括升挡车速和降挡车速。换挡正时控制是自动变速器控制系统最基本、最重要的控制内容,对汽车的动力性和燃料经济性有很大的影响。对于汽车的某一特定行驶工况,都有一个与之相对应的最佳换挡时刻或换挡车速,控制单元应使自动变速器在汽车的任意行驶条件下都按最佳换挡时刻进行换挡,从而使汽车的动力性、经济性等各项指标达到最优。图 7-38 所示为常见四挡自动变速器的自动换挡图,它具有如下特点:

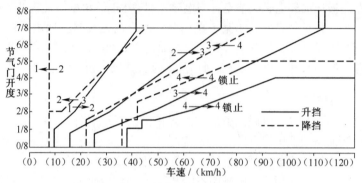

图 7-38 常见四挡自动变速器的自动换挡图

(1) 节气门开度越小,汽车的升挡车速和降挡车速越低;节气门开度越大,汽车的升挡车速和降挡车速越高。以 2 挡升 3 挡为例,当节气门开度为 2/8 时,升挡车速为 35km/h,降挡车速为 12km/h;当节气门开度为 4/8 时,升挡车速为 50km/h,降挡车速为 25km/h。所以在实际的换挡操作过程中,一般可以采用"收油门"的方法来快速升挡。这种换挡规律十分符合汽车的实际使用要求,当汽车在良好路面上缓慢加速时,行驶阻力较小,加速踏板踩下较少,节气门开度也小,升挡车速可相应降低,即可以较早地升入高速挡,从而让发动机在较低的转速范围内工作,减小汽车油耗;反之,当汽车急加速或上坡时,行驶阻力较大,为保证汽车有足够的动力,加速踏板迅速踩下,节气门开度随之加大,换挡时刻应相应延迟,也就是升挡车速应相应提高,从而让发动机工作在较高的转速范围内,以发出较大的功率,提高汽车的加速和爬坡能力。

(2) 换挡规律具有降挡滞后的功用,即汽车升挡点和降挡点是不同的,在节气门开度不变的情况下,降挡车速低于升挡车速,两者之间的差值称为"滞后"。这样,可避免汽车在行驶过程中"循环跳挡"(即在同一换挡点附近反复换挡),减少换挡执行元件的磨损。

选挡杆或模式开关处于不同位置时,对汽车的使用要求也有所不同,因此其换挡规律也应相应地调整,如图 7-39 所示。控制单元将汽车在不同使用条件下的最佳换挡规律以自动换挡图的形式储存在控制单元存储器内。在汽车行驶中,控制单元根据空挡启动开关和模式开关的信号从存储器内选择出相应的自动换挡图,再将车速传感器和节气门位置传感器测得的车速、节气门开度与自动换挡图进行比较,根据比较结果,在达到设定的换挡车速时,控制单元便向换挡电磁阀发出电信号,以实现挡位的自动变换,如图 7-40 所示。

2. 主油路压力控制

1) 节气门开度变化时的主油路油压控制

控制系统中的主油路油压是由主调压阀来调节的,某些自动变速器保留了由节气门拉线控制的节气门阀,并让主调压阀的工作受控于节气门阀产生的节气门油压,使主油路油压随着发动机负荷的增大而增加,以满足离合器、制动器等换挡执行元件传递大力矩时对工作压力的要求。目前新型自动变速器的控制系统则完全取消了由节气门拉线控制的节气门阀,节气门油压由一个油压电磁阀来产生。

油压电磁阀是一种脉冲线性式电磁阀,控制单元根据节气门位置传感器测得的节气门的开度,计算并控制油压电磁阀的脉冲电信号的占空比,以改变油压电磁阀排油孔的开度,产生随节气门开度变化的油压,即节气门油压。节气门开度越大,脉冲电信号的占空比越小,油压电磁阀的排油孔开度越小,节气门油压越大。这一节气门油压被反馈至主油路调压阀,作为主油路调压阀的

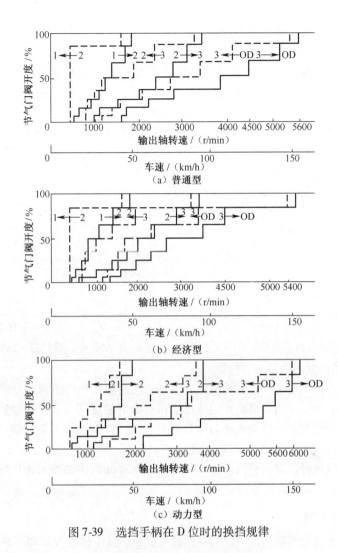

图 7-39 选挡手柄在 D 位时的换挡规律

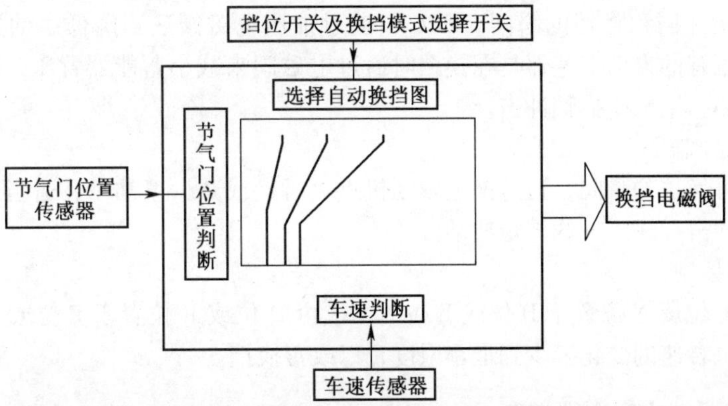

图 7-40 自动换挡控制过程

控制压力,使主油路调压阀随着节气门开度的变化调节主油路油压的大小,以获得发动机不同负荷下的主油路油压最佳值,并将驱动油泵的动力损失减少到最小。控制单元还能根据空挡启动开关的信号,在选挡杆处于倒挡位置时,提高节气门油压,使倒挡时的主油路油压升高,以满足倒挡时对主油路油压的需要，如图7-41所示。

2）挡位变化时的主油路油压控制

除了正常的主油路油压控制之外，控制单元还可以根据各个传感器测得的自动变速器的工作条件，在一些特殊情况下，对主油路油压作适当的修正，使压力控制获得最佳的效果。例如，在选挡杆位于前进低速挡（S，L或2，1）位置时，由于汽车的驱动力相应较大，控制单元自动使主油路油压高于前进挡位（D位）时的油压，以满足动力传递的需要。为减小换挡冲击，控制单元还在自动变速器换挡过程中按照换挡时节气门开度的大小，通过油压电磁阀适当减小主油路油压，以改善换挡品质，如图7-42所示。

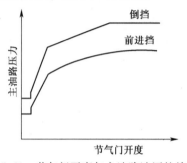
图7-41 节气门开度与主油路油压的关系

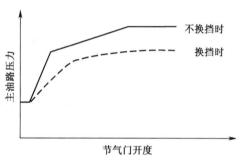
图7-42 换挡对主油路油压的修正

3）变速器低油温的主油路油压控制

控制单元还可以根据变速器油温传感器的信号，在油温未达到正常温度时（低于60℃），将主油路油压调整为低于正常值，以防止因液压油在低温下黏度较大而产生换挡冲击；当油温过低时（低于-30℃），控制单元使主油路油压升到最大值，以加速离合器、制动器的接合，防止变速器油因低温黏度过大而使换挡过程过于缓慢。

另外，在海拔较高时，发动机输出功率降低，控制单元将主油路油压控制为低于正常值，避免换档时产生冲击。

3. 换挡平顺性控制

自动变速器改善换挡平顺性的方法有换挡油压控制、减少转矩控制和N-D换挡控制。

1）换挡油压控制

自动变速器在升挡和降挡的瞬间，ECU会通过油压电磁阀适当降低主油压，以减少换挡冲击，改善换挡。也有的自动变速器是在换挡时通过电磁阀来减小蓄能器背压，以减缓离合器或制动器油压的增长率，来减少换挡冲击。

2）减小转矩控制

在自动变速器换挡的瞬间，通过推迟发动机点火时刻或减少喷油量，适当减小发动机输出转矩，以减轻换挡冲击和输出轴的转矩波动。

3）N-D换挡控制

当选挡杆由P位或N位置于D位或R位时，或由D位或R位置于P位或N位时，通过调整喷油量，把发动机转速的变化减少到最小限度，以改善换挡。

4. 液力变矩器锁止离合器控制

液力变矩器中锁止离合器的工作是由控制单元控制的，控制单元按照设定的控制程序，通过锁止电磁阀来控制锁止离合器的接合或分离。

锁止离合器的最佳控制程序应当既能满足自动变速器的工作要求，保证汽车的行驶能力，又能最大限度地降低燃油消耗。锁止离合器在各种工作条件下的最佳控制程序被存储于控制单元的存储器中，控制单元根据自动变速器的挡位、控制模式等工作条件从存储器中选择出相应的锁止控制程序，再将车速、节气门开度与锁止控制程序进行比较，当车速足够高，且其他各种条件均满足锁止要求时，控制单元向锁止电磁阀输出电信号，使锁止离合器接合，实现液力变矩器的锁止，如图7-43所示。

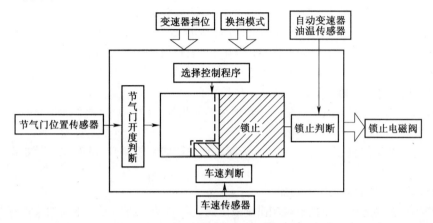

图7-43 液力变矩器锁止离合器控制过程

为保证汽车的行驶性能，在变速器油温度低于60℃或车速相对较低，且怠速开关接通时，禁止锁止离合器接合。此外，在制动踏板踩下时，对已锁止的离合器实施分离，以切断发动机与传动系的机械连接，防止发动机熄火。

5. 发动机制动控制

自动变速器的强制离合器和强制制动器（为利用发动机制动而设置的执行元件）的工作也是由控制单元通过电磁阀来控制的，控制单元按照设定的发动机制动控制程序，在选挡杆位置、车速、节气门开度等因素满足一定条件，如选挡杆位于前进低速挡位置，且车速大于10km/h，节气门开度小于1/8时，向强制离合器（或制动器）电磁阀发出电信号，打开控制油路，离合器（或制动器）起作用，使自动变速器具有反向传递动力的能力，从而在汽车滑行时实现发动机制动。

6. 故障自诊断

与发动机及其他电子控制系统一样，电控液力自动变速器ECU也具有故障自诊断功能。在汽车行驶过程中不断地对变速器控制系统的所有传感器和执行器的工作状况进行监测，一旦发现某个传感器或执行器工作不正常出现故障，将仪表盘上的电控液力自动变速器故障警告灯点亮，以提醒驾驶员立即将车送到修理厂检修。现在大多数汽车以超速挡指示灯O/D OFF作为电控液力自动变速器故障警告灯。行驶中若超速挡指示灯闪亮后，按动超速挡开关也不熄灭，即说明自动变速器电控系统出现故障。同时ECU将相应故障内容以故障码的形式储存在ECU的存储器中，检修时按设定的程序可将故障码调出以供诊断参考。

自动变速器不同，故障指示灯不同。如丰田车系采用O/D OFF，通用车系采用Service Engine Soon指示灯，本田车系采用D4指示灯。

7. 失效保护功能

当自动变速器的电子控制系统出现故障时，控制单元按设定的失效保护程序控制自动变速器的工作，保持汽车的基本行驶能力。在失效保护工况下，自动变速器的工作性能将受到影响。

1）传感器故障的失效保护功能

（1）节气门位置传感器故障。当节气门位置传感器出现故障时，控制单元根据怠速开关的状态进行控制。当怠速开关断开时（加速踏板被踩下），按节气门 1/2 开度进行控制，同时节气门油压控制为最大值；当怠速开关接通时（加速踏板完全放松），按节气门处于全闭状态进行控制，同时节气门油压为最小值。

（2）车速传感器故障。车速传感器出现故障时，控制单元不能进行自动换挡控制，此时自动变速器的挡位由选挡杆的位置决定，在 D 位和 S（或2）位固定为超速挡或3挡，在 L（或1）位固定为2挡或1挡，或不论选挡杆为任何前进挡，都固定为1挡，以维持汽车最基本的行驶能力。许多车型的自动变速器有两个车速传感器，其中一个用于自动变速器的换挡控制，另一个为仪表盘上车速表的传感器，这两个传感器都与控制单元连接，当用于换挡控制的车速传感器损坏时，控制单元可利用车速表传感器的信号来控制换挡。

（3）输入轴转速传感器故障。输入轴转速传感器出现故障时，控制单元停止减转矩控制，换挡冲击有所增大。

（4）变速器油温传感器故障。油温传感器出现故障时，控制单元按变速器油温为 80℃ 进行控制。

2) 执行元件故障的失效保护功能

（1）换挡电磁阀故障。换挡电磁阀出现故障时，不同的控制单元有不同的失效保护功能。一种是不论有几个换挡电磁阀出现故障，控制单元都将停止所有换挡电磁阀的工作，此时自动变速器的挡位将完全由选挡杆的位置决定：在 D 位、S（或2）位时被固定为3挡，在 L（或1）位时被固定为2挡。另一种是几个换挡电磁阀中有一个出现故障时，控制单元控制其他无故障的电磁阀工作，以保证自动变速器仍能自动升挡或降挡，但会失去某些挡位，而且升挡或降挡规律有所变化，例如，可能直接由1挡升至3挡或超速挡。

（2）锁止电磁阀故障。锁止电磁阀出现故障时，控制单元停止锁止离合器控制，使锁止离合器始终处于分离状态。

（3）油压电磁阀故障。油压电磁阀出现故障时，控制单元停止油压调节控制，使油路压力保持为最大。

3) 控制单元故障的失效保护功能

（1）提供最大的主油路油压。主油路的设定油压由两部分组成：一是通过主调压阀设置的额定油压，二是通过油压电磁阀根据发动机负荷信号提供的附加油压。如果控制单元处于失电状态，油压电磁阀接收不到控制单元的输出信号，其输入电流为0，其所调节的主油路油压保持最大。由于此时变速器控制单元已无法接收负荷信号来实施油压控制，提供最大的主油路油压可以防止离合器和制动器在大负荷情况下打滑。

（2）换挡电磁阀都处于断电状态。自动变速器控制系统中设置了2个~3个换挡电磁阀，如果控制单元失电或电子控制系统出现故障，换挡电磁阀只能处于断电状态。在变速器的程序设计中，总会存在一个换挡电磁阀都处于断电状态的前进挡位，即在控制单元完全失电的情况下，自动变速器至少还能提供一个前进挡位，维持汽车继续行驶。

7.5 金属带式无级变速器

金属带式无级变速器是机械式无级变速传动在汽车中首先获得成功应用的，它是由几十年前出现的双锥体球、盘、环柱体等发展而来的。但是，由于摩擦面的摩擦因数及零件承受单位压力的限制、以及工艺和控制等问题，不能传递较大的功率。为了克服上述缺点，20世纪70年代中后期，荷兰的 Van Doorne's Transmission b. v. 公司（VDT），研究成功一种新型无级变速传动——金属带式无级传动（Continously Variable Transmission，CVT），堪称无级自动变速器技术的里程碑式的突破，通常将这种变速器称为VDT-CVT，并于1987年开始投放市场。目前，金属带式无级变速器得到了广泛应用，甚至还成功地应用于赛车上。图7-44所示为金属带式无级变速器。

图7-44 金属带式无级变速器

7.5.1 金属带式无级变速器的工作原理

CVT结构示意图如图7-45所示。它由金属带、工作轮、液压泵、起步离合器和控制系统等组成。变速系统中的主动、从动工作轮由固定部分和可动部分组成，工作轮的固定部分和可动部分间形成V形槽，金属带在槽内与它啮合。当主动轮转动时，利于金属带与工作轮锥面之间的摩擦力带动从动轮，并传递一定的动力。通过控制系统使主动、从动工作轮的可动部分做轴向移动时，改变了金属带在工作轮上的位置，使主动、从动工作轮的工作半径改变，从而改变了传动比。工作轮可动部分的轴向移动是根据汽车的行驶工况，通过控制系统进行连续地调节，因此，这种速

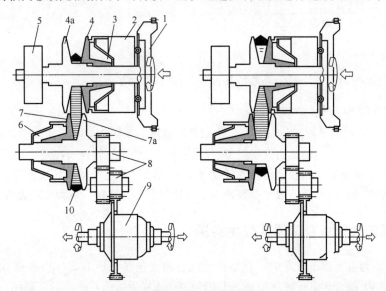

图7-45 CVT结构示意图

1—发动机飞轮；2—离合器；3—主动工作轮液压控制缸；4—主动工作轮可动部分；
4a—主动工作轮固定部分；5—液压泵；6—从动工作轮液压控制缸；7—从动工作轮可动部分；
7a—从动工作轮固定部分；8—中间减速器；9—主减速器与差速器；10—金属带。

比的变化是连续不断的,从而实现无级变速传动。其动力传递是由发动机飞轮经离合器传到主动工作轮、金属带、从动工作轮后,再经中间减速齿轮机构和主减速器,最后传给驱动轮。

CVT 在变速过程中传动比变化非常平滑,没有动力中断,对传动系统的冲击小,因而提高了燃料的经济性,行驶的动力性和舒适性,该变速器还具有结构紧凑、工作可靠、噪声低等优点。

7.5.2 金属带式无级变速器的主要部件

1. 金属带

金属带由多个推力块和两组钢带环组成,如图 7-46 所示。每组钢带环的厚度为 1.4mm,由数片厚为 0.18mm 的带环叠合而成。动力的传动通过金属带上的金属推力块之间的推压来实现的,而非一般通过绕带的张力来传递,在动力传递过程中,钢带环正确地引导金属推力块的运动。

2. 工作轮

主动、从动工作轮由可动部分和固定部分组成,如图 7-47 所示,其工作面为直线锥面体。在控制系统的作用下,可动部分依靠钢球—滑道结构做轴向移动,可连续地改变金属带在工作轮上的工作半径,从而实现无级自动变速传动。

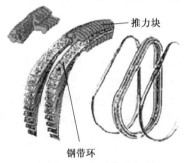

图 7-46 金属带的组成

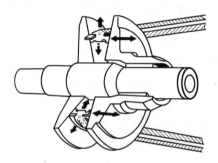

图 7-47 工作轮的工作原理

3. 液压泵

液压泵为系统控制的液压源,其类型有齿轮泵和叶片泵两种。

4. 电子液压控制系统

图 7-48 为 CVT 的电子液压控制系统工作原理示意图。系统中包括电磁离合器的控制和主动、从动带轮的传动比控制。传动比由发动机节气门信号和主动带轮转速所决定。ECU 根据发动机转速、车速、节气门开度和换挡控制信号等控制主动、从动带轮上伺服液压缸的压力,使主动、从动工作轮的可动部分轴向移动,改变金属带与工作轮间的工作半径,从而实现无级变速。

7.5.3 金属带式无级变速器的应用实例

图 7-49 所示为富士重工开发的一款电控无级自动变速器(FUJI ECVT)。这款变速器将液力变矩器与 VDT-CVT 接合,电子液压控制,专门为发动机横置、前轮驱动的车辆而设计的。它可以保证在不产生动力供给阻断的状况下自由改变传动比,从而实现全程无级变速,没有传统自动变速器换挡时那种顿挫的感觉,同时较传统自动变速器结构更简单,体积更小。

FUJI ECVT 由液力变矩器、前进/倒挡转换装置、连续速度变化器、主传动装置、控制系统等组成。

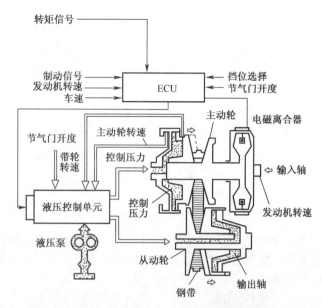

图 7-48 电子液压控制系统工作原理示意图

（a）外形

（b）内部结构

图 7-49 电控无级自动变速器（ECVT）

采用液力变矩器，不仅提供最佳起步性能，而且它的变矩作用能够扩大总传动比的变化范围，从而使 CVT 传动易于调节以使发动机处于最佳燃油经济性的区域内工作。

前进/倒挡转换装置用一组行星齿轮机构实现变速器的前进和倒挡。

连续速度变化器包括一个主动钢带轮、一个从动钢带轮和一根金属带。主从动钢带轮可运动部分都有一个液压腔，主从动钢带轮的可变开口移动由电控液压单元控制。若主动钢带轮的一侧在液压油的驱动下进行轴向移动，那么从动钢带轮则向相反的方向移动，在电控液压单元的控制下，主动钢带轮移动部件既能打开也能关闭，从动钢带轮同样如此，但方向相反。因为金属带的长度是一定的，这就使得金属带在一个钢带轮上的工作半径变大，而在另一个钢带轮上的工作半径变小，传动一定的驱动速比。这种变化连续不断，从短速比至长速比或过度速比，取决于金属带和钢带轮之间的交替接触，如图 7-50 所示。

在汽车起动时，ECVT 处于最大的传动比，之后电控系统通过分析油门踏板的位置、车速、选择的驾驶模式以及所设定的控制方式等匹配出最佳的传动比，从而达到最佳的动力性能及经济性能，同时也保证了行驶的舒适性。其动力传动路线是：发动机动力—液力变矩器（或锁止离合器）—行星齿轮机构—VDT—CVT—主减速齿轮—差速器—半轴—驱动轮。

FUJI ECVT 变速器还增加了 6 挡手动变速。驾驶员通过向前（高速挡位）或向后（低速挡

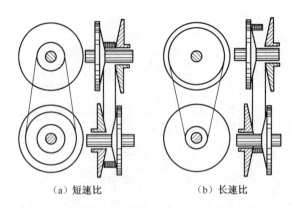

图 7-50　主从钢带轮的传动比变化情况

位）推动变速杆即可产生不同的电压信号给电控液压单元。电控液压单元随即选择预设的传动比使主从钢带轮可动部分移动，同时主从动钢带轮转速传感器随时监测两轮的转速，当两轮的转速达到预设的传动比时，电控液压单元使主从动钢带轮处于这一位置而不动，两轮即按预设的传动比运转，驾驶员即可享受手动驾驶的乐趣。

第8章 汽车制动控制系统

汽车的制动性能是表征汽车行驶安全性的主要性能之一,它直接关系到行车安全性。重大的交通事故,往往与制动距离过长和紧急制动时汽车发生侧滑等制动系统问题有关。随着汽车拥有量不断增加和汽车平均行驶速度不断提高,由于制动系统问题导致的交通事故给人们带来的危害日益严重,研究和改善汽车的制动性能成为汽车设计与开发部门的重要课题。

8.1 汽车防抱死制动系统

8.1.1 汽车制动控制的理论基础

1. 汽车制动时的受力分析

如果忽略车轮及与其一起旋转部件的惯性力矩和车轮的滚动阻力,汽车制动时车轮的受力情况如图8-1所示。其中,W为车轮的径向载荷;F_Z为地面对车轮的法向反作用力;M_b为制动器的制动力矩;F_p为车轴对车轮的纵向推力;F_X为地面对车轮的切向反作用力;r_0为车轮的工作半径;F_y为车轴对车轮的横向推力;F_Y为地面对车轮的横向反作用力;V为汽车行驶速度;ω为车轮角速度。

地面对车轮的切向反作用力F_X使车辆产生减速度,称为地面纵向制动力;地面对车轮的横向反作用力F_Y可阻止车轮侧向滑移,称为地面防侧滑力。

地面制动力是在制动器的制动力矩作用下产生的,在车轮没有拖滑时,地面制动力主要取决于制动器制动力矩的大小,即$F_X = M_b/r_0$。但是,最大地面制动力$F_{Xmax} = \varphi_X F_Z$(φ_X为地面纵向附着系数),即在紧急制动情况下,地面纵向附着系数对制动效果有着直接的影响。最大地面防侧滑力$F_{Ymax} = \varphi_Y F_Z$(φ_Y为地面横向附着系数),即地面横向附着系数的大小对防止车辆侧滑、甩尾起着决定性的作用。

大量试验已经证明,轮胎与路面之间的附着系数主要受到三方面要素影响,即:①路面的类型、状况;②轮胎的结构类型、花纹、气压和材料;③用于表征车轮运动状态的滑移率S。

2. 滑移率与路面附着系数的关系

滑移率S的定义为

$$S = \frac{V - r_0\omega}{V} \times 100\%$$

车轮被完全抱死时，$\omega = 0$，$S = 100\%$；车轮做纯滚动时，$\omega r_0 = V$，$S = 0$。通过试验研究，某种路面的地面附着系数与滑移率之间的关系如图 8-2 所示。

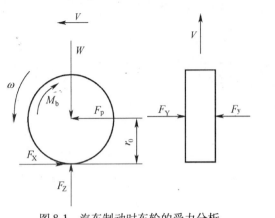

图 8-1　汽车制动时车轮的受力分析

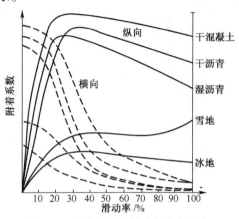

图 8-2　附着系数随滑动率变化规律

车轮纵向附着系数（又称制动力系数）随车轮滑动成分的增加呈先上升后下降的趋势，附着系数最大值（亦称峰值附着系数，一般出现在滑动率 $S = 15\% \sim 25\%$ 之间，滑动率 S 达到 100%（车轮抱死）时的附着系数（也称滑动附着系数）φ_s 小于峰值附着系数 φ_p。一般情况下，$(\varphi_p - \varphi_s)$ 随道路状况的恶化而增大，即滑动附着系数 φ_s 会远远低于 w。另外，轮胎拖滑而造成的与地面的剧烈摩擦，使胎的磨损加剧。同时，当 $S = 100\%$ 时，车轮的横向附着系数（又称横向力系数）趋近于 0，这时，车轮无法获得地面横向摩擦力。若这种情况出现在前轮上，通常发生侧滑的程度不甚严重，但是却会导致前轮无法获得地面侧向摩擦力，导致转向能力的丧失；若这种状况出现在后轮上，则会导致后轮抱死，此时，后轴极易产生剧烈的侧滑，使汽车处于危险的失控状态。

综上所述，理想制动系统的特性应当是：当汽车制动时，将车轮滑动率 S 控制在峰值系数滑动率（即 $S = 20\%$）附近，这样既能使汽车获得较高的制动效能，又可保证它在制动时的方向稳定性。

8.1.2　ABS 的基本功能和特点

防抱死制动系统（Anti-lock Braking System，ABS），是汽车主动安全控制装置。ABS 最初的应用始于飞机。20 世纪 40 年代末，ABS 在波音飞机上应用，以后 ABS 成为飞机上的标准件。但这种采用真空管的 ABS 在汽车上应用则性能达不到要求，加之其体积大、成本高等缺点，因此在汽车上的实用意义不大。1971 年，德国博世公司首次推出了电子 ABS，并从开始的集成电路控制，发展为用计算机控制。从此，ABS 在汽车上的应用得以迅速发展，其控制形式也从二轮防抱死控制发展为四轮防抱死控制。现在，ABS 作为汽车的主动安全装置，已成为汽车上的标准装备或选装装备。

1. ABS 的基本功能

ABS 的功能是在车轮将要抱死时降低制动力，而当车轮不会抱死时又增加制动力，如此反复动作，使制动效果最佳。

ABS 是一种具有防滑、防抱死等优点的安全制动控制系统。没有安装 ABS 系统的汽车，在遇到紧急情况时，来不及分步缓慢制动，只能一脚踩死。这时车轮容易抱死，加之车辆运动惯性，便可能发生侧滑、跑偏、方向不受控制等危险状况。而装有 ABS 的汽车，当车轮即将到达下一个抱死点时，制动在 1s 内可作用 6 次～10 次，相当于不停地制动、放松，即类似于机械式"点刹"。因此，可以避免在紧急制动时方向失控及车轮侧滑，使车轮在制动时不被抱死；轮胎不在一个点上与地面摩擦，从而加大摩擦力，使制动效率达到 90% 以上。

2. ABS 的基本特点

由于 ABS 可防止汽车紧急制动时车轮抱死，因此可充分发挥制动器的效能，缩短制动时间和距离；有效地防止了紧急制动时的车辆侧滑和甩尾，提高了制动时的行驶稳定性和转向控制能力；避免了轮胎与地面的剧烈摩擦，减少了轮胎的磨损。

ABS 只是在汽车的速度超过一定值以后（如 5km/h 或 8km/h），才会对制动过程中车轮进行防抱死制动压力调节。在制动过程中，只有当被控制车轮趋于抱死时，ABS 才会对趋于抱死车轮的制动压力进行防抱死调节；在被控制车轮还没有趋于抱死时，制动过程与常规制动系统的制动过程完全相同。一般说来，在制动力缓缓施加的情况下，ABS 不起作用，只有在制动力猛然增加使车轮转速骤减的时候，ABS 才发生效力。ABS 的另一主要功能是：制动同时可以打方向盘躲避障碍物。因此，在制动距离较短，无法避免碰撞时，迅速制动转向，是避免事故的最佳选择。

ABS 是在原来普通制动系统之上，另增加了一套控制系统而成。普通制动系统的正常工作是 ABS 系统工作的基础。如果普通制动系统发生故障或失效，ABS 系统随之失去控制作用；如果 ABS 系统发生故障，普通制动系统会照常工作，只是没有了防抱死的功能。

ABS 系统具有自诊断功能，能够对系统的工作情况进行监测，一旦出现存在影响系统正常工作的故障时将自动关闭 ABS，并将 ABS 警告灯点亮，向驾驶员发出警告信号，汽车的制动系统仍然可以像常规制动系统一样进行制动。

8.1.3 ABS 的种类

到目前为止，汽车上出现过多种类型的 ABS，现以不同的分类方式加以概括。

1. 按控制器所依据的控制的参数不同分

1）以车轮滑移率 S 为控制参数的 ABS

控制器根据车速传感器和车轮转速传感器的信号计算车轮的滑移率作为控制制动力的依据。当计算得到的滑移率 S 超出设定值时，控制器就输出减小制动力信号，通过制动压力调节器减小制动压力，使车轮不被抱死；当滑移率 S 低于设定值时，控制器输出增大制动力信号，制动压力调节器又使制动压力增大。通过这样不断地调整制动压力，控制车轮的滑移率在设定的最佳范围内。

这种直接以滑移率为控制参数的 ABS 需要得到准确的车身相对于地面的移动速度信号和车轮的转速信号。车轮转速信号容易得到，但取得车身移动速度信号则较难。有用多普勒（Doppler）雷达测量车速的 ABS，但到目前为止，此类 ABS 应用还很少见。

2）以车轮角减速度为控制参数的 ABS

控制器主要根据车轮转速传感器的信号计算车轮的角加速度作为控制制动力的依据。计算机中事先设定了两个门限值：一个角减速度门限值，作为车轮已被抱死的判断值；一个为角加速度门限值，作为制动力过小而使车轮转速过高的判断值。制动时，当车轮角减速度达到门限值时，控制器输出减小制动力信号；当车轮转速升高至角加速度门限值时，控制器则输出增加制动力信号。如此不断地调整制动压力，使车轮不被抱死，处于边滚边滑的状态。

这种控制方式传感器信号容易取得，结构较为简单，但仅以车轮角减速度作为控制参数，其控制精度较低。

3）以车轮角减速度和滑移率为控制参数的 ABS

以车轮角减速度和滑移率为控制参数的 ABS 其控制精度较高，制动时车轮在最佳转速值上下波动的范围小。为使结构简单，目前汽车上广泛使用的 ABS 通常是利用车轮转速传感器信号计算得到一个参考滑移率。

2. 按功能和布置的形式不同分

1）后轮防抱死 ABS

后轮防抱死 ABS 只对汽车的后轮进行防抱死控制，这种 ABS 在轿车上已很少应用，现在一些轻型载货汽车上还有使用。

2）四轮防抱死 ABS

四轮防抱死 ABS 对汽车的前后四轮都实施防抱死控制，现代汽车基本上都采用了四轮防抱死制动系统。

3. 按系统控制方案不同分

1）轴控式 ABS

轴控式 ABS 根据一个车轮转速传感器（或轴转速传感器）信号共同控制同一轴上的两车轮，这种控制方案多用于载货汽车。轴控式又分低选控制（由附着系数低的车轮来确定制动压力）和高选控制（由附着系数高的车轮来确定制动压力）两种方式。

2）轮控式 ABS

轮控式 ABS 也称单轮控制，即每个车轮均根据各自车轮转速传感器信号单独进行控制。

3）混合式 ABS

混合式 ABS 系统中同时采用轴控式和轮控式两种控制方式。

4. 按控制通道和传感器数不同分

ABS 系统中的控制通道是指能独立进行制动压力调节的制动管路，按控制通道分有四种。

1）单通道式 ABS

单通道式 ABS 如图 8-3 所示。

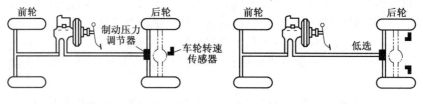

图 8-3 单通道式 ABS

单通道式 ABS 通常是对两后轮采用轴控方式，车轮转速传感器有一个或两个，采用一个轮速传感器的将传感器安装在后桥主减速器处，采用两个轮速传感器的则在后轮上各装一个，并采用低选控制，能较有效地防止后轮抱死。由于前轮未进行防抱死控制，因而汽车制动时的转向操纵性没有提高，制动距离较长。但单通道式 ABS 结构简单、成本低，因此在一些载货汽车上还有应用。

2）双通道式 ABS

双通道式 ABS 有不同的形式，如图 8-4 所示。

双通道结构比较简单，但难以同时兼顾制动时的方向稳定性、转向操纵性及制动效能，因此目前在汽车上已很少使用。

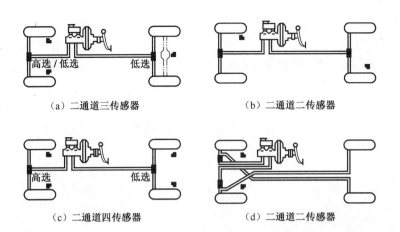

(a)二通道三传感器　　　　　　　　(b)二通道二传感器

(c)二通道四传感器　　　　　　　　(d)二通道二传感器

图 8-4　双通道式 ABS

3）三通道式 ABS

三通道式 ABS 一般是前轮采用轮控式，后轮采用低选轴控式，如图 8-5 所示。

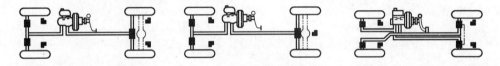

(a)三通道四传感器（双管路前后布置）　　(b)三通道三传感器　　(c)三通道四传感器（双管路对角布置）

图 8-5　三通道式 ABS

4）四通道式 ABS

四通道式 ABS 四个车轮均采用轮控式，如图 8-6 所示。该控制方式是通过各车轮轮速传感器的信号分别对各车轮制动压力进行单独控制。其制动距离和转向控制性能好，但在附着系数不对称路面上制动时，由于汽车左右侧车轮地面制动力差异较大，因此形成较大的偏转力矩，从而导致汽车在制动时的方向稳定性较差。

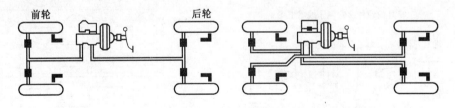

(a)四通道四传感器（双管路前后布置）　　　　(b)四通道四传感器（双管路对角布置）

图 8-6　四通道式 ABS

8.1.4　ABS 的组成

1. 传感器

ABS 系统的传感器是感受汽车运动参数（车轮转速）的元件，用来感受系统控制所需的基本信号。通常，ABS 系统中所使用的传感器主要包含有以检测车轮转速信号为目的的轮速传感器和以感受车身速度变化为目的的减速度传感器。

轮速传感器有电磁感应式与霍耳式两大类。前者利用电磁感应原理，将车轮转动的位移信号转化为电压信号（图 8-7），由随车轮旋转的齿盘和固定的感应元件组成。此类传感器的不足之处在于，传感器输出信号幅值随转速而变，低速时检测难、频响低，高速时易产生误信号，抗干扰能力差。后者利用霍耳半导体元件的霍耳效应工作。

霍耳传感器可以将带隔板的转子置于永久磁铁和霍耳集成电路之间的空气间隙中。霍耳集成电路由一个带封闭的电子开关放大器的霍耳层构成，当隔板切断磁场与霍耳集成电路之间的通路时，无霍耳电压产生，霍耳集成电路的信号电流中断；若隔板离开空气间隙，磁场产生与霍耳集成电路的联系，则电路中出现信号电流。

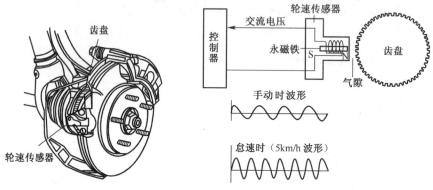

图 8-7 车轮转速传感器

霍耳传感器由传感头和齿圈组成，传感头包含永磁体、霍耳元件和电子电路等结构（图 8-8）。永磁体的磁力线穿过霍耳元件通向齿轮，当齿轮处于图 8-8（a）位置时，穿过霍耳元件的磁力线分散于两齿之中，磁场相对较弱。当齿轮位于图 8-8（b）位置时，穿过霍耳元件的磁力线集中于一个齿上，磁场相对较强。穿过霍耳元件的磁力线密度所发生的这种变化会引起霍耳电压的变化，其输出一个毫伏级的准正弦波电压。此电压经波形转换电路转换成标准的脉冲电压信号输入 ECU。

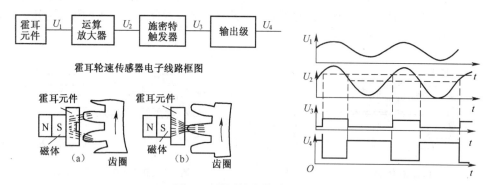

图 8-8 霍耳轮速传感器磁路

由霍耳传感器输出的毫伏级正弦波电压经过放大器放大为伏级正弦波信号电压，在施密特触发器中将正弦波信号转换成标准的脉冲信号，由放大级放大输出。各级输出波形信号也一并显示在图 8-8 中。

霍耳车轮转速传感器与前述电磁感应式传感器相比较，具有以下的优点：

（1）输出信号电压的幅值不受车轮转速影响，当汽车电源电压维持在 12V 时，传感器输出信号电压可以保持在 11.5V～12V，即使车轮转速接近于零。

（2）频率响应高，该传感器的响应频率可高达 20kHz（此时相当于车速 1000km/h）。

（3）抗电磁波干扰能力强。

减速度传感器在结构上有光电式、水银式和差动式等各种形式。其中光电式传感器利用发光二极管和受光（光电）三极管构成的光电耦合器所具有的光电转换效应，以沿径向开有若干条透光窄槽的偏心圆盘作为透光板，制成了能够随减速度大小而改变电量的传感器（如图 11.17 所示）。透光板设置在发光二极管和受光三极管之间，由发光二极管发出的光束可以通过板上窄槽到达受光三极管，光敏的三极管上便会出现感应电流。当汽车制动时，质量偏心的透光板在减速惯性力的作用下绕其转动轴偏转，偏转量与制动强度成正比，如果像图 8-9 所示那样，在光电式传感器中设置两对光电耦合器，根据两个三极管上出现电量的不同组合就可区分出如图 8-9 所示的四种减速度界限，因此，它具有感应多级减速度的能力。

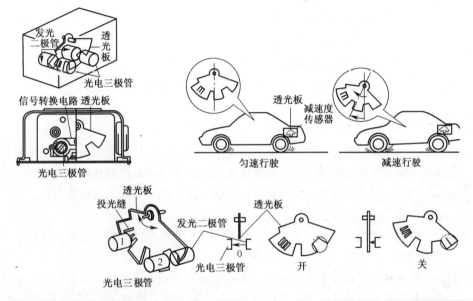

图 8-9　光电式减速度传感器工作原理

水银式传感器利用具有导电能力的水银作为工作介质。在传感器内通有导线两极柱的玻璃管中装有水银体，由于水银的导电作用，传感器的电路处于导通状态，当汽车制动强度达到一定值后，在减速惯性力的作用下，水银体脱离导线极柱，传感器电路断电（图 8-10）。这种开关信号可用于指示汽车制动的减速度界限。

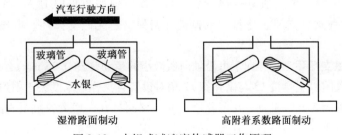

图 8-10　水银式减速度传感器工作原理

差动式传感器利用电磁感应原理工作。传感器由固定的线圈和可移动的铁芯构成,铁芯在制动减速惯性力的作用下沿线圈轴向移动,可导致传感器电路中感应电量的连续变化,如图 8-11 所示。

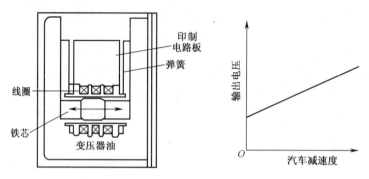

图 8-11　差动式减速度传感器工作原理

2. 制动压力调节装置(压力调节器)

ABS 系统控制车轮滑移率的执行机构是系统压力调节装置,ECU 根据车轮速度传感器发出的信号,由计算机判断确定车轮的运动状态,向驱动压力调节装置的电磁阀线圈发出指令,通过电磁阀的动作来实现对制动分泵的保压、减压和增压控制。压力调节装置的电磁阀以很高的频率工作,以确保在短时间内有效地对车轮滑动率实施控制。

液压式制动主要由供能装置(液压泵、储液器等)、电磁阀和调压缸等组成。从布置方式上看,有将压力调节装置独立于制动主缸、助力器的分离式布置形式,它具有布置灵活、成本低但管路复杂的特点;也有将压力调节装置以螺栓与主缸和助力器相连的组合式布置形式,它具有结构较紧凑、成本较低的优点;也还有将压力调节装置与主缸和助力器制成一体的整体式布置方式,其结构更加紧凑、管路少、更加安全可靠。

通常,制动压力调节器串联在制动主缸与轮缸之间,通过电磁阀直接或间接地调节轮缸的制动压力。当压力调节器直接控制轮缸制动压力时,称为循环式调压方式;当压力调节器间接地制动轮缸时,称为可变容积式调压方式。各种调压方式又可细分为以下几种。

1) 再循环式调压方式

再循环式调压方式的工作原理如图 8-12 所示,在调压过程中,系统通过将制动轮缸的压力油释放至压力控制回路以外的低压储油罐实现减压,随后再靠油泵将低压油送回主缸。

此种调压方式的系统无需高压储能器,ABS 依靠油泵的启动实现增压,系统只需借助一个三位三通阀和油泵的启动来完成 ABS 增压、减压、保压三个动作,在 ABS 增压过程中,驾驶员能明显感觉到制动踏板的抖动。

该系统中所采用的三位三通电磁阀的结构与工作原理如图 8-13 所示,它主要由阀体、进油阀、卸荷阀、检查阀、支架、托盘、主弹簧、副弹簧、无磁支撑环、电磁线圈和油管接头组成。

移动架 6 在无磁支撑环 3 的导向下可沿轴向做微小的运动(约 0.25 mm),由此可以打开卸荷阀 4 和将进油阀 5 关闭。主弹簧 13 与副弹簧 12 相对设置且主弹簧刚度大于副弹簧。

检测阀 8 与进油阀 5 并联设置,在解除制动时,该阀打开,增大轮缸至主缸的回油通道,以使轮缸压力得以迅速下降,即使在主弹簧断裂或移动架 6 被卡死的情况下,也能使车轮制动器的制动得以解除。

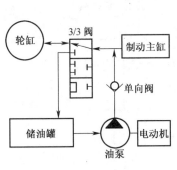

图 8-12 再循环式调压方式

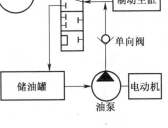

图 8-13 三位三通电磁阀结构及原理

1—回油管路接口；2—滤网；3—支撑环；4—卸荷阀；5—进油阀；6—移动架；
7—电磁线圈；8—检测阀；9—阀体；10—轮缸接口；11—托盘；12—副弹簧；
13—主弹簧；14—凹槽台阶；15—主缸接口；a—气隙。

当电磁线圈无电流通过时，由于主弹簧力大于副弹簧力，进油阀 5 被打开，卸荷阀 4 关闭，制动主缸与轮缸的油路接通，此状态既可以是常规制动，也可以是 ABS 增压。

当 ECU 向电磁阀线圈半通电时，电磁力使移动架 6 向下运动一定距离，将进油阀 5 关闭。由于此时的电磁力尚不足以克服两个弹簧的弹力，移动架 6 被保持在中间位置，卸荷阀 4 仍处于关闭状态，即三个阀孔相互封闭，ABS 处于保压状态。

当 ECU 向电磁线圈 7 输入大工作电流时，所产生的大电磁力足以克服主副两弹簧的弹力，使移动架 6 继续向下运动，将卸荷阀 4 打开，从而轮缸通过卸荷阀与回油管相通，ABS 处于减压状态。

表 8-1 列出了再循环式调压方式中各电磁阀与 ABS 工作状态之间的关系。

表 8-1 再循环式调压方式中各电磁阀与 ABS 工作状态之间的关系

工作状态	电路状态	系统状态
正常制动	断电	制动主缸与轮缸相通
保压	小电流（半通电）	制动轮缸与主缸、储油容器的通路截止
减压	大电流（全通电）	轮缸与储油容器相通
增压	电磁阀断电	油泵启动，主缸与轮缸相通

2）循环式调压方式

循环式调压方式在减压时，轮缸释放的压力油不再回送到储油器，而用油泵直接输送给制动主缸，其工作方式与再循环式相同，低压油容器被低压储能器替代，如图 8-14 所示。

再循环和循环式调压装置应用于博世的 ABS2 型产品中。图 8-15 所示是采用循环式调压系统的丰田凌志 LS400 轿车 ABS 结构的示意图，该制动系统采用双管路形式，ABS 调压采用三通道方式，前轮独立控制，后轮按低选控制。ABS 增压时，电磁阀线圈无电流通过，阀体在弹簧力作用下处于最左边位置，此时，制动主缸与轮缸接通，通往储能器的通道被阻断，电动机带动油泵高速运转，将高压油液送入轮缸；ABS 保压时，ECU 控制向电磁阀提供 2A 的小电流，在弹簧和电磁力的共同作用下使电磁阀处于中间位置，即制动主缸、轮缸和储能器各接口互不导通；ABS 减压时，ECU 向电磁阀输出 5A 大电流，所产生的大电磁力克服弹簧力，将电磁阀设置在右位置，此时轮缸和储能器接通，制动主缸油路被截断。

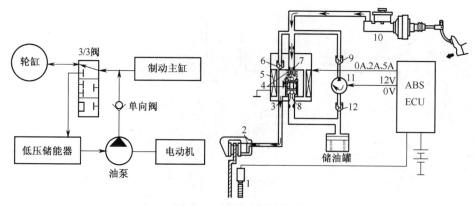

图 8-14 循环式调压方式

1—轮速传感器；2—轮缸；3—C 孔；4—回位弹簧；5—电磁阀线圈；6—单向阀 3；7—A 孔；8—B 孔；9—单向阀；10—制动主缸；11—泵电动机；12—单向阀 2。

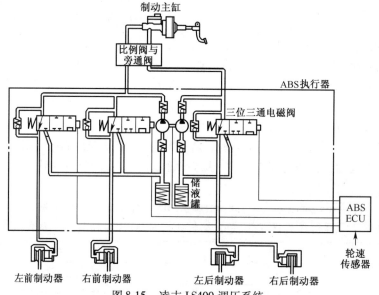

图 8-15 凌志 LS400 调压系统

系统中所采用的回油泵和储能器结构分别如图 8-16 和图 8-17 所示。回油泵为柱塞泵，通过电动机带动凸轮来驱动，泵内设有两个单向阀，下阀为进油阀，上阀为出油阀。柱塞上行时，轮缸

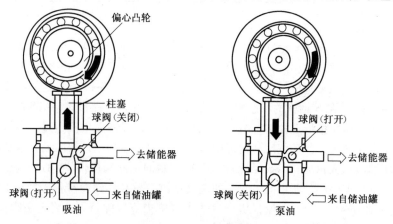

图 8-16 柱塞泵结构

及储能器的压力油推开下进油阀,进入泵体内。而当柱塞下行时,泵体内的压力油首先封闭进油阀,随后推开出油阀,将制动液压回制动主缸。

储能器可以是一个内部置有活塞和弹簧的油缸,当轮缸的压力油进入储能器,作用在活塞上时,压缩弹簧,使油道容积增大,以暂时储存制动液。也可采用气囊式结构(图 8-17),在储能器中有膜片将容器分隔成两部分,下部气囊中充满氮气,上腔与回油泵和电磁阀回油口相连。储能器上的压力开关可根据储能器内部的压力高低,向计算机发出信号,以便控制电动机和油泵的工作,即当储能器内油压达到一定值以后,波登管在该压力作用下向外伸展,感应杆在弹簧拉力作用下将触点开关闭合,向计算机输入控制信号。

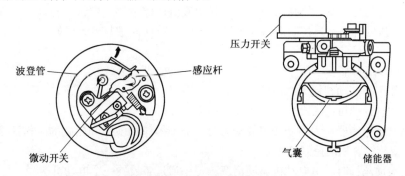

图 8-17 气囊式储能器

3)可变容积式调压方式

可变容积式调压方式是在汽车原有制动系统管路上增加一套液压控制装置,它采用压力调节装置将主缸与轮缸隔离,制动液在轮缸和压力调节装置间交换,通过机械方式,如活塞运动,使密闭的轮缸管路容积发生变化,实现加减压调节。这种调压方式主要用于本田车系、美国德尔科 ABS Ⅵ 和博世部分产品中。

系统基本结构如图 8-18 所示,主要由电磁阀、控制活塞、液压泵、储能器等组成。

可变容积式调压系统基本工作原理如图 8-19 所示。

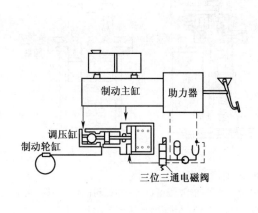

图 8-18 可变容积式调压系统

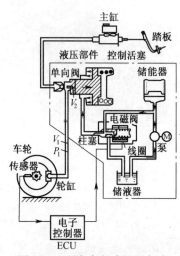

图 8-19 可变容积式调压方式

常规制动时,电磁阀线圈不通电,电磁阀将控制活塞工作腔与回油管路接通,控制活塞在强力弹簧的作用下移向左端,活塞顶端推杆将单向阀打开,使制动主缸与轮缸的制动管路接通,制动主缸的制动液直接进入轮缸,轮缸压力随主缸压力而变化。

减压制动时,ECU 向电磁阀线圈通入大电流,电磁阀内的柱塞在电磁力作用下,克服弹簧力移到右边,将储能器与控制活塞工作腔管路接通,储能器的压力油进入控制活塞工作腔推动活塞右移,单向阀关闭,主缸与轮缸之间的通路被切断,由于控制活塞的右移,使轮缸侧容积增大,制动压力减小。

当 ECU 向电磁阀通入较小电流时,由于电磁阀线圈的电磁力减小,柱塞在弹簧力作用下左移,将储能器、回油管和控制活塞工作腔管路相互关闭。此时控制活塞左侧的油压保持一定,控制活塞在油压和弹簧的共同作用下保持在一定位置,此时单向阀仍处于关闭状态,轮缸侧的容积也不发生变化,实现保压制动。

需要增压时,ECU 切断电磁阀线圈中的电流,柱塞回到左端的原始位置,控制活塞工作腔与回油管路接通,控制活塞左侧控制油压解除,制动液流回储液器,弹簧将控制活塞向左推移,轮缸侧容积减小,压力升高,当控制活塞处于最左端时,单向阀被打开,轮缸压力将随主缸压力的增大而增大。

该系统具有以下特征:
(1) ABS 作用时制动踏板无抖动感。
(2) 活塞往复运动可由滚动丝杆或高压储能器推动。
(3) 采用高压储能器作为推动活塞的动力时,储能器中的液体和轮缸的工作液是隔离的,前者仅仅作为改变轮缸容积的控制动力。
(4) 采用滚动丝杆时,由电动机驱动活塞,每一通道各设置一个电动机。

图 8-20 所示是美国德尔科公司 ABS 调节器结构图,该系统为前轮独立控制、后轮低选控制的三通道 ABS 系统,主要用于美国通用系列汽车上(如别克、雪佛兰、旁蒂克等)。它以由可以正、反和停转的驱动电动机带动丝杆,并推动控制活塞实现变容积调压为特色。该液压调节器位于制动总泵和分泵之间,与总泵连为一体。液压调节器上装有电磁阀,分别控制两前轮和后轮,在 ECU 控制下关闭或开启通往制动分泵的油路。单向球阀受活塞上下运动控制开启,而活塞则靠电动机驱动齿轮由丝杆带动。

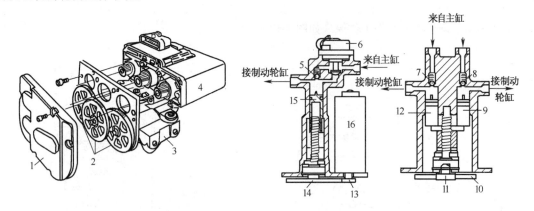

图 8-20 德尔科 ABS 调节器结构
1—齿轮盖板;2—齿轮螺杆总成;3—调压缸总成;4—电动机总成;5—单向截止阀;6—电磁阀;7,8—截止阀;9,12,15—调压柱塞;10,14—齿轮螺杆总成;11,13—电动机齿轮;16—电动机。

常规制动时,电磁阀无电流通过,由它控制的油路处于开启状态。同时,活塞位于最上方,其顶端的小顶杆将单向球阀顶开,制动主缸的制动液可通过电磁阀控制通道和单向球阀所控制的通道流向前制动轮缸,制动轮缸压力随着制动主缸的压力变化而变化。此时电磁制动器不通电,处于制动状态,电动机不转动,活塞保持在上方位置不动。

当 ABS 系统工作时,电磁阀通电工作,它所控制的油路被切断。同时,电磁制动器通电,活塞在电动机和丝杆的驱动下,向下移动,单向球阀关闭,此时制动主缸与轮缸之间的通道完全隔断。调压活塞在 ECU 的控制下做上下运动,当活塞上移时,轮缸油路的空间变小,油压升高,制动力增加,实现 ABS 增压;若调压活塞维持不动,轮缸油路油压保持不变,车轮制动力恒定,实现 ABS 保压;而当调压活塞向下移动时,轮缸油路油压变大,车轮制动力减小,实现 ABS 减压。

4) 回流泵式调压方式

回流泵式调压方式压力调节装置(图 8-21)采用两个二位二通电磁阀,其工作原理与再循环式调压器相似。减压时轮缸释放的制动液被回送储能器和制动主缸,同时,油泵也参与将制动液回送主缸的工作,制动液在主缸和轮缸间控制制动液的交换,实现调节作用。ABS2 作时,油泵连续工作。电磁阀与油泵的工作状态如表 8-2 所列。

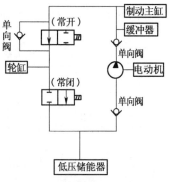

图 8-21 回流泵式调压方式

系统具有以下一些特点:

表 8-2 电磁阀与油泵工作状态

工作状态	常开阀(增压)	常闭阀(减压)	油泵
常规制动	断电	断电	不转
ABS 工作:减压	通电	通电	旋转
保压	通电	断电	旋转
增压	通电	断电	旋转

(1) 系统采用两个二位二通电磁阀取代循环调压方式中的一个三位三通电磁阀,实现 ABS 保压、减压和增压,工作可靠性更高。

(2) 当 ABS 工作,轮缸处于保压状态时,轮缸的压力和来自主缸的压力在单向阀处平衡。

(3) 主缸和油泵之间串联单向阀,并联缓冲器,减缓了制动踏板的抖动,但仍保留了轻微的感觉。

回流泵式调压方式是 ABS 调压方式中比较新的技术,目前博世 ABS5.3 和坦威斯 MK20(桑塔纳 2000 时代超人装用)均采用了种方式。

5) 补给式调压方式

在图 8-22 所示的补给式调压系统中,当 ABS 系统工作时,轮缸的增压由高压储能器中的压力补给,而储能器中的压力则由油泵提供。油泵是否工作取决于高压储能器内的压力,当储能器内压力低于设定压力值时,油泵便开始工作。轮缸减压时的制动液送回到储油罐。进行常规制动时,轮缸的减压液体直接流回制动主缸。系统的三个调压电磁阀的工作状态如表 8-3 所列。坦威斯 MK2 型 ABS 系统上采用了此种结构,系统中所设置的高压储能器还取代了真空助力器,储能器中的高压液体兼用于制动助力。此种调压方式当 ABS 处于增压状态时,因主缸、轮缸的油路与高压储能器相通,故制动踏板会有明显的抖动。

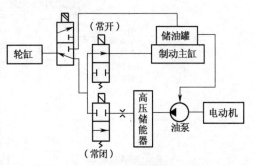

图 8-22 补给式调压方式

3. ABS 电控单元(ECU)

ABS 的 ECU 接受由设于各车轮上的传感器传来的转速信号,经过电路对信号的整形、放大和 ECU 的比较、分析、判别处理,向 ABS 执行器发出控制指令。一般来说,ABS 电控单元还具有初始检测、故障排除、速度传感器检测和系统失效保护等功能。图 8-23 显示了 ABS 的 ECU 的基本作用。

表 8-3 ABS 系统三个调压电磁阀的工作状态

工作状态	二位二通阀（常开）	二位二通阀（常闭）	二位三通阀
正常制动	断电	断电	断电
ABS 工作：减压	通电	通电	通电
保压	通电	断电	断电
增压	断电	通电	断电

（1）组成

电控单元由硬件和软件两部分组成，前者由设置在印制电路板上的一系列电子元器件（微处理器）和线路构成，封装在金属壳体中，利用多针接口（如 TEVES MKII 采用 32 针接口），通过线束与传感器和执行器相连，为保证 ECU 可靠工作，一般它被安置在尘土和潮气不易侵入、电磁波干扰较小的乘客舱、行李舱或发动机罩内的隔离室中；软件则是固存在只读存储器中的一系列计算机程序。ECU 的输入和输出如图 8-24 所示。

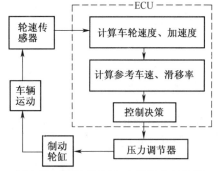

图 8-23 ABS 的 ECU 在系统中的作用

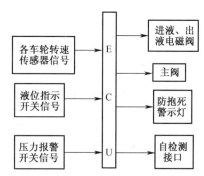

图 8-24 ECU 的主要输入和输出信号

（2）内部结构

ABS 的 ECU 的内部结构如图 8-25 所示。为确保系统工作的安全可靠性，在许多 ABS 的 ECU

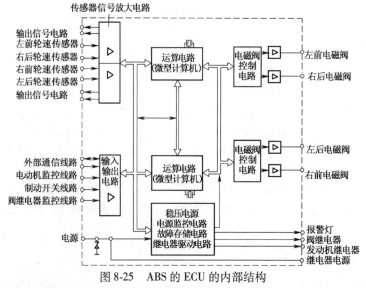

图 8-25 ABS 的 ECU 的内部结构

中采用了两套完全相同的微处理器，一套用于系统控制，另一套则起监测作用，它们以相同的程序执行运算,一旦监测用 ECU 发现其计算结果与控制用 ECU 所算结果不相符,则 ECU 立即使制动系统退出 ABS 控制,只维持常规制动。这种"冗余"的方法可保证系统更加安全。

ECU 的内部电路结构主要包括以下几方面:

(1) 输入级电路。以完成波形转换整形(低通滤波器)、抑制干扰和放大信号(输入放大器)为目的,将车轮转速传感器输入的正弦波信号转换成为脉冲方波,经过整形放大后,输给运算电路。输入级电路的通道数视 ABS 所设置的传感器数目而定,通常以三通道和四通道为多见。

(2) 运算电路(微型计算机)。根据输入信号运算电磁阀控制参数。主要根据车轮转速传感器输入信号进行车轮线速度、开始控制的初速度、参考滑动率、加速度和减速度等运算,调节电磁阀控制参数的运算和监控运算,并将计算出的电磁阀控制参数输送给输出级。

(3) 输出级电路。利用微型计算机产生的电磁阀控制参数信号,控制大功率三极管向电磁阀线圈提供控制电流。

(4) 安全保护电路。将汽车 12 V 电源电压改变并稳定为 ECU 所需的 5 V 标准电压,监控这种工作电压的稳定性。同时监控输入放大电路、ECU 运算电路和输出电路的故障信号。当系统出现故障时,控制继动电动机和继动阀门,使 ABS 停止工作,转入常规制动状态,点亮 ABS 警示灯,将故障以故障码的形式存储在 ECU 内存中。

不同类型的 ABS 电子控制系统的电子元器件的配置和电路的具体布置不尽相同,现列举二例。

(1) 德国博世 ABS2 系统电路。博世 ABS2 为三通道四传感器式 ABS,并使用了一个横向加速度开关,其电子控制系统电路如图 8-26 所示。

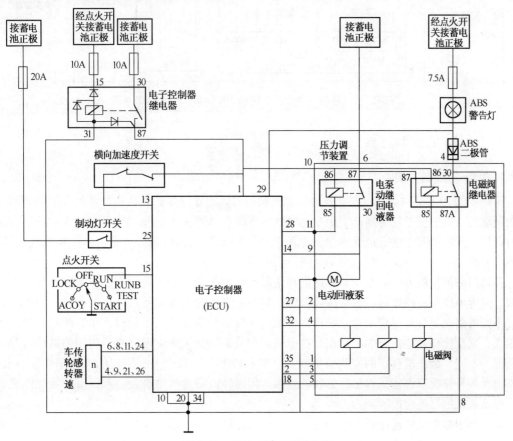

图 8-26　博世 ABS2 系统电路

横向加速度开关用于检测汽车横向加速度范围，在汽车急转弯而使汽车的横向加速度超过限定值时，开关的触点在其自身惯性力的作用下打开，ABS ECU 根据此信号对制动防抱死作出适当的修正。

（2）德国戴维斯公司 MK20-I 型 ABS 系统电路。戴维斯 MK20-I 型 ABS 是针对传统的对角型制动系统开发的一种三通道四传感器式 ABS，采用了二位二通电磁阀，尽管具有四个制动压力调节装置（即八个二位二通阀），但由于后轮为低选控制，故仍看作三通道式。其电路如图 8-27 所示。

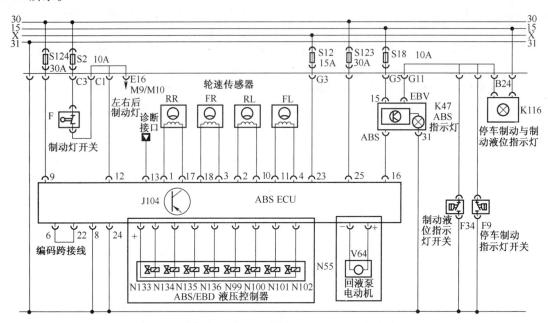

图 8-27 桑塔纳 2000GSI 型轿车 MK20-I 型 ABS 电路原理

8.1.5 ABS 的控制过程

1. ABS 的控制方法

高性能的 ABS 必须确保汽车在各种路况下制动时，均能使车轮处获得尽可能大的防侧滑力和纵向制动力，同时使车轮的制动力矩变化幅度尽可能小。使 ABS 达到理想控制效果的控制方法主要有逻辑门限值控制方法、最优化控制方法及滑动模态变结构控制方法等。由于可靠性、结构、成本等方面的原因，目前大量采用的是逻辑门限值控制方法。

逻辑门限值控制方法以车轮角减速度和角加速度为制动压力控制门限，以滑移率为辅助控制门限。因为单纯用一种控制参数存在局限性。如果单以车轮的角减速度、角加速度为门限值，汽车在不同的路况下行驶过程中紧急制动，车轮达到设定的角速度门限值时，车轮的实际滑移率差别很大，这会使得一些路面的制动控制达不到好的效果；如果单以滑移率为门限值进行控制，由于路况的不同，最佳滑移率的变化范围较大（8%～30%），仅以某一固定的滑移率作为门限值，就不能在各种路况下都能获得最佳的制动效果。将两种门限参数结合在一起，可使系统能辨识路况，提高系统的自适应控制能力。

控制器根据车轮转速传感器信号计算得到角减速度和角加速度比较容易，但要得到实际的滑移率，就需要用多普勒雷达或加速度传感器测定车速，这使得 ABS 的结构变得复杂，成本很高。目前广泛使用的 ABS 通常用车轮转速信号和设定一个车辆制动减速度值来计算得到参考滑移率。

门限减速度、门限加速度及车辆制动减速度值均通过试验确定，不同车型，不同的 ABS 一般不具有通用性。

2. ABS 的控制过程

以典型的博世公司 ABS 为例，说明逻辑门限值控制方式的控制过程。

1）高附着系数路面的制动控制过程

高附着系数路面的制动控制过程如图 8-28 所示。

在制动的初始阶段，随着制动压力的上升，车轮速度 v_R 下降，车轮的减速度增大。当车轮减速度达到门限值 $-a$ 时（第 1 阶段末），计算得到的参考滑移率未达门限值 S_1。因此，控制系统使制动压力进入保持阶段（第 2 阶段），以使车轮充分制动。当参考滑移率大于门限值 S_1 时，则进入制动压力减小阶段（第 3 阶段）。随着制动压力的减小，车轮在惯性力的作用下开始加速，当车轮的减速度减小至门限值 $-a$ 时，又进入制动压力保持阶段（第 4 阶段）。此阶段由于汽车惯性的作用，车轮仍然在加速，车轮加速度达到加速门限值 $+a$ 时，仍然保持制动压力，直到车轮加速度超过第二门限值 $+A$（$+A$ 为适应附着系数突然增大而设）。这时，制动压力再次增大（第 5 阶段），以适应附着系数的增大。随着制动压力的增大，车轮加速度下降，当车轮加速度又低于 $+A$ 时，进入制动压力保持阶段（第 6 阶段），直到车轮加速度又回落至 $+a$ 以下。这时的压力稍有不足，对制动压力的控制为增压、保持的快速转换（第 7 阶段，制动压力有较小的阶梯升高率），以使车轮滑移率在理想滑移率附近波动。当车轮减速度再次超过 $-a$ 时，又开始进入制动压力减小阶段（第 8 阶段），此时制动压力降低不再考虑参考滑移率门限值，进入下一个控制循环过程。

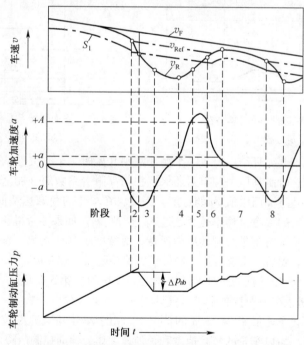

图 8-28 高附着系数路面的制动防抱死控制过程

v_f—实际车速；v_{Ref}—参考车速；v_R—车轮速度。

2）低附着系数路面的控制过程

汽车在低附着系数路面行驶中制动时，在较低制动压力时就可能使车轮抱死，且需要更长的时间加速才能走出高滑移率区。因此，低附着系数路面的防抱死控制与高附着系数路面的有所不同，其控制过程如图 8-29 所示。

低附着系数路面的防抱死控制的第 1 阶段和第 2 阶段与高附着系数路面控制过程的第 2 阶段、第 3 阶段相似。当进入制动压力保持阶段（第 3 阶段）后，由于附着系数小，车轮的加速很慢，在设定的制动压力保持时限内车轮加速度未能达到门限值 $+a$，ECU 由此判定车轮处于低附着系数路面，并以较小的减压率使制动压力降低，直到车轮加速度超过 $+a$。此后，系统又进入制动压力保持阶段（第 4 阶段）。当车轮加速度又低于 $+a$ 时，系统以较低的阶梯升压率增大制动压力（第 5 阶段），直到车轮的减速度又低于门限值 $-a$，进入下一个防抱死控制循环。由于在第一个循环中车轮处于较大滑移率的时间较长，ECU 根据此状态信息，在下一个循环中，采用持续减压的方式使车轮加速度升至 $+a$（第 6 阶段）。这样可缩短车轮在高滑移率状态的时间，使车辆的操纵性和稳定性得以提高。

3）制动中路况突变的防抱死控制过程

在制动过程中会有从高附着系数路面进入低附着系数路面的情况，如在沥青或水泥路面制动中驶入结冰路面。这种由高附着系数路面突变到低附着系数路面的制动防抱死控制过程如图 8-30 所示。

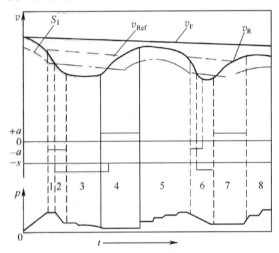

图 8-29　低附着系数路面的制动防抱死控制过程

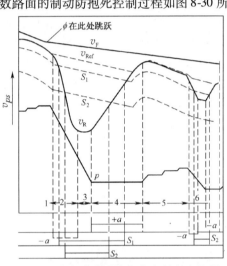

图 8-30　路面附着系数由高向低突变的制动防抱死控制过程

设在上一个防抱死控制循环结束、下一个循环刚刚开始时，车轮突然从高附着系数路面进入低附着系数路面，由于这时制动压力调节器还保持在与高附着系数路面相适应的较高压力，就会出现车轮的参考滑移率超过高门限值 S_2 的可能。因此，在车轮的角减速从低于 $-a$ 到高于 $-a$ 变化过程中，还需要对车轮的参考滑移率是否超过 S_2 进行判断。如果参考滑移率超过 S_2，说明车轮处于滑移率过大状态，系统将不进行制动压力保持，继续减小制动压力，直至车轮的加速度高于门限值 $+a$（第 3 阶段）。此后，系统再进入制动压力保持阶段（第 4 阶段），直到车轮的角加速度又低于门限值 $+a$。然后再以较低的阶梯升压率增大制动压力（第 5 阶段），直到车轮的角减速度再次低于门限值 $-a$，进入下一个防抱死控制循环。

在低附着系数路面，车速低于 20km/h 的情况下，由于车轮角减速度较小，这时应以滑移率门限作为主要控制门限，而以车轮的角减速度和角加速度作为辅助控制门限。

8.1.6　典型 ABS 系统分析

1. 德国戴维斯公司 MK20-I 型 ABS 系统分析

1）基本组成

MK20-I 型 ABS，是三通道的 ABS 调节回路，前轮单独调节，后轮则以两轮中地面附着系数低的一侧进行低选统一调节。ABS 主要由 ABS 控制器（包括 ECU、液压单元、液压泵等）、四个车轮转速传感器、ABS 故障警告灯、制动警告灯等组成，如图 8-31 所示。

2）工作原理

汽车在制动过程中，车轮转速传感器不断把各个车轮的转速信号及时输送给 ABS 的 ECU，ECU 根据设定的控制逻辑对四个转速传感器输入的信号进行处理，计算汽车的参考车速、各车轮速度和减速度，确定各车轮的滑移率。如果某个车轮的滑移率超过设定值，ECU 就发出指令控制液压控制单元，使该车轮制动轮缸中的制动压力减小；如果某个车轮的滑移率还未达到设定值，ECU 就控制液压单元，使该车轮的制动压力增大；如果某个车轮的滑移率接近于设定值，ECU 就控制液压控制单元，使该车轮制动压力保持一定，从而使各个车轮的滑移率保持在理想的范围

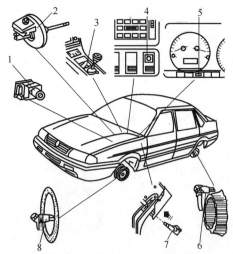

图 8-31　ABS 组件在车上的安装位置
1—ABS 控制器；2—制动主缸和真空助力器；
3—自诊断插口；4—ABS 警告灯；5—制动警告灯；6—后轮转速传感器；7—制动灯开关；8—前轮转速传感器。

之内，防止四个车轮完全抱死。在制动过程中，如果车轮没有抱死趋势，ABS 将不参与制动压力控制，此时制动过程与常规制动系统相同。如果 ABS 出现故障，ECU 将不再对液压单元进行控制，并将仪表板上的 ABS 故障警告灯点亮，向驾驶员发出警告信号，此时 ABS 不起作用，制动过程将与没有 ABS 的常规制动系统的工作相同。

3）ABS 控制器

（1）ABS 控制器的组成。ABS 控制器由 ECU、液压单元、液压泵等组成。

①ECU。它是 ABS 的控制中心。它实际上是一个微型处理器，由输入电路、数字控制器、输出电路和警告电路组成。

②液压控制单元。它安装在制动主缸与制动轮缸之间，采用整体式结构，主要任务是转换执行 ECU 的指令，自动调节制动器中的液压压力。

电动液压泵与低压储能器合成一体装于液压控制单元上。低压储能器的作用是暂时储存从轮缸中流出的制动液。电动液压泵的作用是将在制动压力阶段流入低压储能器中的制动液及时送到制动主缸，同时在施加压力阶段，从低压储能器中吸取剩余制动力，泵入制动循环系统，给液压系统以压力支持，增加制动效能。电动液压泵的运转是由 ECU 控制的。

液压控制单元阀体内包括八个电磁阀，每个回路各一对，其中一个是常开进油阀，一个是常闭出油阀。它在制动主缸、制动轮缸之间建立联系。

（2）ABS 控制器工作过程。

①开始制动阶段。开始制动时，驾驶员踩下制动踏板，制动压力由制动主缸产生，经不带电的常开进油阀作用到车轮制动轮缸上。此时，不带电的出油阀依然关闭，ABS 没有参与控制，整个过程和常规液压制动系统相同，制动压力不断上升，如图 8-32 所示。

②压力保持阶段。当驾驶员继续踩制动踏板，油压继续升高到车轮出现抱死趋势时，ECU 发出指令使进油阀通电并关闭阀门，出油阀依然不带电保持关闭，系统油压保持不变，如图 8-33 所示。

③压力降低阶段。若制动压力保持不变，车轮有抱死趋势时，ECU 给出油阀通电打开出油阀，系统油压通过低压储能器降低油压，此时进油阀继续通电保持关闭状态，有抱死趋势的车轮

被释放,车轮转速开始上升。与此同时,电动液压泵开始启动,将制动液由低压储能器送至制动主缸,如图 8-34 所示。

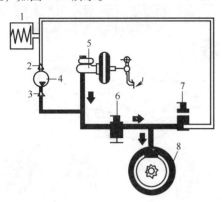 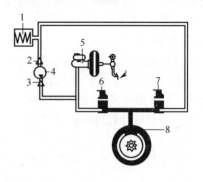

图 8-32　开始制动阶段　　　　　　　图 8-33　压力保持阶段
1—低压储能器；2—吸入阀；3—压力阀；4—液压泵；　　1—低压储能器；2—吸入阀；3—压力阀；4—液压泵；
5—制动主缸；6—进油阀；7—出油阀；8—车轮制动器。　5—制动主缸；6—进油阀；7—出油阀；8—车轮制动器。

④压力增加阶段。当车轮转速增加到一定值后,ECU 使出油阀断电,关闭此阀门,进油阀同样也不带电而打开。电动液压泵继续工作,从低压储能器中吸取制动液泵入液压制动系统,如图 8-35 所示。随着制动压力的增加,车轮转速又降低。这样反复循环地控制。

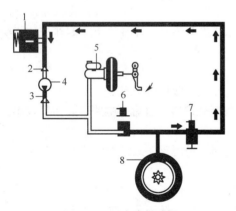 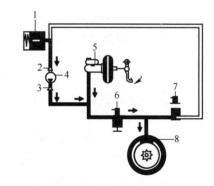

图 8-34　压力降低阶段　　　　　　　图 8-35　压力增加阶段
1—低压储能器；2—吸入阀；3—压力阀；4—液压泵；　　1—低压储能器；2—吸入阀；3—压力阀；4—液压泵；
5—制动主缸；6—进油阀；7—出油阀；8—车轮制动器。　5—制动主缸；6—进油阀；7—出油阀；8—车轮制动器。

2. 德国博世 5.3 ABS 系统分析

1）基本组成

德国博世 5.3 ABS,是三通道的 ABS 调节回路,前轮单独调节,后轮低选控制。博世 5.3 ABS 制动系统示意图如图 8-36 所示。

2）ABS 控制器工作过程

（1）开始制动阶段。开始制动时,驾驶员踩下制动踏板,制动压力由制动主缸产生,由于进油电磁阀和出油电磁阀没有被 ECU 接地,所以由制动主缸所产生的压力便直接作用到制动钳油缸中,车轮减速,如图 8-37 所示。

（2）压力保持阶段。当驾驶员继续踩制动踏板,油压继续升高到车轮出现抱死趋势时,ECU 发出指令使进油电磁阀接地关闭阀门,出油电磁阀依然不接地保持关闭,制动主缸与制动钳油缸之间

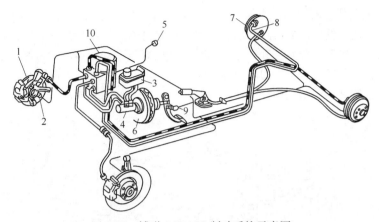

图 8-36　博世 5.3 ABS 制动系统示意图

1—前轮盘式制动器；2—前轮转速传感器；3—制动液储液罐；4—制动主缸；5—故障警告灯；6—真空助力器；7—后轮鼓式制动器；8—后轮转速传感器；9—制动灯开关；10—内置 ECU 的液压控制单元。

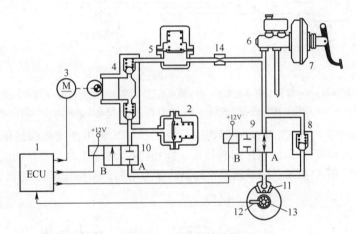

图 8-37　开始制动阶段

1—ECU；2—低压蓄能器；3—液压泵驱动电动机；4—液压泵；5—高压储能器；6—制动主缸；7—真空助力器；8—快速减压阀；9—进油电磁阀；10—出油电磁阀；11—制动钳；12—轮速传感器；13—感应磁场；14—节流口。

的液压连接被切断，系统油压保持不变，而此时不论制动踏板上的压力是多大，如图 8-38 所示。

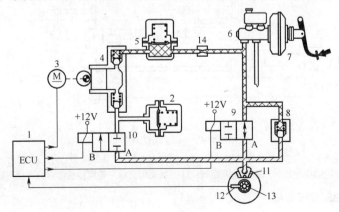

图 8-38　压力保持阶段

1—ECU；2—低压蓄能器；3—液压泵驱动电动机；4—液压泵；5—高压储能器；6—制动主缸；7—真空助力器；8—快速减压阀；9—进油电磁阀；10—出油电磁阀；11—制动钳；12—轮速传感器；13—感应磁场；14—节流口。

（3）压力降低阶段。若制动压力保持不变，车轮仍有抱死趋势时，ECU 给出油电磁阀接地打开阀门，系统油压通过低压储能器降低油压，此时进油电磁阀继续接地保持关闭状态，有抱死趋势的车轮被释放，车轮转速开始上升。与此同时，电动液压泵开始启动，将制动液由低压储能器送至制动主管路。在此阶段，产生的压力波动经高压储能器和节流口的作用而衰减。当 ABS 系统工作时，驾驶员会感到制动踏板稍稍振动，这是正常现象，如图 8-39 所示。

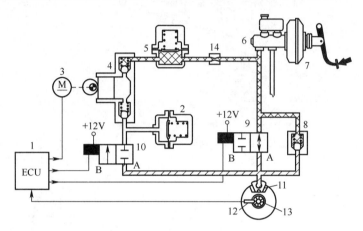

图 8-39　压力降低阶段

1—ECU；2—低压蓄能器；3—液压泵驱动电动机；4—液压泵；5—高压储能器；6—制动主缸；7—真空助力器；8—快速减压阀；9—进油电磁阀；10—出油电磁阀；11—制动钳；12—轮速传感器；13—感应磁场；14—节流口。

（4）压力增加阶段。当车轮转速增加到一定值后，ECU 将出油电磁阀接地断开，关闭此阀门；同时将进油电磁阀接地断开，打开此阀门。电动液压泵继续工作，将制动液由低压储能器送至制动主管路，如图 8-40 所示。随着制动钳油缸的压力增加，车轮转速又降低，这样反复循环地控制。

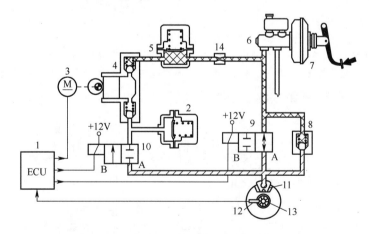

图 8-40　压力增加阶段

1—ECU；2—低压蓄能器；3—液压泵驱动电动机；4—液压泵；5—高压储能器；6—制动主缸；7—真空助力器；8—快速减压阀；9—进油电磁阀；10—出油电磁阀；11—制动钳；12—轮速传感器；13—感应磁场；14—节流口。

3）博世 5.3 ABS 液压系统

博世 5.3 ABS 液压系统示意图，如图 8-41 所示。

4）博 5.3 ABS 接线图

博世 5.3 ABS 接线图，如图 8-42 所示。

第 8 章 汽车制动控制系统

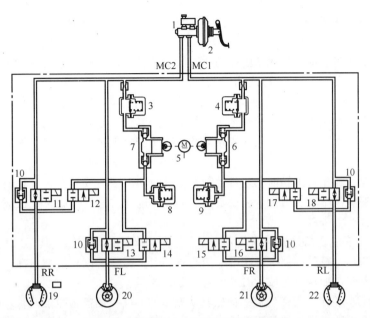

图 8-41 博世 5.3 ABS 液压系统示意图

1—制动主缸；2—真空助力器；3，4—高压储能器；5—液压泵驱动电动机；6，7—液压泵；8，9—低压蓄能器；10—快速减压阀；11—左后进油电磁阀；12—右后出油电磁阀；13—左前进油电磁阀；14—左前出油电磁阀；15—右前出油电磁阀；16—右前进油电磁阀；17—左后出油电磁阀；18—左后进油电磁阀；19—右后制动鼓；20—左前制动盘；21—右前制动盘；22—左后制动鼓；MC1，MC2—压力调节器进油接口；RR—右后制动轮缸出油接口；FL—左前制动钳出油接口；FR—右前制动钳出油接口；RL—左后制动轮缸出油接口。

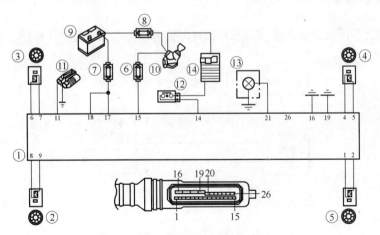

图 8-42 博世 5.3 ABS 接线图

①—ECU；②—左后轮速传感器；③—左前轮速传感器；④—右前轮速传感器；⑤—右后轮速传感器；⑥，⑦，⑧—熔断丝；⑨—蓄电池；⑩—点火开关；⑪—诊断插座；⑫—制动开关；⑬—ABS 报警灯；⑭—电器装置盒。

8.2 驱动防滑控制系统

8.2.1 ASR 的作用

汽车防滑转系统（Anti Slip Regulation，ASR），是继 ABS 之后应用于车轮防滑的又一种电子控制系统，ASR 是 ABS 的完善和补充，其作用是防止汽车在起步、加速和滑溜路面行驶时驱动轮的滑转，以提高汽车的牵引性和操纵稳定性。目前，集 ABS 和 ASR 功能为一体的防滑控制系统已在一些汽车上使用。

当车轮转动而车身不动或是汽车的移动速度低于转动车轮的轮缘速度时，车轮胎面与地面之间就有相对的滑动。把这种滑动称之为"滑转"，以区别于汽车制动时车轮抱死而产生的车轮"拖滑"。与汽车制动时车轮被抱死而拖滑一样，驱动车轮的滑转同样会使车轮与地面的附着力下降。地面纵向附着系数减小，使驱动车轮产生的牵引力降低，导致汽车的起步性能、加速性能和滑溜路面的通过性能下降；地面横向附着系数减小，则会降低汽车在起步、加速、滑溜路面行驶时的行驶稳定性。

ASR 是当驱动车轮出现滑转时，通过控制发动机的动力输出或对滑转车轮施以制动力来抑制车轮的滑转，以避免汽车牵引力和行驶稳定性的下降。这种防滑转控制系统也被称为牵引力控制（Traction Control TRC）系统。

由于 ASR 可使车轮保持最大的附着力，与不装备 ASR 的汽车相比，具有如下优点：

（1）汽车在起步、行驶过程中可获得最佳的驱动力，提高了汽车的动力性。尤其在附着系数小的路面，汽车起步、加速及爬坡能力的提高就更加显著。

（2）汽车的行驶稳定性得以提高，前轮驱动汽车的方向控制能力也能改善。路面的附着系数越低，其行驶稳定性能提高就越是明显。因此，ASR 与 ABS 一样，也是汽车主动安全控制装置。

（3）减少了轮胎的磨损，可降低汽车的燃油消耗。

此外，在 ASR 起作用时，可通过仪表板上的 ASR 指示灯或蜂鸣器提示司机不要踩刹车过猛（紧急制动）、注意转向盘的操作、不要猛踩加速踏板等，以确保行车的安全。

8.2.2 ASR 的基本组成

目前在汽车上广泛使用的 ASR 多为发动机输出功率和驱动轮制动综合控制，其基本组成如图 8-43 所示。

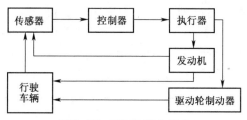

图 8-43 ASR 的基本组成

1. ASR 系统传感器

ASR 系统的传感器主要是车轮转速传感器、节气门开度传感器。车轮转速传感器与 ABS 系统共用，而节气门开度传感器则与发动机电子控制系统共用。ASR 专用的信号输入装置是 ASR 选择开关，将 ASR 选择开关断开，ASR 系统就不起作用。例如，在需要将汽车驱动车轮悬空转动来检查汽车传动系统或其他系统故障时，ASR 系统就可能对驱动车轮施以制动，影响故障的检查。这时，关断 ASR 开关，中止 ASR 系统的作用，就可避免这种影响。

2. ASR 控制器

ASR 控制器以微处理器为核心，配以输入输出电路及电源等组成。典型的 ASR 控制器组成如图 8-44 所示。

ASR 和 ABS 的一些信号输入和处理都是相同的，为减少电子器件的应用数量，使结构紧凑，

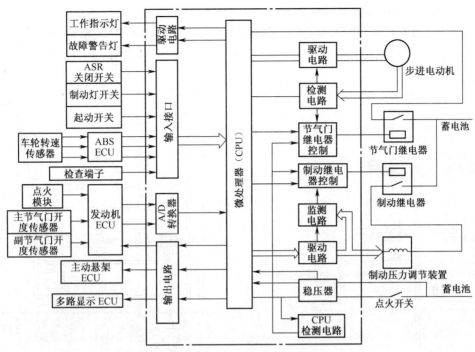

图 8-44 ASR 控制器组成

ASR 与 ABS 通常组合成一个 ECU。

3. ASR 制动压力调节器

ASR 制动压力调节器执行 ASR 控制器的指令对滑转车轮施加制动力和控制制动力的大小,以使滑转车轮的滑转率在目标范围之内。ASR 制动压力源是蓄压器,通过电磁阀来调节驱动车轮制动压力的大小。与 ABS 制动压力调节器一样,ASR 制动压力调节器也有多种结构形式。有单独的 ASR 制动压力调节器,有的 ASR 制动压力调节器则与 ABS 制动压力调节器组合成一体。

1) 单独方式的 ASR 制动压力调节器

ASR 制动压力调节器和 ABS 制动压力调节器在结构上各自分开,通过液压管路互相连接。图 8-45 所示的是一种采用三位三通电磁阀、变容积式 ASR 制动压力调节器的原理。

在 ASR 不起作用,电磁阀不通电时,阀在左位,调压缸的右腔与储液罐相通而压力低,调压缸的活塞被回位弹簧推至右边极限位置。这时,调压缸活塞左端中央的通液孔将 ABS 制动压力调节器与车轮制动分泵沟通,因此在 ASR 不起作用时,对 ABS 无任何影响。

当驱动车轮出现滑转而需要对驱动车轮实施制动时,ASR 控制器输出控制信号,使电磁阀通电而移至右位。这时,调压缸右腔与储液器隔断而与蓄压器接通,蓄压器具有一定压力的制动液推动调压缸的活塞左移,ABS 制动压力调节器与车轮分泵的通道被封闭,调压缸左腔的压力随活塞的左移而增大,驱动车轮制动分泵的制动压力上升。当需要保持驱动车轮的制动压力时,控制器使电磁阀半通电,阀处于中位,使调压缸与储液罐和蓄压器都隔断,于是,调压缸活塞保持原位不动,使驱动车轮制动分泵的制动压力不变。当需要减小驱动车轮的制动压力时,控制器使电磁阀断电,阀在其回位弹簧力的作用下回到左位,使调压缸右腔与蓄压器隔断而与储液器接通。于是,调压缸右腔压力下降,其活塞右移,使驱动车轮制动分泵的制动压力下降。

在驱动车轮出现滑转时,ASR 的 ECU 通过对电磁阀的上述控制,实现对驱动车轮制动力的控制,将车轮的滑转率控制在目标范围之内。

2）组合方式的 ASR 制动压力调节器

采用三位三通电磁阀、循环流动式 ASR/ABS 制动压力调节器的实例如图 8-46 所示。

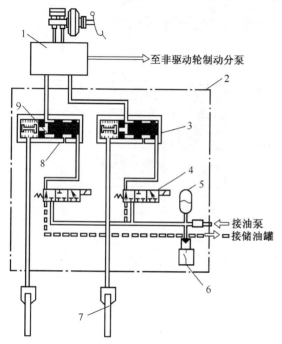

图 8-45　ASR 制动压力调节器
1—ABS 制动压力调节器；2—ASR 制动压力调节器；
3—调压缸；4—三位三通电磁阀；5—蓄压器；6—压力开关；
7—驱动车轮制动器；8—调压缸活塞；9—活塞通液孔。

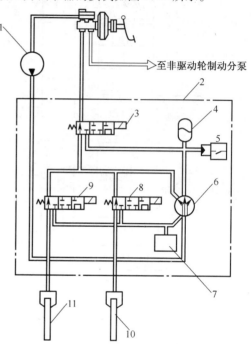

图 8-46　ASR/ABS 制动压力调节器
1—输液泵；2—ABS/ASR 制动压力调节器；3—电磁阀Ⅰ；
4—蓄压器；5—压力开关；6—循环泵；7—储液器；
8—电磁阀Ⅱ；9—电磁阀Ⅲ；10,11—驱动车轮制动器。

在 ASR 不起作用时，电磁阀Ⅰ不通电。汽车在制动过程中如果车轮出现抱死，ABS 起作用，通过控制电磁阀Ⅱ和电磁阀Ⅲ来调节制动压力。

当驱动车轮出现滑转时，ASR 的 ECU 使电磁阀Ⅰ通电，阀移至右位，电磁阀Ⅱ和电磁阀Ⅲ不通电，阀仍在左位，于是蓄压器的压力油通入驱动车轮制动泵，制动压力增大。当需要保持驱动车轮的制动压力时，ASR 的 ECU 使电磁阀Ⅰ半通电，阀移至中位，隔断了蓄压器及制动总泵的通路，驱动车轮制动分泵的制动压力即被保持不变。当需要减小驱动车轮的制动压力时，ASR 的 ECU 使电磁阀Ⅱ和电磁阀Ⅲ通电，阀Ⅱ和阀Ⅲ移至右位，将驱动车轮制动分泵与储液器接通，于是制动压力下降。

如果需要对左右驱动车轮的制动压力实施不同的控制，ASR 的 ECU 则分别对电磁阀Ⅱ和电磁阀Ⅲ实行不同的控制。

4. 辅助节气门驱动装置

辅助节气门驱动装置一般由步进电动机和传动机构组成，安装在节气门体上的位置如图 8-47 所示。

辅助节气门驱动装置的工作原理如图 8-48 所示。

在 ASR 不起作用时，辅助节气门处于全开的位置。当驱动轮滑转，需要减小发动机输出功率时，步进电动机根据 ASR 的 ECU 输出的控制脉冲转动规定的转角，通过传动机构带动辅助节气门转动，改变辅助节气门的开度，从而达到控制发动机输出功率、抑制驱动车轮滑转的目的。

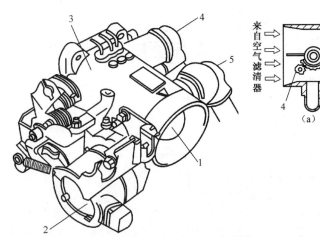
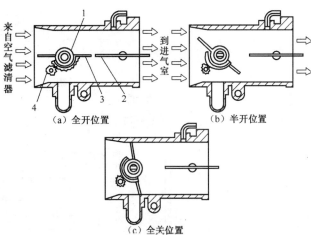

图 8-47 安全辅助节气门的节气门体总成
1—辅助节气门；2—步进电动机；3—节气门体；
4—主节气门位置传感器；5—辅助节气门位置传感器。

图 8-48 辅助节气门工作原理
1—扇形（从动）齿轮；2—主节气门；
3—辅助节气门；4—主动齿轮。

8.2.3 ASR 的工作原理

1. 车轮滑转率与地面附着系数

车轮滑转率 S_z 的定义为

$$S_z = \frac{V_q - V}{V_q} \times 100\%$$

式中 V_q——驱动轮轮缘速度；
V——汽车车身速度，实际应用时常以非驱动轮轮缘速度（$r_0\omega$）代替。

当车身未动（$V=0$）而驱动车轮转动时，$S_z=100\%$，车轮处于完全滑转状态；当车身速度与驱动轮轮缘速度相等（$V=V_q$）时，$S_z=0$，驱动车轮处于纯滚动状态。

在各种路面上，地面的附着系数均随滑转率的变化而改变。试验研究表明，车轮滑转率 S_z 在 10%～30% 时，纵向附着系数达到最大，横向附着系数也较大。因此，滑转率是汽车防滑转电子控制系统的重要控制参数。

2. 防车轮滑转控制的方式

典型的 ASR 系统如图 8-49 所示。

车轮转速传感器将行驶汽车驱动车轮转速及非驱动轮转速转变为电信号，输送给控制器。控制器根据车轮转速传感器的信号计算驱动车轮的滑转率 S_z，如果 S_z 超出了目标范围，控制器再综合参考节气门开度信号、发动机转速信号、转向信号（有的车无）等确定控制方式，输出控制信号，使相应的执行器动作，将驱动车轮的滑转率控制在目标范围之内，抑制车轮的滑转。

一般采用如下控制方式：

（1）控制发动机输出功率。在发动机节气门体的主节气门前方，设置了辅助节气门。辅助节气门一般由步进电动机驱动，在 ASR 不起作用时，辅助节气门处于全开位置。当两驱动车轮滑转率超出限定值时，ASR 的 ECU 输出控制信号，控制辅助节气门驱动步进电动机工作，使辅助节气门的开度适当减小，以控制发动机的输出功率，抑制驱动车轮的滑转。

通过调节辅助节气门开度来控制发动机输出功率，其反应速度较慢，通常用调整点火时间和

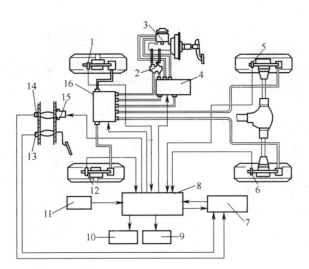

图 8-49 典型 ASR 系统的构成

1—右前车轮转速传感器；2—比例阀和差压阀；3—制动总泵；4—ASR 制动压力调节器；5—右后车轮转速传感器；
6—左后车轮转速传感器；7—发动机电子控制器；8—ABS/ASR 电子控制器；9—ASR 关闭指示灯；10—ASR 工作指示灯；
11—ASR 选择开关；12—左前车轮转速传感器；13—主节气门开度传感器；14—副节气门开度传感器；
15—副节气门驱动步进电动机；16—ABS 制动压力调节器

燃油喷射量来补偿辅助节气门调节的不足。当发动机输出功率调节量较小或辅助节气门调节还未能有效控制车轮滑转时，ASR 的 ECU 则向发动机 ECU 输出控制信号，使点火时间适当推迟或喷油量适当减少，以实现迅速控制发动机输出功率的目的。由于推迟点火和减少喷油量会使燃烧质量变差，造成排气污染的上升或增大三元催化转化器的负担，因此，只应用于发动机输出功率瞬时微量调节。

（2）控制滑转车轮的制动力。ASR 通过对其制动压力调节器的控制，实现对滑转车轮的制动。当车轮滑转时，ASR 的 ECU 输出制动控制信号，使 ASR 制动压力调节器工作，滑转车轮有一适当的制动力，将车轮的滑转率控制在理想的范围内。

通过制动来控制驱动轮的滑转率反应速度快，但是从舒适性和避免制动器过热等方面考虑，这种控制方式只应在汽车行驶速度不高和短时间的情况下使用。

（3）发动机输出功率和驱动车轮制动的综合协调控制。ASR 的 ECU 根据各车轮转速传感器、节气门位置传感器、发动机转速传感器等提供的信号计算得到车轮的滑转率，并判断汽车的行驶速度及行驶状况、节气门开度、发动机的工况等，确定是否进行防滑转控制和选择什么样的控制方式。在两边车轮同时出现滑转、发动机转速较高、汽车高速行驶等情况下，ASR 的 ECU 优选减小发动机输出功率控制，如果减小发动机输出功率还未能使滑转率控制在目标范围之内，则再辅以驱动轮制动控制。在两边驱动轮滑转率不一致、发动机输出功率较小、汽车行驶速度不高等情况下，ASR 的 ECU 则选驱动轮制动控制方式。必要时，在对驱动车轮施以制动力的同时，再辅以减小发动机输出功率控制，以达到理想的控制效果。总之，ASR 的 ECU 内的控制程序根据具体情况选择最佳的控制方案，通过综合控制，将驱动轮滑转率控制在最佳的范围之内。

（4）防滑差速器锁止控制。这种电子控制的差速器可以在不锁止到完全锁止（0~100%）的范围内，通过对锁止离合器施加不同的液压来进行控制。当一边的驱动轮出现滑转或两边的驱动车轮有不同程度的滑转时，控制器输出控制信号，通过液压控制装置调节差速器的锁止程度，以提高汽车的驱动力和行驶稳定性。

在上述 ASR 控制方式中，发动机输出功率控制方式和驱动轮制动控制方式运用较多，目前汽车上采用的 ASR 往往是这两种控制方式的组合，防滑差速器锁止控制应用则很少。

3. ASR 的工作特点

（1）ABS 和 ASR 都是用来控制车轮相对地面的滑动，以使车轮与地面的附着力不下降，但 ABS 控制的是汽车制动时车轮的"拖滑"，主要是用来提高制动效果和确保制动安全；而 ASR 是控制车轮的"滑转"，用于提高汽车起步、加速及滑溜路面行驶的牵引力和确保行驶稳定性。

（2）虽然 ASR 也可以与 ABS 一样，通过控制车轮的制动力大小来抑制车轮与地面的滑动，但 ASR 只对驱动车轮实施制动控制。

（3）ASR 在汽车起步及一般行驶过程中工作（除非司机将 ASR 选择开关关闭，使 ASR 控制系统不能进入工作状态），当车轮出现滑转时即可起作用，而当车速很高（80km/h~120km/h）时一般不起作用。ABS 则是在汽车制动时工作，在车轮出现抱死时起作用，当车速很低（<8km/h）时不起作用。

（4）ASR 在处于防滑转控制过程中，如果汽车制动，ASR 就立即中止防滑转控制，以使制动过程不受 ASR 的影响。

8.2.4 ABS/ASR 系统工作过程

不同类型的 ASR 系统其元器件的配置及电路布置有所不同，图 8-50 和图 8-51 所示的是丰田凌志 LS400 轿车上使用的 ABS/TRC 系统（相当于 ABS/ASR 系统）组成及电路原理。

1. ABS/TRC 控制系统未进入工作时

在 ABS/TRC 控制系统未进行制动防抱死和驱动防滑转控制时，ABS 执行器和 TRC 隔离电磁阀（关断电磁阀）总成中的各个电磁阀均不通电，制动主缸至各制动轮缸的制动通路都处于接通状态。蓄压器中制动液的压力保持在一定范围之内，副节气门步进电动机不通电，保持在全开位置。

踩下制动踏板时，从制动主缸输出的制动液将通过各调压电磁阀进入各制动轮缸，使其制动压力随制动主缸的输出压力的变化而变化。

2. 防抱死制动控制

如果在制动过程中 ABS/TRC 的 ECU 根据轮速传感器输入的信号判定有车轮趋于制动抱死时，ABS/TRC 控制系统就进入制动防抱死控制过程。当判定需要减小某一制动轮缸的制动压力时，就使该制动轮缸的调压电磁阀通过较大的电流（约 5A），调压电磁阀将制动主缸至该制动轮缸的制动液通路封闭，而将至相应储油罐的制动液通路接通，该制动轮缸中的部分制动液就会流入相应的储油罐中，其制动压力将随之减小。与此同时，ABS/TRC 的 ECU 还使电动回液泵通电运转，将流入储油罐的制动液泵回制动主缸。

当 ABS/TRC 的 ECU 判定需要保持某一制动轮缸的制动压力时，就使该制动轮缸的调压电磁阀通过较小的电流（约 2A），使调压电磁阀将制动轮缸至制动主缸和相应储油罐的制动液通路都封闭，该制动轮缸的制动压力便保持一定。

当 ABS/TRC 的 ECU 判定需要增大某一制动轮缸的制动压力时，就使该制动轮缸的调压电磁阀断电，调压电磁阀将制动主缸至该制动轮缸的制动液通路接通，而将至相应储油罐的制动液通路封闭，制动主缸输出的制动液就会进入该制动轮缸，使其制动压力随之增大。

通过上述减压、保压、增压循环调节，就可以使车轮滑移率保持在规定范围内。

200 汽车电器与电子技术

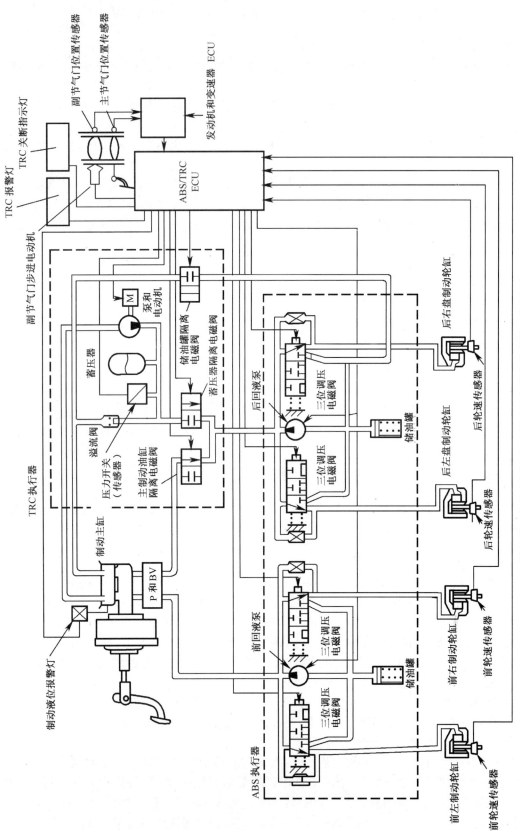

图 8-50 丰田 LS400 的 ABS/TRC 系统组成工作原理

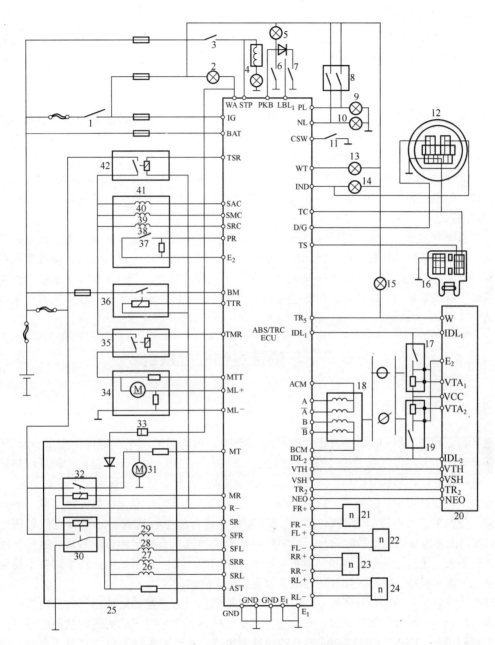

图 8-51 丰田 LS400 ABS/TRC 系统电路原理

1—点火开关；2—ABS 警告灯；3—制动灯开关；4—制动灯；5—制动信号灯；6—驻车制动开关；7—制动液位开关；8—空挡启动开关；9—挡位指示灯（P 挡）；10—挡位指示灯（N 挡）；11—TRC 关闭开关；12—诊断插座（TDCL）；13—TRC 关闭指示灯；14—TRC 工作警示灯；15—发动机检查警告灯；16—诊断插座；17—主节气门位置传感器；18—辅助节气门控制步进电机；19—辅助节气门位置传感器；20—发动机/变速器 ECU；21—右前轮速传感器；22—左前轮速传感器；23—右后轮速传感器；24—左后轮速传感器；25—ABS 制动压力调节器；26、27、28、29—ABS 制动压力调节器电磁阀；30—电磁阀继电器；31—回液泵电动机；32—回液泵电动机继电器；33—维修连接器；34—TRC 供液泵电动机；35—TRC 供液泵电动机继电器；36—辅助节气门控制电机继电器；37—压力开关；38—储液器隔离电磁阀；39—制动总泵隔离电磁阀；40—TRC 蓄压器隔离电磁阀；41—TRC 制动压力调节器；42—TRC 制动压力调节器继电器。

3. 驱动防滑转控制

如果在驱动过程中 ABS/TRC 的 ECU 根据轮速传感器输入的信号，判定驱动车轮的滑转率超过控制门限值时，ABS/TRC 控制系统就进入驱动防滑转控制过程。首先 ABS/TRC 的 ECU 将使副节气门步进电动机通电转动，将副节气门的开度减小，减少进入发动机的进气量，使发动机的输出转矩减小；当 ABS/TRC 的 ECU 判定需要对驱动车轮进行制动时，将使 TRC 隔离电磁阀总成中的三个隔离电磁阀通电，使制动主缸隔离电磁阀处于断流状态，而使蓄压器隔离电磁阀和储油罐隔离电磁阀处于通流状态，此时，蓄压器中具有压力的制动液就会通过蓄压器隔离电磁阀、后轮三位调压阀进入后制动轮缸，后制动轮缸的制动压力随之增大。在驱动防滑转制动过程中，ABS/TRC 的 ECU 可以像制动防抱死控制一样，通过独立地控制两个后调压电磁阀的电流值，对两个后制动轮缸的制动压力进行增大、保持和减小的循环调节，以防止驱动轮滑转并使其滑移率保持在规定的范围内。

在压力调节过程中，增压时进入制动轮缸的是来自蓄压器被加压后的制动液，而不是来自制动主缸。减压时从制动轮缸流出的制动液不是流回储油罐，而是经调压电磁阀、储油罐隔离电磁阀流回制动主缸的储液室，此时 ABS 电动回液泵并不工作。另外，TRC 工作中，当压力开关检测到蓄压器中液压下降到一定值时，ECU 会接通供液泵电路，使供液泵运转，将蓄压器中液压升至正常值。

8.3 车辆稳定性控制系统

8.3.1 ESP 的作用

电子稳定程序（Electronic Stability Program，ESP），由著名的汽车零部件供应商 BOSCH 公司发明，奔驰汽车公司首先应用在它的 A 级车上。ESP 整合了 ABS 和 ASR，是这两种系统功能上的延伸，是一种能够在早期就识别出汽车的非稳定行驶状态，并进行自动修正的主动安全装置。

在汽车行驶过程中，因外界干扰，如行人、车辆或环境等突然变化，驾驶员采取一些紧急避让措施，使汽车进入不稳定行驶状态，即出现偏离预定行驶路线或翻转趋势等危险状态。装置 ESP 的车辆能在极短的几毫秒时间内，识别并判定出这种汽车不稳定的行驶趋势，通过智能化的电子控制方案，让汽车的驱动力和制动系统产生准确响应，及时恰当地消除汽车这些不稳定的行驶趋势，使汽车保持行驶路线和预防翻滚，避免交通事故的发生。

ESP 系统主要由 ECU、液压调节器总成、轮速传感器、方向盘转角传感器、横向偏摆率传感器、横向加速度传感器等部件组成。ECU 通过这些传感器的信号对车辆的运行状态进行判断，进而发出控制指令。ESP 对过度转向或不足转向特别敏感，如汽车在路滑时左转过度会产生向右侧滑移，传感器检测到侧滑，ECU 就会迅速制动右前轮使其恢复附着力，产生一种相反的转矩而使汽车保持在原来的车道上。有 ESP 系统的汽车与只有 ABS 系统的汽车相比，它们之间的差别在于 ABS 只能被动地做出反应，而 ESP 则能够主动探测和分析车况并纠正驾驶错误，防患于未然。

ESP 不仅是对 ABS 和 ASR 所有功能的一种整合，而且还能在车轮自由滑转以及极限操纵下保持车辆的稳定性，可以比两者更好地利用轮胎与路面间的附着潜能，改善车辆转向能力和稳定性的同时，进一步改善驱动能力和缩短停车距离。在 ABS 和 ASR 两者的共同作用下，ESP 最大限度地保证汽车不跑偏、不甩尾、不侧翻，从而有效地保证了汽车的操控稳定性。

ESP 具有如下优点：

（1）由于附着力增大，改善了启动性能和加速性能，尤其在不同附着力的路面以及在转向时，作用更为明显。

（2）当车轮打滑时，ESP 会立即排除横向控制损失，使车辆具有最佳驱动能力，从而有效地提高动态安全性。

（3）当驾驶员加速过猛时，能自动地使发动机扭矩适应车轮对地面的传递能力。

（4）当制动、加速或在等速下滑行时，通过自动稳定来减少在各种路面条件下打滑的危险。

（5）当在极限范围内转向时，大大改善了车辆的稳定性。

（6）在转向或在冰滑路面上行驶时，减少了制动距离。

8.3.2 ESP 的基本组成

ESP 控制系统一般由传感器、ECU 和执行器组成。

（1）传感器：

①方向盘转角传感器。检测方向盘旋转的角度，确定汽车的行驶方向。

②轮速传感器。检测每个车轮的速度，确定车轮是否打滑。

③横向偏摆率传感器。检测汽车绕垂直轴线的运动以确定汽车是否失去控制。

④横向加速度传感器。检测过弯时的离心加速度以确定汽车是否在过弯时失去地面附着力。

（2）ECU：将传感器采集到的数据进行计算，与 ROM 中预先储存控制程序中的标准技术数据进行比对，判定汽车是否出现不稳定行驶趋势和不稳定的程度及原因。一旦确定汽车有不稳定行驶的趋势，ECU 向制动执行机构和发动机执行机构发出指令，有选择地对一个以上的前轮或后轮实施制动，同时减少发动机的输出转矩，修正驱动力和制动力，阻止潜在危险情况的发生，使汽车恢复到安全稳定的行驶状态。

（3）执行器：包括 ASR 执行器和 ABS 执行器。

8.3.3 ESP 的控制过程

ESP 用于在高速转弯或在湿滑路面上行驶时提供最佳的车辆稳定性和方向控制。ECU 通过方向盘转角传感器确定驾驶员的行驶方向，通过轮速传感器和横向偏摆率传感器来计算车辆的实际行驶方向。当 ECU 检测到车辆行驶轨迹与驾驶员要求不符时，ESP 采用两种不同的控制方法，使汽车消除不稳定行驶因素，恢复并保持汽车预定的行驶状态。ESP 通过精确地控制一个或者多个车轮的制动，迫使汽车产生一个绕其重心转动的旋转力矩，使车辆不偏离正确的行驶轨迹，同时在必要的时候，ESP 利用 ASR 系统中的发动机扭矩减小功能，减小发动机扭矩，控制汽车的行驶速度，以确保安全。

8.3.4 典型 ESP 系统分析

现以别克荣御 ESP 系统为例进行分析。

1. 基本组成

别克荣御 ESP 由 ECU、液压调节器总成、车轮速度传感器、方向盘转角传感器、横向偏摆率传感器以及 ESP 控制开关等部件组成，其中 ECU 与液压调节器制成一体，如图 8-52 所示。

（1）ECU。ECU 如图 8-53 所示，ECU 是 ABS/ASR/ESP 系统的控制中心，它与液压调节器集成在一起组成一个总成。ECU 持续监测并判断的输入信号有：蓄电池电压、车轮速度、方向盘转角、横向偏摆率以及点火开关接通、停车灯开关、串行数据通信电路等信号。根据所接收的输入信号，ECU 将向液压调节器、发动机控制模块、组合仪表和串行数据通信电路等发送输出控制信号。

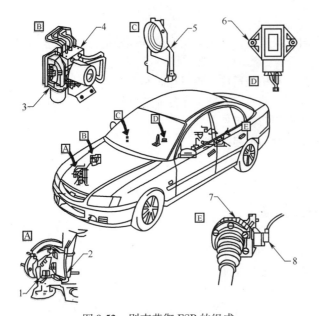
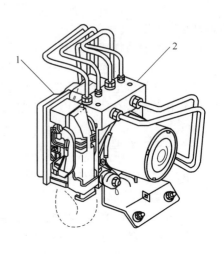

图 8-52 别克荣御 ESP 的组成
1—前轮速度传感器；2—前轮速度传感器引线；3—ECU；
4—液压调节器总成；5—方向盘转角传感器；6—横向偏摆率传感器；
7—后轮速度传感器脉冲环；8—后轮速度传感器。

图 8-53 ECU
1—电子控制单元；2—液压调节器总成。

当点火开关接通时，电子控制单元会不断进行自检，以检测并查明 ABS/ASR/ESP 系统的故障。此外，ECU 还在每个点火循环都执行自检初始化程序。当车速达到约 15km/h 时，初始化程序即启动。在执行初始化程序时，可能会听到或感觉到程序正在运行，这属于系统的正常操作。在执行初始化程序的过程中，ECU 将向液压调节器发送一个控制信号，循环操作各个电磁阀并运行泵电动机，以检查各部件是否正常工作。如果泵或任何电磁阀不能正常工作，ECU 会设置一个故障诊断码。当车速超过 15km/h 时，ECU 会将输入和输出逻辑序列信号与电子控制单元中所存储的正常工作参数进行比较，以此来不断监测 ABS/ASR/ESP 系统。如果有任何输入或输出信号超出正常工作参数范围，则 ECU 将设置故障诊断码。

（2）液压调节器总成。液压调节器总成内部液压回路示意图如图 8-54 所示。为了能独立控制各车轮的制动回路，本系统采用了前/后分离的四通道回路结构，每个车轮的液压制动回路都是隔离的。液压调节器总成根据 ECU 发送的控制信号调节制动液压力。液压调节器总成包括液压泵、电动机、储能器、进油电磁阀、出油电磁阀、隔离电磁阀和启动电磁阀等部件。

在 ABS 减压阶段，两个液压泵从储能器和制动钳抽取制动液返回到制动总泵以减小制动钳的压力。另外，液压泵还可以在制动干预阶段向制动钳施加制动压力。电动机用于驱动液压泵。储能器在 ABS 减压阶段储存过量的制动液，从而使液压调节器能够即时减小制动液压力。进油电磁阀是常开阀，在常态位置时，进油电磁阀使制动总泵的制动液压力施加到制动钳上，当阀动作时，各进油电磁阀将制动钳与制动总泵隔离开来。出油电磁阀是常闭阀，在常态位置时，各出油电磁阀将制动钳与储能器及液压泵隔离开来，当阀动作时，各出油电磁阀将过量的制动液直接引至储能器和液压泵，从而使压力减小。隔离电磁阀动作时，将车轮制动回路与制动总泵隔离开来，从而防止了制动液在 ASR/ESP 控制系统工作期间回流至制动总泵。启动电磁阀用于在 ASR/ESP 控制系统工作期间使制动液从制动总泵流至液压泵中。

（3）轮速传感器。前后轮轮速传感器都采用电磁式。

（4）方向盘转角传感器。它位于方向盘下面，位置如图 8-55 所示，内部结构如图 8-56 所示。

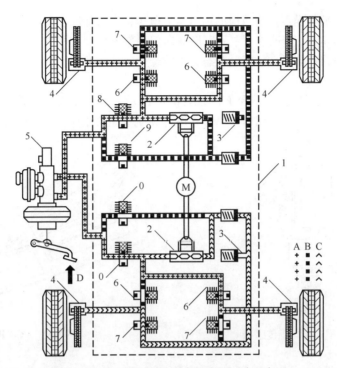

图 8-54 液压调节器总成内部液压回路示意图

1—液压调节器总成;2—液压泵;3—储能器;4—制动轮缸;5—制动总泵;6—进油电磁阀;
7—出油电磁阀;8—隔离电磁阀;9—启动电磁阀;A—常规的制动液压力流;B—停止的制动液压力流;
C—液压泵产生的制动液压力流;D—制动踏板踩下;M—电动机。

方向盘转角传感器提供表示方向盘旋转角度的输出信号,由于两只测量齿轮的齿数不同,故产生不同相位的两个转角信号,即能产生一个可表示±760°方向盘旋转角度的输出信号,ECU利用这个信息计算出驾驶员的行驶方向,通过与横向偏摆率传感器信号的比较,确定车辆实际行驶轨迹与驾驶要求是否一致,从而确定控制目标。

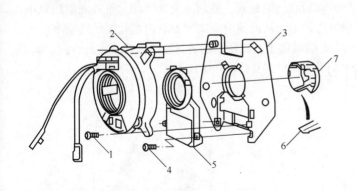

图 8-55 方向盘转角传感器的位置

1—螺钉;2—螺旋电缆;3—转接板;4—螺钉;
5—方向盘转角传感器;6—固定凸舌;7—转向信号解除凸轮。

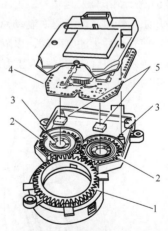

图 8-56 方向盘转角传感器

1—齿轮;2—测量齿轮;3—磁铁;
4—判断电路;5—集成电路。

(5) 横向偏摆率传感器。它位于仪表板中央控制台下部,如图8-57所示。横向偏摆率传感器总成包括两个部件,一个是横向偏摆率传感器,另一个是横向加速度传感器。横向偏摆率传感器根据车辆绕其纵轴的旋转角度产生对应的输出信号电压;横向加速度传感器根据车轮侧向滑移量产生对应的输出信号电压。ESP 控制单元利用横向偏摆率传感器和横向加速度传感器输出的这两个传感器信号,计算出车辆的实际行驶状态,再结合轮速传感器和方向盘转角传感器的输出信号确定控制目标。

(6) ESP 开关。位于地板控制台上,如图 8-58 所示。该开关是一个瞬间接触开关,按一下 ESP 开关,ESP 关闭。当 ESP 关闭时,ABS/ASR 系统仍能正常工作。当 ESP 处于关闭位置时,再次按一下 ESP 开关,将接通 ESP。

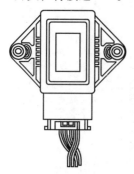

图 8-57 横向偏摆率传感器

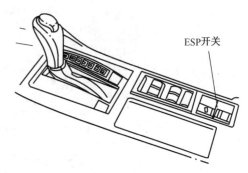

图 8-58 ESP 开关

2. ESP 工作过程

1) 转向不足的操作

转向不足示意图如图 8-59 所示。方向盘转角传感器向 ECU 发送一个驾驶员想要朝方向 A 转向的信号,横向偏摆率传感器检测到车辆开始打转 B,同时车辆前端开始向方向 C 滑移,说明车辆出现转向不足,ESP 将实行主动制动干预,利用 ASR 系统中已有的主动制动控制功能向车辆的一个或两个内侧车轮 1 施加计算得到的制动力,这将促使车辆绕其纵轴 A 旋转,以稳定车辆并朝驾驶员行驶的方向转向,如图 8-60 所示。转向不足的控制油路如图 8-61 所示,当 ECU 检测到车辆转向不足时,ECU 向液压调节器发送信号,关闭前和后隔离电磁阀,以使车轮制动回路与制动总泵隔离开来,防止液压泵工作时制动液返回制动总泵;打开前后启动电磁阀,使制动液从制动总泵进入液压泵中;关闭右前和右后进油电磁阀,以隔离右轮液压回路,从而使液压调节器只向左轮提供制动液压力;运行液压泵,将合适的制动液压力施加到左轮制动钳上,以使车辆朝驾驶员行驶的方向转向。如果在 ESP 模式下进行人工制动,则退出 ESP 制动干预模式并允许常规制动。

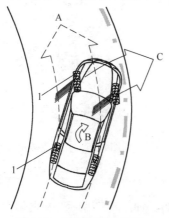

图 8-59 转向不足示意图

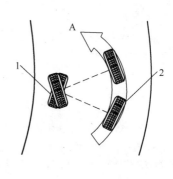

图 8-60 转向不足控制示意图

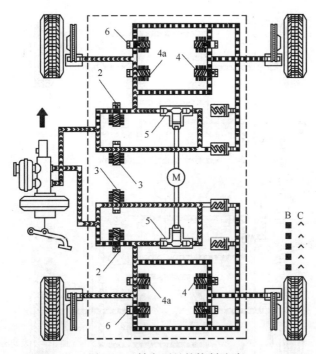

图 8-61 转向不足的控制油路

1—液压调节器总成；2—隔离电磁阀；3—启动电磁阀；4—右前和右后进油电磁阀；4a—左前和左后进油电磁阀；5—液压泵；6—左前和左后出油电磁阀；B—停止的制动液压力流；C—液压泵产生的制动液压力流；M—电动机。

2）转向过度的操作

转向过度示意图如图8-62所示。方向盘转角传感器向 ECU 发送一个驾驶员想要朝方向 A 转向的信号，横摆率传感器检测到车辆开始向 B 方向转向，同时车辆后端向方向 C 滑移，说明车辆出现转向过度，ESP 将实行主动制动干预，利用 ASR 系统中已有的主动制动控制功能向车辆的一个或两个外侧车轮1施加计算得到的制动力，使内侧车轮绕车辆纵轴 A 旋转，以稳定车辆并向驾驶员行驶的方向转向，如图8-63所示。转向过度的控制油路如图8-64所示，当 ECU 检测到车辆转向过度时，向液压调节器发送信号，关闭前后隔离电磁阀，以使车轮制动回路与制动总泵隔离开来，防止液压泵工作时制动液返回制动总泵；打开前后启动电磁阀，使制动液从制动总泵进入液压泵中；关闭左前和左后进油电磁阀，以隔离左轮液压回路，从而使液压调节器只向右轮提供制动液压力；运行液压泵，将合适的制动液压力施加到右轮制动钳上，以使车辆朝驾驶员行驶的方向转向。

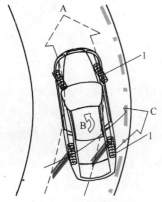

图 8-62 转向过度示意图

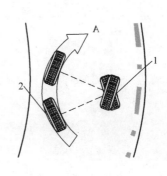

图 8-63 转向过度控制示意图

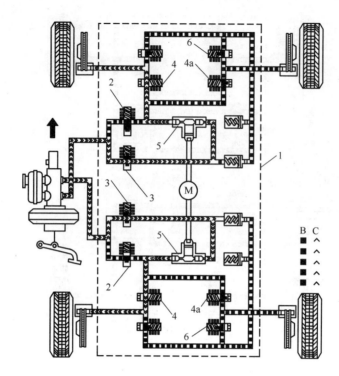

图 8-64 转向过度的控制油路

1—液压调节器总成;2—隔离电磁阀;3—启动电磁阀;4—左前和左后进油电磁阀;4a—右前和右后进油电磁阀;5—液压泵;6—右前和右后出油电磁阀;B—停止的制动液压力流;C—液压泵产生的制动液压力流;M—电动机。

第9章 电控悬架系统

9.1 概　述

车辆行驶在复杂的环境里，由于路况（路面不平度等级）、车速以及工况（加速、制动、转向、直线行驶）的变化会导致车辆行驶状态发生变化。例如汽车在急速起步或急速加速时会产生"加速后仰"现象，汽车高速行驶紧急制动时会产生"制动点头"现象；汽车在急转弯行驶时会产生"转向侧倾"现象。上述情况会对汽车的行驶平顺性和操纵稳定性产生不利的影响。被动悬架由于其结构特点，很难保证汽车的乘坐舒适性和操纵稳定性同时达到最佳。因此，为解决这一问题，产生了根据工况要求而保证汽车的性能达到最佳的电控悬架。电控悬架采用传感器技术、控制技术和机电液一体化技术对汽车的行驶工况进行监测，由计算机根据一定的控制逻辑产生控制指令控制执行元件产生动作，保证汽车具有良好的行驶性能。

9.1.1　电控悬架的功能

（1）调节车身高度。汽车载荷变化时，电控悬架系统能自动维持车身高度不变，汽车即使在凸凹不平的道路上行驶也可保持车身平稳。

（2）提高车辆的行驶平顺性和操纵稳定性，抑制车辆姿态的变化（后仰、点头、侧倾）。当汽车急速起步或加速行驶时，惯性力及驱动力的作用，会使车尾下蹲产生"后仰"现象。电控悬架能够及时地改变悬架的俯仰角刚度，抑制后仰的发生。当汽车在高速行驶中紧急制动时，惯性力和轮胎与地面摩擦力的作用，会使车头下沉产生制动"点头"现象。电控悬架能使汽车在这种工况下车头的下沉量得到抑制。当汽车急转弯时，由于离心力的作用，汽车车身向一侧倾斜，转弯结束后离心力消失。汽车在这样的工况下会产生汽车车身的横向晃动，电控悬架在这种工况下能够减少车身倾斜的程度、抑制车身横向摇动的产生。因此，电控悬架在一定程度上能使悬架适应负荷状况、路面不平度和操纵情况的变化。

（3）提高车轮与地面的附着力，改善汽车制动性能和提高汽车抵抗侧滑的能力。普通汽车在制动时车头向下俯冲，由于前、后轴载荷发生变化，使后轮与地面的附着条件恶化，延长了制动过程。电控悬架系统可以在制动时使车尾下沉，充分利用车轮与地面的附着条件，加速制动过程，缩短制动距离。电控悬架可使车轮与地面保持良好接触，即车轮跳离地面的倾向减小，因而可提高车轮与地面的附着力,从而提高汽车抵抗侧滑的能力。

9.1.2 电控悬架的分类

电控悬架按照其动力源可分为半主动悬架和全主动悬架两大类。另外,近年来兴起的主动横向稳定杆,作为一种主动侧倾控制(Anti-roll Control,ARC)系统,通过对悬架进行主动干预和调节来实现汽车的动力学控制,可以明显提高车辆侧倾刚度,起到减小车身侧倾角的作用,保证了车辆平顺性,同时在一定程度上可以提高汽车的操纵稳定性,现已成为世界汽车技术发展的研究热点之一。

1. 半主动悬架

1973 年,美国加州大学戴维斯分校的 D. A. Crosby 和 D. C. Karnopp 首先提出了半主动悬架的概念。其基本原理是:用可调刚度弹簧或可调阻尼的减振器组成悬架,并根据簧载质量的加速度响应等反馈信号,按照一定的控制规律调节弹簧刚度或减振器的阻尼,以达到较好的减振效果。半主动悬架分为刚度可调和阻尼可调两大类。目前,在半主动悬架的控制研究中,以对阻尼控制的研究居多。阻尼可调半主动悬架又可分为有级可调半主动悬架和连续可调半主动悬架,有级可调半主动悬架的阻尼系数只能取几个离散的阻尼值,而连续可调半主动悬架的阻尼系数在一定的范围内可连续变化。

1)有级可调减振器

有级可调减振器的阻尼可在2-3挡之间快速切换,切换时间通常为10ms~20ms。有级可调减振器实际上是在减振器结构中采用较为简单的控制阀,可由驾驶员选择或根据传感器信号自动进行选择所需要的阻尼级,使通流面积在最大、中等或最小之间进行有级调节。通过减振器顶部的电动机控制旋转阀的旋转位置,使减振器的阻尼在"软、中、硬"三挡之间变化。也就是说,可以根据路面条件(好路或坏路)和汽车的行驶状态(转弯或制动)等来调节悬架的阻尼级,使悬架适应外界环境的变化,从而可较大幅度地提高汽车的行驶平顺性和操纵稳定性。有级可调减振器的结构及其控制系统相对简单,但在适应汽车行驶工况和道路条件的变化方面有一定的局限性。

图 9-1 为三级可调减振器旁路控制阀,它是由调节电动机 1 带动阀心 2 转动,使控制阀孔 3 具有关闭、部分开启和全开三个位置,产生三个阻尼值,以适应不同的行驶条件。驾驶员可根据道路条件和车速等情况,选择不同的阻尼级。如要求舒适时,可选择较小的阻尼值,降低系统固有频率,以减小对车身的冲击;如需要高速赛车的感觉时,可选择高阻尼值,以利于安全性的提高。图 9-2 所示为阻尼值与行驶条件的关系。

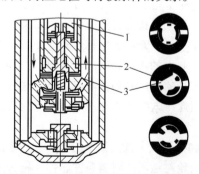

图 9-1 三级可调减振器旁路控制阀
1—调节电动机;2—阀芯;3—控制阀孔。

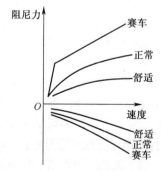

图 9-2 阻尼与行驶条件的关系

图9-3所示是由日产公司研制成功,并首先装于1988年的Maxima轿车上,后来无限M30轿车上也安装的三级超声悬架系统,简称SSS。

2) 连续可调减振器

连续可调减振器是在有级可调减振器的基础上,通过ECU进行控制,使减振器阻尼按照行驶状态的动力学要求作无级调节,使其在几毫秒内由最小变到最大,对阻尼变化响应快,可以提高汽车的安全性、操纵稳定性和舒适性。

减振器通过减振器控制杆旋转一定的角度,改变控制阀节流孔的流通面积,从而实现阻尼值的无级变化。该系统由ECU、传感器和执行器组成。ECU接受传感器送入的汽车起步、加速和转向等信号,计算出相应的阻尼值,发出控制信号到执行器,经控制杆调节控制阀,使节流孔阻尼变化。图9-4为执行器的工作示意图。它装在减振器上部,由步进电动机、小齿轮和扇形齿轮组成。得到控制信号后,步进电动机通过扇形齿轮驱动控制杆转动。

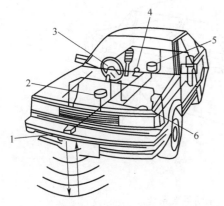 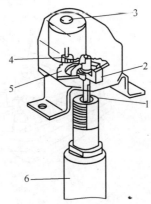

图9-3 超声悬架系统 图9-4 变阻尼执行元件结构
1—路面超声波传感器;2—警车灯开关;3—转向盘转角传感器; 1—步进电动机;2—电磁线圈;3—减振器阻尼控制杆;
4—车速传感器;5—控制装置;6—节气门位置传感器。 4—挡块;5—扇形齿轮;6—驱动小齿轮。

这种电子控制悬架具有正常、运动和自动三种模式,可通过转换开关进行选择。只有在自动位置时,各个减振器才在ECU自动控制下工作。

图9-5表示了从动悬架、半从动悬架及半主动悬架可以利用的阻尼力的变化范围。

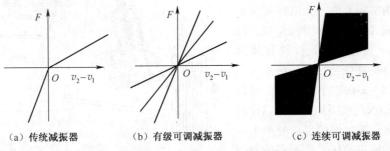

(a) 传统减振器   (b) 有级可调减振器   (c) 连续可调减振器

图9-5 不同类型减振器阻尼力的变化范围

由图可知,传统减振器阻尼只能在一条线上变化,有级可调减振器可在几条线上变化,而连续可调减振器则可在整个平面内变化。在有些情况下,连续可调减振器可达到被动悬架不能达到的区域。例如:汽车通过一段较长的弯道时,要求有很大的阻尼,以使外侧车轮离心力产生的摆动转矩很快衰减,这不仅对平顺性有利,而且使各轮的附着力储备比较均匀。

国内外在电流变体和磁流变体减振器方面也取得了较大的进展,其工作原理是通过改变电流或磁场作用使液体介质发生特性改变,从而改变阻尼。采用这两种介质的可调阻尼减振器响应快速、可控性好,但在可靠性、介质的稳定性及成本方面仍需要做大量的研究工作。

2. 主动悬架

目前,主动控制悬架系统有以高压液体作为能量的液压悬架和油气悬架,也有以高压气体作为能量的空气悬架。主动悬架系统根据车速、转向、制动、位移等传感信号,经ECU处理后,控制电磁式或步进电动机式执行器,通过改变悬架的刚度,以适应复杂的行驶工况对悬架的要求。主动控制悬架控制的参数可以是车身高度、弹簧刚度、减振器的阻尼力等。

如图9-6为沃尔沃740型轿车的主动悬架系统。它采用计算机控制的液压伺服系统。计算机接收并处理传感器测得的汽车操纵及车身和车轮的状态信息,不仅能控制液压缸的动作,而且还可以根据需要改变悬架的刚度,对各车轮进行单独控制。在不良路面上行驶时,车身平稳,转向和制动时车身能够保持水平。

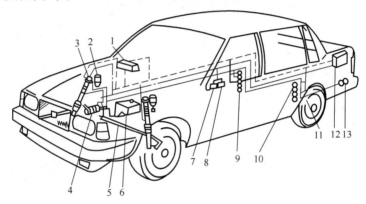

图9-6 沃尔沃740型轿车的主动悬架系统

1—控制面板;2,13—蓄能器;3—前后作动器液压缸;4—液压缸;5—转向角传感器;6—油箱;7—横摆陀螺仪;8—纵向加速度传感器;9,10—伺服阀门;11—轮毂加速度传感器;12—控制计算机。

图9-7所示为一些日本高级轿车上使用的压力控制型油气悬架(简称电控油气悬架)系统的工作示意图。它由一个压力控制阀液控油缸和一个单作用油气弹簧构成,压力控制阀实际上由一个电控液压比例阀和一个机械式压力伺服滑阀组成,油气弹簧则是一个具有弹性元件(气体弹簧)和阻尼元件的特殊液压缸。该系统工作时,对于低频(2Hz以下)干扰,可以通过ECU对控制阀的线圈加一电流以控制针阀开口,从而在控制阀的出口处产生一个与之成比例的输出油压,由此来控制油气悬架内的油压,以控制车体的振动;对于中频(2Hz~7Hz)范围内的干扰,主要由滑阀的机械反馈功能对油气悬架内的油

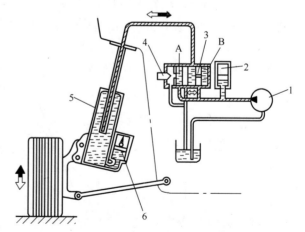

图9-7 电控油气悬架系统工作示意图

1—液压泵;2—储能器;3—机械式压力伺服滑阀;4—电控液压比例阀;5—液控油缸;6—气体弹簧。

压进行伺服控制,从而进行车体减振;而在高频(7Hz以上)范围,则利用油气悬架内的气体弹簧吸收振动能量而达到减振的目的。

电控油气悬架根据ECU的指令信号调节磁化线圈的电流大小,改变液压比例阀的位置,使悬

架液压缸获得与电流成比例的油压。通常在行驶状态，伺服阀两侧 A 室的系统油压与 B 室的反馈油压相互平衡，伺服阀处于主油路与液压缸相通的位置，控制车体的振动。当路面凸起而使车辆发生跳动时，悬架液压缸压力上升，伺服阀 B 室反馈压力超过 A 室压力，推动滑腔向左侧移动，液压缸与回油通道接通，排出机油，维持压力不变，从而车轮振动被吸收而衰减。在悬架伸张行程，液压缸内的压力下降，伺服阀 A 室压力大于 B 室压力，滑阀右移，主油路与液压缸接通，来自系统的压力油又进入液压缸，以保持液压缸内的压力不变。

空气悬架按进气的控制方式分为机械式空气悬架和主动式空气悬架。机械式空气悬架系统通过压缩空气的气压能够随载荷和道路条件变化进行自动调节，保持车身高度不变。主动式空气悬架能够根据汽车行驶状态和外界激振的变化自动调节空气弹簧的刚度、减振器的阻尼以及车身高度，在高速、低速、制动、转向等工况下，在各种道路上行驶时自适应地改变参数缓和路面传来的冲击和振动，提高车辆行驶的平顺性和操纵稳定性。

3. 主动横向稳定杆

汽车转向或者做曲线运动时，离心力会对汽车车身产生一个侧倾力矩。这个侧倾力矩一方面引起车身侧倾，另一方面使车轮的簧载质量发生由内轮向外轮的转移。对装有被动横向稳定杆的汽车来说，车轮的簧载质量在前后轴上转移的分配比例是由前后轴的侧倾刚度决定的。而主动横向稳定杆则可以根据具体情况，主动地让稳定杆的左右两端做垂直方向的相对位移，产生一个可连续变化的反侧倾力矩，以平衡车身的侧倾力矩，使车身的侧倾角接近于零。这样减小了车身侧倾运动，提高了舒适性。由于汽车前后两个主动稳定杆可调节车身的侧倾力矩的分配比例，从而可调节汽车的动力特性，提高了汽车的安全性和机动性。

主动横向稳定杆有两种不同的结构形式。第一种如图 9-8 所示，将被动侧倾稳定杆从中间分开，通过一个旋转马达把稳定杆的左右两部分连接起来。旋转马达能让左右两部分进行相对转动，旋转马达的转矩可以通过 ECU 调节。第二种如图 9-9 所示，在被动稳定杆其中一端安装一个差动液压缸机构，差动液压缸机构一端与稳定杆连接，另一端与同车轮的横向摆臂连接。差动液压缸机构两端的距离通过 ECU 调节。

图 9-8　旋转马达式主动横向稳定器

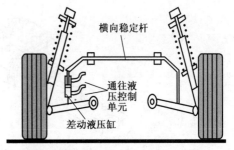

图 9-9　差动液压缸式主动横向稳定器

新型的宝马 BMW 7 系列轿车装有液压旋转马达式的 ARC 系统，其执行机构由电动液压泵、电磁调控阀体和液压旋转马达等组成。液压旋转马达的调节和控制主要基于汽车的行驶速度、汽车的横向加速度、转向盘转角和横摆角速度等。

9.2　电控悬架系统的组成

目前，电控空气悬架在高级轿车、客车上应用较为广泛，主要由传感器（转向传感器、车身高度传感器、车速传感器、节气门位置传感、重力加速度传感器）、电控悬架 ECU 和执行器（压缩机控制继电器、空气压缩机排气阀、空气弹簧进/排气电磁控制阀、模式控制继电器）等组成，如图 9-10 所示。系统根据悬架位移（车身高度）、车速、转向和制动等传感信号，由 ECU 控制电磁式或步进电动机执行器，改变悬架的特性，以适应各种复杂的行驶工况对悬架特性的不同要求。

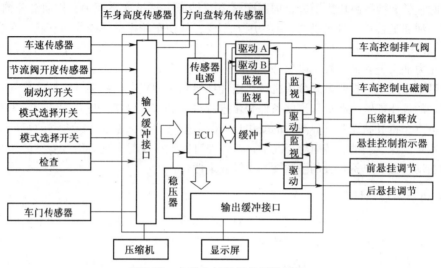

图 9-10　主动空气悬架的系统原理

9.2.1　传感器

1. 转向传感器

转向传感器装在转向柱上，用来检测转向时的转向角度和汽车转弯的方向，并将这些信息提供给 ECU，以在转弯时提高汽车操纵稳定性，防止出现侧倾。转向传感器由一个带孔圆盘和两个光电传感器组成，其外形和工作原理如图 9-11 所示。

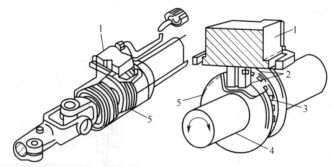

图 9-11　光电式转角传感器的安装位置和结构
1—转角传感器；2—信号发生器；3—遮光盘；4—转向轴；5—传感器圆盘。

开有 20 个孔的遮光盘随转向轴一起转动，遮光盘的两侧为由发光二极管和光敏晶体管组成的信号发生器，它们两者之间的光线变化随着遮光盘遮挡或通过转换成"通"或"断"信号。当操纵方向盘时，遮光盘随着一起转动而引起发光二极管发出的光线"通"或"断"信号，这种信号是与方向盘转动成正比的数字信号。传感器信号发生器以两个为一组，相位错开半齿套装在遮光盘上。ECU 通过判断两个光电传感器信号的相位差可以判断转弯方向，如图 9-12 所示。汽车直线行驶时，信号 S_1 处于通断的中间位置（高电平，断状态），转向时，根据信号 S_1 和下降沿处信号 S_2 的状态，即可判断出转动的方向。当信号 S_1 由断状态变为通状态（低电平）时，如果信号 S_2 为通状态，则为左转向；如果信号 S_2 为断状态，则为右转向。根据两信号发生器输出端通、断变换的速率，即可检测出转向轴的转动速率。通过计数器统计通、断变换的次数，即可检测出转向轴的转角。

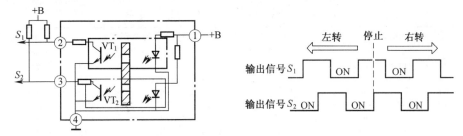

图9-12 光电式转角传感器电路及输出信号

2. 车身高度传感器

车身高度传感器通过监测车身与悬架摆臂之间的距离变化，可以检测汽车高度和因道路不平坦而引起的悬架位移量，如图9-13所示。车身高度传感器有磁性滑阀式、霍耳式和光电式三种形式，其中光电式车身高度传感器应用较多，通常安装于车身上，并通过转轴、连杆与悬架臂相连接，而连杆随着汽车高度的变化而上下摆动。不同车高时，由于开口圆盘位置的变化而使光电传感器发出的光线通或断。

与光电式转角传感器类似，光电式车身高度传感器在随轴转动的开口圆盘上刻有一定数量的窄缝，信号发生器由发光二极管和光敏三极管组成，以四个为一组，覆盖了开口圆盘，如图9-14所示。开口圆盘位于发光二极管与光敏管之间，转动开口圆盘，发光二极管发出的光不断被开口圆盘挡住，信号发生器的光敏管输出端出现电平高低的变化。ECU接收到电平信号的变化，可检测出开口圆盘的转动角度。当车身高度发生变化时（汽车载荷发生变化），导杆随摆管上下摆动，从而通过轴驱动遮光盘转动，信号发生器的输出信号随之进行通（ON）、断（OFF）变换。电控悬架系统的ECU是根据各个信号发生器通/断状态的不同组合来判断车高状态的（表9-1）。

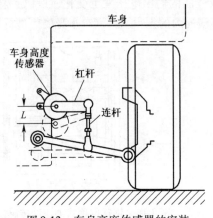

图9-13 车身高度传感器的安装

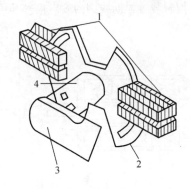

图9-14 车高传感器的工作原理
1—信号发生器；2—遮光盘；3—导杆；4—转轴。

3. 车速传感器

车速传感器安装在变速器上，由变速器齿轮通过转出轴驱动，车速传感器信号经转换后送至悬架ECU，该信号与转向传感器信号一起用来计算车身侧倾程度。

4. 节气门位置传感器

节气门位置传感器安装在发动机的节气门体上，通过检测节气门的开启角度和开启速度，间接获取汽车加速度信号，ECU 利用此信号作为汽车车身后仰控制的一个工作状态参数。

表 9-1　车高控制区与传感器信号关系

信号发生器动作状态				车高	ECU 判	信号发生器动作状态				车高	ECU 判
No. 1	No. 2	No. 3	No. 4	区间	断结果	No. 1	No. 2	No. 3	No. 4	区间	断结果
OFF	OFF	ON	OFF	15	超高	ON	ON	ON	OFF	7	正常
OFF	OFF	ON	ON	14		ON	ON	ON	ON	6	
ON	OFF	ON	ON	13		OFF	ON	ON	ON	5	
ON	OFF	ON	OFF	12	高	OFF	ON	ON	OFF	4	低
ON	OFF	OFF	OFF	11		OFF	ON	OFF	OFF	3	
ON	ON	OFF	OFF	10		OFF	OFF	OFF	OFF	2	
ON	ON	ON	OFF	9	正常	OFF	OFF	OFF	OFF	1	
ON	ON	OFF	OFF	8		OFF	OFF	OFF	OFF	0	过低

注：车高区间即车高范围（mm）

5. 加速度传感器

在车轮打滑时，不能以转向角和汽车车速正确判断车身侧向力的大小。为直接测出车身横向加速度和纵向加速度，有时在汽车的四角安装加速度传感器。常用的加速度传感器主要有差动变压器式和滚球式两种。

差动变压器式加速度传感器工作原理如图 9-15 所示。激磁气圈（一次线圈）通以交流电，当汽车转弯（或加速、减速）行驶时，芯杆在汽车横向力（或纵向力）的作用下产生位移，随着芯杆位置的变化，检测线圈（二次线圈）的输出电压发生变化。所以，检测线圈（二次线圈）的输出电压与汽车横向力（或纵向力）一一对应，反映了汽车横向力（或纵向力）的大小，悬架系统电子控制装置根据此输入信号即可正确判断汽车横向力（或纵向力）的大小，对汽车车身姿势进行控制。

钢球位移式加速度传感器的结构如图 9-16 所示。根据所检测的力（横向力、纵向力或垂直力）不同，加速度传感器的安装方向也不一样。如汽车转弯行驶时，钢球在汽车横向力的作用下产生位移，随着钢球位置的变化，磁场发生变化，造成线圈的输出电压发生变化，所以，悬架系统电子控制装置根据线圈的输出信号即可正确判断汽车横向力的大小，对汽车车身姿势进行控制。

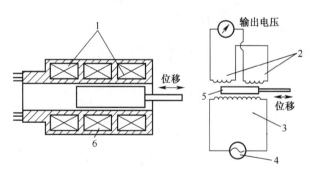

图 9-15　差动变压器式加速度传感器工作原理
1、2—2 次线圈；3、6—1 次线圈；4—电源；5—芯杆

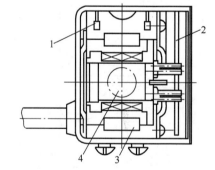

图 9-16　钢球位移式加速度传感器
1—轭铁；2—信号处理回路；3—磁铁；4—钢球

6. 制动开关

用于向悬架电子控制器提供制动信息，控制器根据制动开关所提供的阶跃信号，并参考车速信号对相关悬架的刚度进行调整，以抑制车身"点头"。制动开关有制动灯开关和制动液压开关两种形式。

7. 车门开关

车门开关是为了防止行驶过程中车门未关而设置的。

8. 模式选择开关

模式选择开关用于选择悬架的"软、中、硬"状态。ECU 检测到该开关的状态后,操纵悬架执行机构,从而改变悬架的弹簧刚度和阻尼系数。

9.2.2 执行器

不同类型的电控悬架系统具有不同的执行机构,空气悬架的执行器为空气弹簧控制阀;油气悬架的执行器为油气弹簧用压力控制阀;变阻尼半主动悬架可采用电动式、电磁式或磁流变式可调阻尼减振器作为执行器。

图 9-17 为一种空气弹簧用控制车身高度的控制阀,它由芯杆、电磁线圈和柱塞等组成。当对电磁线圈通电时,在电磁力的作用下芯杆推动柱塞移动。关闭空气通路,形成开/关动作。

图 9-18 为一种油气弹簧用压力控制阀。当对电磁线圈通以电流时,电磁线圈产生正比于此电流的电磁力,电磁力推动阀杆移动。当阀杆的推力输出压力相等时,阀杆停止移动,这样,可以产生与电流大小成正比的油压力。

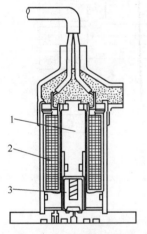

图 9-17 空气弹簧控制阀
1—芯杆;2—线圈;3—柱塞。

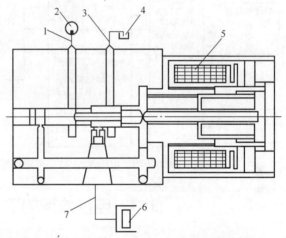

图 9-18 直动型比例电磁减压阀(油气弹簧用)
1—进油管;2—油泵;3—回油管;4—油箱;5—电磁线圈;6—活塞;7—出油管。

悬架阻尼调节分有级式和无级式两种,无级的悬架减振器阻尼调节原理如图 9-19 所示。减振器中的驱动杆和空心活塞一同上下运动,减振器油液可通过驱动杆和空心活塞的小孔流通,利用小孔节流作用形成阻尼。步进电动机通过转动驱动杆来改变驱动杆与空心活塞的相对角度,以使阻尼小孔实际通过的截面大小改变,从而实现减振器阻尼的调节。

9.2.3 控制单元

在不同汽车上所采用的控制系统 ECU 结构和输入输出信号大同小异,ECU 主要由输入电路、微处理器、输出电路和电源电路等四部分组成。

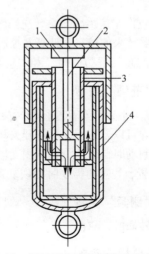

图 9-19 无级悬架减振器阻尼调节原理
1—步进电动机;2—驱动杆;3—活塞杆;4—空心活塞。

如图 9-20 所示为采用摩托罗拉电子器件组织设计的悬架电子控制系统结构框图，系统由 ECU 及其接口、执行机构和传感器等组成，通过串行接口和汽车其他部件电子控制 ECU 进行通信。

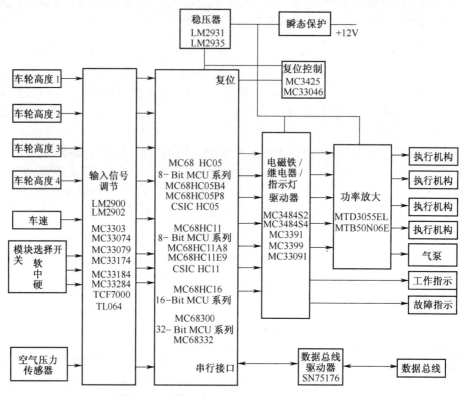

图 9-20　电控悬架 ECU 组成及输入输出信号

9.3　电控悬架的工作过程

9.3.1　悬架刚度控制

ECU 接收由车速传感器、转向操作传感器、汽车加速度传感器、油门踏板加速度传感器和汽车高度传感器传来的信息，计算并控制弹簧刚度。基于不同传感器输入的信号，弹簧刚度的控制主要有"防前倾"、"防侧倾"和"前后轮相关"控制等方面的操作。

1. 防"前倾"控制

"前倾"一般是汽车高速行驶时突然制动时发生的现象，防前倾主要是防止紧急制动时汽车前端的下垂。可以分别用停车灯开关和汽车高度传感器检测制动状况和前倾状况。如果判断为汽车处于紧急制动时自动地将弹簧刚度增加，使在正常行驶条件下时空气弹簧刚度的"中"设置变为"硬"设置，当不再需要时则恢复到一般状态的设置。

2. 防"侧倾"控制

当紧急转向时，应由正常行驶的"中"刚度转换为"硬"刚度，以防止产生侧倾。

3. 前后轮相关控制

当汽车行驶在弯曲道路或凸起路上时，通过前后轮弹簧刚度相关控制并结合协调阻尼力大小控制，使在正常行驶时刚度从"中"的设置转换到"软"的设置以改善平顺性。但在高速运行时"软"的状态工作会导致汽车出现行驶不稳定的状态，因而仅限于车速低于80km/h。ECU通过来自前左侧的高度传感器信号来判断凸起路，若前轮检测到凸起路后，控制后轮悬架由"中"变"软"。图9-21所示为这种控制的一个例子，可以看出，在后轮通过凸起之前改变后轮的刚度和阻尼力，在"软"状态运行2s之后，再恢复到原来的状态。

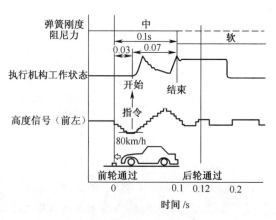

图9-21 前后轮相关控制

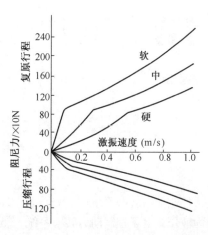

图9-22 "软、中、硬"减振器速度特性

9.3.2 减振器阻尼控制

ECU根据车速传感器、转向传感器、停车灯开关、自动变速箱空挡开关和油门位置传感器等不同信号控制减振器的阻力，实现"软、中、硬"三种速度特性的有级转换（速度特性如图9-22所示），主要完成防止加速和换挡时后倾，高速制动时前倾，急转弯时侧倾和保证高速时具有良好的附着力等控制功能，从而提高汽车行驶的舒适性和安全性。

若汽车低速行驶时突然加速，会出现后倾现象，防后倾控制的结果依赖于油门被踩下的速度和大小。例如，为了改善舒适性，在车速低于20km/h时，减振器的阻尼设置成"软"的状态，当突然踩下油门使之超过油门全开的80%时，将阻尼设置为"硬"，而当车速超过30km/h时，返回到一般情况下的阻尼力设置。

9.3.3 车高控制

ECU根据汽车高度传感器信号来判断汽车的高度状况，当判定"车高低了"，则控制空气压缩机电动机和高度控制阀向空气弹簧主气室内充气，使车高增加；反之，若打开高度控制阀向外排气时则使汽车高度降低。系统根据车速、车高和车门开关传感器信号来监视汽车的状态，控制执行机构来调整车高，实现如下功能：

（1）自动水平控制。控制车高不随乘员数量和载荷大小的变化而变化，由此抑制空气阻力和升力（迫使汽车漂浮）的增加，减小颠簸并保证平稳行驶。

（2）高速行驶时的车高控制。汽车高速行驶时操纵稳定性一般要受到破坏，此时降低车高有助于抑制空气阻力和升力的增加，提高汽车直线行驶的稳定性。

（3）驻车时车高控制，乘员下车后自动降低车高有利于改善汽车的外观，另外，通过调整车高也利于在车库中的存放。

第10章 电控动力转向系统

电子控制动力转向系统（Electronic Controlled Power Steering System，EPS），根据动力源不同又可分为液压式电子控制动力转向系统（液压式 EPS）和电动式电子控制动力转向系统（电动式 EPS）。

10.1 液压式 EPS

液压式 EPS 是在传统的液压动力转向系统的基础上，增设了控制液体流量的电磁阀、车速传感器和电子控制单元等构成的。根据控制方式的不同，液压式电子控制动力转向系统又可分为流量控制式、反力控制式和阀灵敏度控制式三种形式。

10.1.1 流量控制式 EPS

凌志轿车采用的流量控制式动力转向系统如图 10-1 所示，该系统主要由车速传感器、电磁阀、整体式动力转向控制阀、动力转向液压泵和电子控制单元等组成。电磁阀安装在通向转向动力缸活塞两侧油室的油道之间，当电磁阀的阀芯完全开启时，两油道就被电磁阀旁通。流量控制式动力转向系统就是根据车速传感器的信号，控制电磁阀阀针的开启程度，从而控制转向动力缸活塞两侧油室的旁路液压油流量来改变转向盘上的转向力。车速越高，流过电磁阀电磁线圈的平均电流值越大，电磁阀阀针的开启程度越大，旁路液压油流量越大，而液压助力作用越小，使转动转向盘的力也随之增加。这就是流量控制式动力转向系统的工作原理。

图 10-2 所示为该系统电磁阀的结构。图 10-3 所示为电磁阀的驱动信号。由图可以看出，驱动电磁阀电磁线圈的脉冲电流信号频率基本不变，但随着车速增大，脉冲电流信号的占空比将逐渐增大，使流过电磁线圈的平均电流值随车速的升高而增大，图 10-4 所示为凌志轿车电子控制动力转向系统的电路。

10.1.2 反力控制式 EPS

系统组成及工作原理

图 10-5 所示为反力控制式动力转向系统的工作原理图。由图可见，系统主要由转向控制阀、

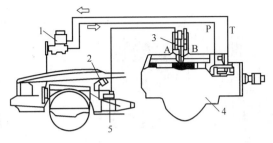
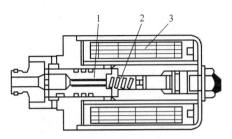

图 10-1 流量控制式 EPS
1—动力转向液压泵；2—车速传感器；
3—电磁阀；4—动力转向控制阀；5—ECU。

图 10-2 电磁阀的结构
1—阀芯；2—弹簧；3—线圈。

分流阀、电磁阀、转向动力缸、转向器泵、储油箱、车速传感器（图中未画出）及 ECU 等组成。转向控制阀是在传统的整体转阀式动力转向控制阀的基础上增设了油压反力室而构成的。扭力杆的上端通过销子和转阀阀杆相连，下端与小齿轮轴用销子连接。小齿轮轴的上端通过销子与控制阀阀体相连。转向时，转向盘上的转向力通过扭力杆传递给小齿轮轴。当转向力增大，扭力杆发生扭转变形时，控制阀体和转阀阀杆之间将发生相对转动，于是就改变了阀体和阀杆之间油道的通、断和工作油液的流动方向，从而实现转向助力作用。

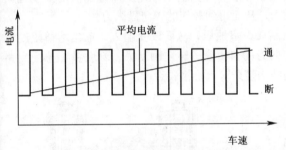
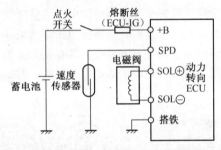

图 10-3 电磁阀的驱动信号

图 10-4 凌志轿车电子控制动力转向系统的电路图

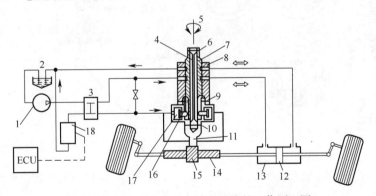

图 10-5 反作用力式动力转向系统的工作原理图
1—转向液压泵；2—储油箱；3—分流阀；4—扭力杆；5—转向盘；6、9、10—销；7—转阀阀杆；8—控制阀阀体；
11—小齿轮轴；12—活塞；13—动力缸；14—齿条；15—小齿轮；16—柱塞；17—油压反力室；18—电磁阀。

当车辆在中高速区域转向时，ECU 使电磁线圈的通电电流减小，电磁阀开口面积减小，所以油压反力室的油压升高，作用于柱塞的背压增大，于是柱塞推动转向阀杆的力增大，此时需要较大的转向力才能使阀体与阀杆之间做相对转动（相当于增加了扭力杆的扭转刚度），而实现转向助力作用，所以在中高速时可使驾驶员获得良好的转向手感和转向特性。

丰田汽车公司"马克"Ⅱ型车用反力控制式 EPS 如图 10-6 所示。转向控制阀（增设了反力油压控制阀和油压反力室）的结构如图 10-7 所示。

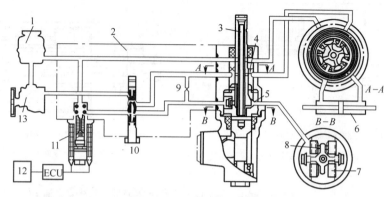

图 10-6　反力控制式 EPS

1—储油箱；2—转向齿轮箱；3—扭杆；4—回转阀；5—油压反力室；6—汽缸；7—柱塞；
8—控制阀轴；9—固定孔；10—分流阀；11—电磁阀；12—车速传感器度；13—转向泵。

图 10-8 所示为电磁阀的结构及其特性曲线。输入到电磁阀中的信号是通、断脉冲信号，改变信号占空比（信号导通时间所占的比例）就可以控制流过电磁阀线圈平均电流值的大小。当车速升高时，受输出电流特性的限制，输入到电磁阀线圈的平均电流值减小，所以电磁阀的开度也减小。这样，根据车速的高低就可以调整油压室反力，从而得到最佳的转向操纵力。

反力控制式动力转向系统根据车速大小，控制反力室油压，从而改变输入、输出增益幅度以抑制转向力。其优点表现在，具有较大的选择转向力的自由度，转向刚度大，驾驶员能感受到路面情况，可以获得稳定的操作手感等。其缺点是结构复杂，且价格较高。

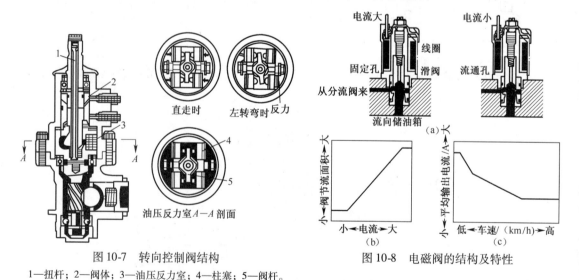

图 10-7　转向控制阀结构

1—扭杆；2—阀体；3—油压反力室；4—柱塞；5—阀杆。

图 10-8　电磁阀的结构及特性

10.1.3　阀灵敏度控制式 EPS

阀灵敏度控制式 EPS 是根据车速控制电磁阀，直接改变动力转向控制阀的油压增益（阀灵敏度）来控制油压的。这种转向系统结构简单、部件少、价格便宜，而且具有较大的选择转向力的自由度，与反力控制式转向相比，转向刚性差，但可以最大限度提高原来的弹性刚度来加以克服，从而获得自然的转向手感和良好的转向特性。

图 10-9 所示为 89 型地平线牌轿车所采用的阀灵敏度可变控制式动力转向系统。该系统对转向控制阀的转子阀做了局部改进,并增加了电磁阀、车速传感器和电子控制单元等。

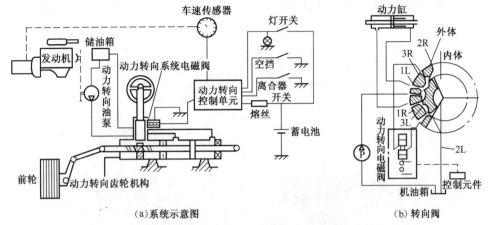

(a) 系统示意图　　　　　　　　(b) 转向阀

图 10-9　地平线牌轿车采用的阀灵敏度可变控制式动力转向系统

转子阀一般在圆周上形成 6 条或 8 条沟槽,各沟槽利用阀部外体,与泵、动力缸、电磁阀及油箱连接。图 10-10 所示为实际的转向阀结构断面图。转子阀的可变小孔分为低速专用小孔（1R,1L,2R,2L）和高速专用小孔（3R,3L）两种,在高速专用可变孔的下边设有旁通电磁阀回路,其工作过程如下：

当车辆停止时,电磁阀完全关闭,如果此时向右转动转向盘,则高灵敏度低速专用小孔 1R 及 2R 在较小的转向扭矩作用下即可关闭,转向液压泵的高压油液经 1L 流向转向动力缸右腔室,其左腔室的油液经 3L、2L 流回储油箱。所以此时具有轻便的转向特性。而且施加在转向盘上的转向力矩越大,可变小孔 1L、2L 的开口面积越大,节流作用就越小,转向助力作用越明显。

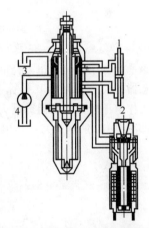

图 10-10　转子阀及电磁阀结构断面
1—动力缸；2—电磁阀；3—油箱；4—泵。

随着车辆行驶速度的提高,在电子控制单元的作用下,电磁阀的开度也线性增加,如果向右转动转向盘,则转向液压泵的高压油液经 1L、3R 旁通电磁阀流回储油箱。此时,转向动力缸右腔室的转向助力油压就取决于旁通电磁阀和灵敏度低的高速专用可变孔 3R 的开度。车速越高,在电子控制单元的控制下,电磁阀的开度越大,旁路流量越大,转向助力作用越小；在车速不变的情况下,施加在转向盘上的转向力越小,高速专用小孔 3R 的开度越大,转向助力作用也越小。当转向力增大时,3R 的开度逐渐减小,转向助力作用也随之增大。由此可见,阀灵敏度控制式动力转向系统可使驾驶员获得非常自然的转向手感和良好的速度转向特性。

10.2　电动助力转向系统

电动式 EPS 是在机械式转向系统的基础上,利用直流电动机作为动力源,ECU 根据转向参数和车速等信号,控制电动机扭矩的大小和方向。电动机的扭矩由电磁离合器通过减速机构减速增扭后,加在汽车的转向机构上,使之得到一个与工况相适应的转向作用力。

图 10-11 所示为一种电动助力转向系统的示意图。该系统中,齿条导向壳内装有电动机,转

向齿条穿过电动机的空心转子,电动机转速由齿轮减速后,使滚珠螺杆转动。由于钢球的循环作用,将滚珠螺杆的旋转运动通过滚珠螺母转换为带动齿条左右移动的推力。这种结构由于传动齿轮与滑动齿条相啮合,即使电动系统出现故障,驾驶员仍可通过齿轮齿条机构实现转向。

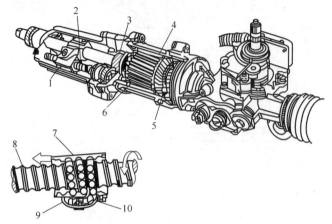

图 10-11　电动助力转向系统的示意图

1—循环球;2—滚珠螺杆;3—螺旋齿轮;4—拨叉;5—电刷;
6—转子;7—滚珠螺母;8—滚珠螺杆;9—导管;10—钢球。

该系统利用转向轴扭力杆的小齿轮部位的传感器,检测转向扭矩和转弯速度,再根据汽车速度传感器的信号,由 ECU 计算出最佳推动力后发出控制指令,控制齿条轴上的电动机工作。电动机的工作电流较大,要借助动力装置中的场效应晶体管,对电动机电流进行数字控制。

如图 10-12 所示为另一种电动助力转向系统。执行部分由电动机、离合器与减速器构成一体,

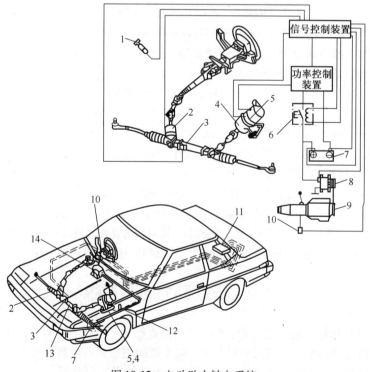

图 10-12　电动助力转向系统

1—点火启动开关;2—转矩传感器;3—转向角传感器;4—离合器减速器;5—电动机;6—继电器;7—蓄电池;
8—发电机;9—发动机;10—车速传感器;11—信号控制装置;12—电动机继电器;13—转向器;14—功率控制装置。

通过橡胶底座安装在车架上。电动机输出的转矩经减速器增扭,由万向节传递给辅助转向器小齿轮,向转向齿条提供助推转矩。系统中以转矩传感器、转向角传感器和车速传感器作为助力转矩的信号源。转矩传感器和转向角传感器安装在转向器中,车速传感器安装在仪表盘内。

10.2.1 转矩传感器

转矩传感器的功用是测量转向轮一侧小齿轮轴上的负载转矩。测量原理是当操作方向盘时转向轴将产生扭转变形,其变形的扭转角与转矩成正比,所以只要测定扭转角大小,即可知道转向力的大小,即转矩是利用测量扭转角而间接测量的。

图 10-13 所示为电位计式转矩传感器的结构。转向轴通过扭杆与转向齿轮连接,转向轴上装有滑环,滑环的一端装有电位计。由操纵力矩引起的扭杆的扭转角位移经转换成为电位计的电阻变化,这个电信号经滑环传递出来作为转矩信号。

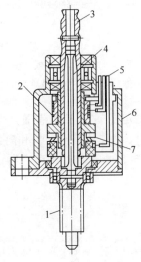

图 10-13 电位计式转矩传感器的结构
1—小齿轮;2—滑环;3—轴;4—扭杆;
5—输出端;6—外壳;7—电位计。

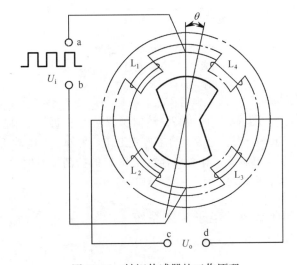

图 10-14 转矩传感器的工作原理

如图 10-14 所示是转矩传感器的工作原理,其定子与转子均用磁性材料制成,形成闭合磁路;线圈 L_1,L_2,L_3,L_4 分别绕在定子上,接成桥式回路,a,b 为电桥的两输入端,c,d 为两输出端。

在电桥的 a,b 端加入脉冲电压 U_i,当转向轴上无转矩时,其转角为零,转子与定子之间的相对转角也为零,此时转子处于图 10-5 所示位置,其纵向对称面与定子 L_1,L_2,L_3,L_4 的对称面重合,磁通量相同,电桥处于平衡状态,c,d 两端输出为零,即 $U_o = 0$。

当转动方向盘时,方向盘扭杆产生扭转变形,使转子与定子之间产生角位移,于是 L_1,L_3 之间的磁阻增大,L_2,L_4 的磁阻减小,各线圈磁通产生差异,电桥失去平衡,c,d 间有电压输出。在转角较小的情况下,U_o 与 θ 角成正比。

10.2.2 转向角传感器

转向角传感器有光电式传感器和霍耳式传感器等。转向角传感器可根据齿条的位移量和位移方向测出转向角。图 10-15 所示传感器由啮合在齿条上的磁铁和固定在转向机上的磁性控测用霍耳传感器组成,齿条移动所引起的磁通密度和极性的变化由霍耳元件转换为电信号输出。

10.2.3 电磁离合器

电磁离合器用来传递助力转矩，按 ECU 的指令及时接通和断开辅助动力。图 10-16 所示为单片式电磁离合器的工作原理。主动轮随电动机轴一起转动，来自控制装置的控制电流从滑环输入离合器磁化线圈，于是主动轮上产生电磁吸力，吸引装在花键上的压板移动并压紧主动轮，电动机的动力经主动轮、压板、花键、从动轴传到转向执行机构。

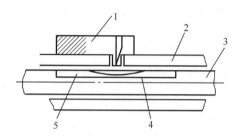 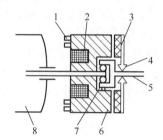

图 10-15　转向角传感器
1—霍耳传感器；2—转向齿轮箱；3—齿条轴；
4—磁铁（S极）；5—磁铁（N极）。

图 10-16　单片式电磁离合器的工作原理
1—滑环；2—线圈；3—压板；4—花键；
5—从动轴；6—主动轮；7—滚珠轴承；8—电动机。

随着转速的提高，转向操纵力矩应减小，因而离合器设定了一个工作范围，当车速高于 30km/h 时，电磁离合器停止工作。另外，当电动机停止工作时，为了不使电动机和离合器的惯性影响转向系工作，离合器在 ECU 的控制下及时分离；当电动机停止工作时，离合器也会自动分离，此时可用手动操纵转向。

10.2.4 电子控制系统

电子控制系统由传感器、输入接口、ECU、输出接口、驱动电路、执行器（助力电动机与电磁离合器）、反馈电路等组成，如图 10-17 所示。系统的输入信号，除了转矩、转向角和车速这三个控制助力转矩所必需的参数外，还有电动机电流、动力装置温度、蓄电池端电压、起动机开关电压和交流发电机电枢端电压等输入信号。

控制电路的核心是一个具有 256B RAM 的 8 位单片机。外围电路包括一个 10 位 A/D 转换器、一个 8 位 D/A 转换器和一个 8 KB 的 ROM。

转矩和转向角信号经过 A/D 转换器后输入 ECU，ECU 根据这些信号和车速计算出最优化的助力转矩。控制器把输出的数字量经 D/A 转换器转换为模拟量，再将其输入电流控制电路。电流控制电路将来自 ECU 的电流命令同电动机电流的实际值进行比较，并生成一个差值信号。该差值信号被送到电动机驱动电路，该电路可驱动动力装置并向电动机提供控制电流。

在以下三种情况发生时，仪表板上的故障灯将被点亮，同时也将点亮信号控制器上的故障代码显示灯：

（1）蓄电池电压过低。

（2）检查电路、电源装置短路。

（3）检查电路、时钟监督电路和其他检查电路（硬件）或由 ECU 检测出一个故障。

第 10 章 电控动力转向系统

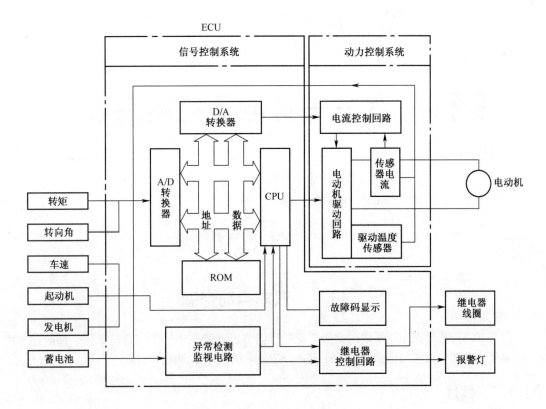

图 10-17　电子控制系统的组成

第11章 汽车车身电子控制系统

11.1 汽车自动空调

汽车空调是指对汽车车厢内的空气质量进行调节，不管车外的天气情况如何，都能把车内空气的温度、湿度、流速与清洁度保持在满足舒适要求的一定范围内。

11.1.1 概述

1. 汽车空调的基本结构

汽车空调系统一般由制冷系统、取暖系统、通风系统、空气净化系统和电子控制系统组成。

（1）制冷系统。由压缩机、储液干燥器（积累器）、膨胀阀（膨胀管）、蒸发器、冷凝器、散热风扇、鼓风机、制冷管道、制冷剂等组成，用于对车内空气或由外部进入车内的新鲜空气进行冷却或除湿，使车内空气变得凉爽舒适。

（2）暖风系统。由加热器、鼓风机、水管、发动机冷却液等组成，利用汽车发动机冷却液、废气的余热等方式产生热量，通过加热器加热进入车内的空气，以提高车内的温度。

（3）通风系统。由进气模式风挡、鼓风机、混合模式风挡、气流模式风挡、导风管等组成，利用汽车迎面通风和压动通风或利用空调系统的鼓风机的强制通风来进行换气。

（4）空气净化系统。由空气过滤装置、静电除尘装置、灭菌装置、除臭装置等组成，用于除去车内空气中的尘埃、臭味、烟气及有毒气体，使车内空气变得清洁。

（5）空调电子控制系统。由传感器、控制器及执行机构组成，用于自动调节车内空气的温度、湿度、空气流量和流向，使车内形成冷暖适宜的气流，实现车内环境在各个季节、全方位多功能的最佳调节。

将上述各系统全部或部分有机组合在一起，安装在汽车上，这就组成了汽车空调。

2. 汽车空调的制冷原理

汽车空调制冷系统是由压缩机、冷凝器、膨胀阀、蒸发器等四大部件和一些辅助元件，用制冷管道依次连接而成，如图11-1所示。制冷系统工作时，制冷剂以不同的状态在这个密闭系统循环流动，每一循环有四个基本过程。

（1）压缩过程。压缩机吸入蒸发器出口处的低温、低压的制冷剂气体，把它通过压缩机压制

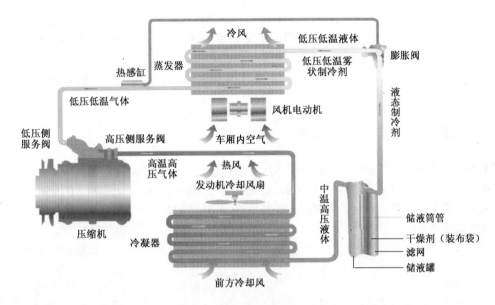

图 11-1 汽车空调制冷系统工作原理

成高温、高压的制冷剂蒸气,以便为在冷凝器中与外界温度形成较大的温差,使更多的热能被空气带走,然后通过高压软管送入冷凝器。

(2) 放热过程。高温、高压的制冷剂气体进入冷凝器,由于车外温度低于进入冷凝器的制冷剂温度,借助于冷凝风扇的作用,在冷凝器中的制冷剂的大量热量被车外空气带走,从而高温高压气体大量放热而冷凝成高温、高压液体。

(3) 节流过程。温度和压力较高的制冷剂液体通过膨胀阀后体积突然变大而汽化,使压力和温度急剧下降,变成低温、低压以雾状(细小液、滴)进入蒸发器。

(4) 吸热过程。雾状制冷剂液体进入蒸发器,因此时制冷剂汽化时温度远低于蒸发器管外的车内循环风的温度,制冷剂液体能自动吸收蒸发器管外空气中的热量,从而使流经蒸发器的空气温度降低。产生了制冷降温效果,汽化了的制冷剂变成低温、低压的吸入压缩机。

这样的过程反复进行,使蒸发器周围的温度降低,经鼓风机吹出冷风,起到了制冷的作用。

3. 汽车空调的分类

不同类型、级别的汽车,其装备的汽车空调也会有所不同,因此,现代汽车空调有多种结构类型。

1) 按空调压缩机驱动方式分

(1) 独立式空调。由专用空调发动机来驱动制冷压缩机,具有制冷量大,工作稳定等优点,但成本高,体积及质量大,多用于制冷量较大的大中型客车上。

(2) 非独立式空调。由汽车发动机直接驱动制冷压缩机,其结构紧凑,缺点是制冷性能受汽车发动机工作的影响,工作稳定性较差。小型客车和轿车都采用非独立式汽车空调。

2) 按空调的功能分

(1) 单独功能型空调。将制冷系统、取暖系统、强制通风系统各自安装、单独操作,互不干涉,多用于大型客车和载货汽车上。

(2) 冷暖一体型空调。制冷、取暖和通风共用一台鼓风机及一个风道,冷风、暖风和通风在同一个控制板上进行控制。冷暖一体型汽车空调结构紧凑,操作方便,多用于轿车上。

3）按空调系统的调节方式分

（1）手动调节空调。由驾驶员通过控制板的功能键完成对空调的温度风向、风速的调节。

（2）自动控制空调。由电子控制器根据各相关传感器的电信号，自动对空调的温度、风量及风向等进行调节，可实现对车内空气环境的全季节、全方位、多功能的最佳调节和控制。自动控制空调又分模拟控制和计算机控制两种形式，现代汽车越来越多地采用计算机控制的自动空调系统。

11.1.2 自动空调的电子控制系统

以微处理器为核心的汽车空调控制系统不仅能进行最佳的空气温度与湿度调节和系统的安全保护，还可实现最经济的空调运行模式控制，以及电子控制系统的故障自诊断。微处理器控制的汽车空调系统具有高度的自动化、可靠性和经济性好、舒适性与安全性高等优点，因此，在汽车上的应用将越来越多。

电控自动空调的电子控制系统包括传感器、控制单元和执行器三部分，其基本组成如图11-2所示。

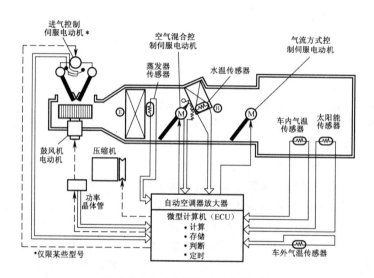

图11-2 自动空调的电子控制系统

1. 传感器

空调系统传感器用于向空调电子控制器提供车内外空气温度状态、空调系统的温度与压力、驾驶员对空调的使用要求等信息，以使空调电子控制器进行最佳的车内空气环境控制及空调系统的安全保护。

（1）车内温度传感器（In-vehicle Sensor，IVS）。采用具有负温度系数的热敏电阻，将车内的温度转换为相应的电信号，并送入空调ECU，用于车内温度自动控制，通常安装在仪表板下端。它能影响到出风口空气的温度、出风口风量、模式门的位置以及进气门的位置等。较早的车内温度传感器采用电动机式温度感知方式，即通过一个小电动机带动风扇转动吸入空气。现在应用较多的则是气流通过暖气装置的吸气式，可以克服轿车内部空间狭小、温度分布不均匀的缺点，如图11-3所示。

（2）车外温度传感器（Outside Temperature Sensor，OTS）。通常也是采用具有负温度系数的热敏电阻，将车外的温度转换为相应的电信号，并送入空调ECU，用于车内温度自动控制，一般安装在前保险杠处,也有与空气质量传感器安装在一起,位于发动机舱防火墙隔板的空调进风口内,传感器外形如图 11-4 所示。

(3)蒸发器温度传感器(Evaporator Temperature Sensor,ETS)。也是采用具有负温度系数的热敏电阻,用于检测制冷装置内部的温度变化,从而控制压缩机电磁离合器的动作和修正混合门的位置,进行车内温度的自动控制,也可以避免蒸发器结冰。一般安装在蒸发器的外壳上。

(4)阳光传感器(Sunload Sensor,SLS)。以光二极管或电池制成,多为光敏电阻,将车外阳光照射量转换为相应电流,并通过测量电路再转换为电压信号,送入空调 ECU,用于修正混合门的位置和风机的转速,控制空调通风量和出风温度,如图 11-5 所示。一般安装在驾驶室仪表板上方,靠近前风窗玻璃的底部。

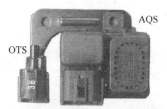

图 11-3 车内温度传感器　　11-4 车外温度与空气质量传感器　　图 11-5 阳光传感器

(5)冷却液温度传感器(Coolant Temperature Sensor,CTS)。也是采用具有负温度系数的热敏电阻,通常安装在加热器底部的水道中,将发动机冷却液温度转换为相应电信号,送入空调 ECU,用于低温时风机转速控制。冷却液温度传感器的核心元件也是负温度系数的热敏电阻。

(6)空气质量传感器(Air Quality Sensor,AQS)。采用厚膜技术制成,提供有关外部空气污染程度的信息。传感器位于发动机舱防火墙隔板的空调进风口内,传感器对氮氧化物(NO_x)、一氧化碳(CO)和二氧化硫(SO_2)作出反应,即对车辆的排放作出反应。然后,系统控制单元根据空气污染程度切换再循环模式。

(7)压力开关。向空调 ECU 提供制冷系统高压端或低压端压力异常电信号,当制冷系统压力出现过高或过低时,空调 ECU 根据压力开关输入的电信号立刻作出安全保护控制,以避免制冷系统在压力过高或过低时继续工作而损坏。

(8)空调操控开关。汽车空调控制面板上通常设有空调开关、停用开关、温度调节开关、经济运行选择开关、风窗除霜开关、送风模式选择开关等多个空调操纵开关,由驾驶员手动操纵,用于开关空调和选择空调的工作方式等,如图 11-6 所示。

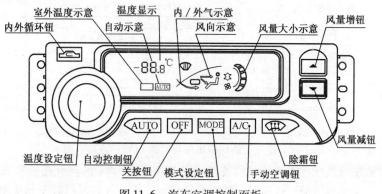

图 11-6 汽车空调控制面板

2. 电控单元

以微处理器为核心的电子控制器根据各传感器及各开关的输入信号对空调的工作状态、热负荷、发动机的工况与状态等进行分析判断，并输出控制信号，控制执行器工作，使空调系统运行于最佳状态。

3. 执行器

1）压缩机电磁离合器

压缩机电磁离合器由衔铁、驱动盘、弹簧片、铁芯、带轮和线圈组成，如图11-7所示，用于控制发动机与压缩机之间的动力传动联系，以实现最佳温度调节和制冷系统的安全保护。

驱动盘与压缩机轴采用键连接，是电磁离合器的从动件。当电磁离合器线圈通电时，铁芯产生磁力，将衔铁吸贴在带轮端面上并随之转动（离合器结合），使压缩机开始工作。当电磁离合器线圈断电时，铁芯磁力消失，驱动盘在弹簧力作用下，使衔铁脱离带轮，带轮在轴承上空转（离合器分离），压缩机停止工作。

2）鼓风机电动机

鼓风机电动机及功率模块根据空调ECU的控制信号工作，使鼓风机风扇在适宜的转速下运转，如图11-8所示。

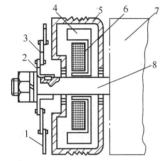

图11-7 压缩机电磁离合器

1—衔铁；2—驱动盘；3—弹簧片；4—铁芯；
5—带轮；6—线圈；7—压缩机；8—压缩机主轴

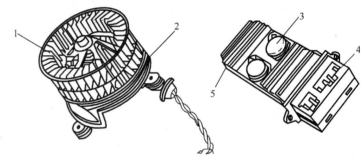

图11-8 鼓风机电动机

1—风扇；2—电动机；3—大功率晶体管；4—插接器；5—散热片。

3）各风门伺服电动机

计算机控制的自动空调系统各风门驱动装置大都采用伺服电动机，伺服电动机由直流电动机和伺服机构组成。

（1）进气口风门伺服电动机。用于控制空气进入方式，伺服机构与内部电路如图11-9所示。

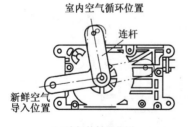 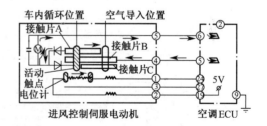

(a)连杆的转动位置　　　　　　　　(b)伺服机构的内部电路

图11-9 进风控制伺服机构与空调ECU的连接电路

电动机的电枢轴经连杆与进气门风门连接，当ECU输出"车内空气循环"或"车外空气导入"控制信号时，电动机带动连杆顺时针或逆时针转动，使进气口风门转至相应的位置，以实现改变进风方式的控制。伺服电动机的工作原理如下：

按下"车外空气导入"按键时，空调ECU从5号端子输出电流，电流经伺服电动机4号端子—接触片B—活动触点—接触片A—电动机—伺服电动机5号端子—空调ECU 6号端子—空调

ECU 9号端子到搭铁,电动机通电转动,带动进气口风门转动及活动触点移动。当进气口风门转至"车外空气导入"位置时,活动触点与接触片A脱离,电动机断电停转,进气口风门停在车外进气通道开启、车内进气通道关闭的位置。

按下"车内空气循环"按键时,空调ECU从6号端子输出电流,电流经伺服电动机5号端子—电动机—接触片C—活动触点—接触片B—伺服电动机4号端子—空调ECU 5号端子—空调ECU 9号端子到搭铁,电动机通电转动,带动进气口风门及活动触点向相反的方向转动和移动。当进气口风门转至"车内空气循环"位置时,活动触点与接触片C脱离,电动机断电停转,进气口风门停在车内进气通道开启、车外进气通道关闭的位置。

按下"自动控制"按键时,空调ECU则根据各相关传感器的信号计算所需的出风温度,并根据计算结果自动控制进气口风门伺服电动机的转动方向,实现进气方式的自动控制。

进气口风门伺服电动机内部的电位计活动触点随电动机转动而移动,用于向空调ECU反馈进气口风门的位置电信号。

(2) 冷暖空气混合风门伺服电动机。用于控制出风温度,其结构与工作原理如图11-10所示。

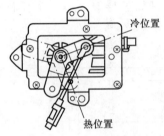

(a)连杆的转动位置　　(b)伺服机构的内部电路

图11-10　空气混合伺服机构及内部电路

空调ECU根据驾驶员设置的温度高低及各传感器的电信号进行分析计算,得到所需的出风温度,当需要改变出风温度时,ECU便输出控制信号,控制冷暖空气混合风门伺服电动机顺时针或逆时针转动,以改变冷暖空气混合风门的位置,通过改变冷暖空气的混合比,调节出风温度。

伺服电动机的工作原理与进风口风门伺服电动机相似,伺服电动机电位计用于向ECU反馈冷暖空气混合风门的位置信息。

(3) 送风口风门伺服电动机。用于控制送风方式,其结构与工作原理如图11-11所示。

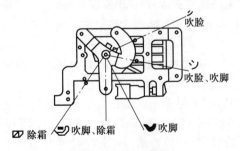
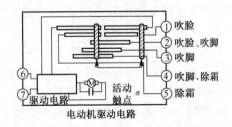

(a)伺服电动机结构简图　　(b)伺服机构的内部电路

图11-11　送风口风门合伺服机构及内部电路

送风方式有手动设定和自动控制两种。手动设定时,按下空调控制面板上的某个送风方式按键,空调ECU就使送风口风门伺服电动机的某个端子接地,电动机便转动相应的角度,带动送风口风门转动到相应的位置,使相应的送风口打开。按下"自动控制"按键,空调ECU则根据计算结果(送风温度),自动控制电动机转动,在吹脸、吹脸脚和吹脚三者之间改变送风方式。

（4）风机控制挡风板伺服电动机。该伺服机构具有全开、半开和全闭三个位置。当空调ECU使某个位置的端子接地时，驱动电路带动电动机M旋转，从而带动风机控制挡风板位于相应的位置上，如图11-12所示。

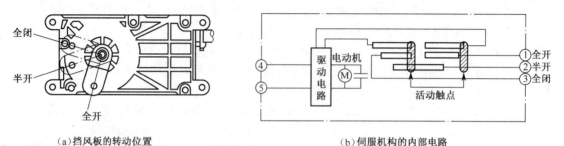

(a)挡风板的转动位置　　　　　　　　(b)伺服机构的内部电路

图11-12　风机控制挡风板伺服机构及内部电路

4. 电控自动空调系统的工作过程

（1）风机转速控制。典型的鼓风机电动机转速控制原理如图11-13所示，该控制电路可实现鼓风机风量的手动和自动控制。

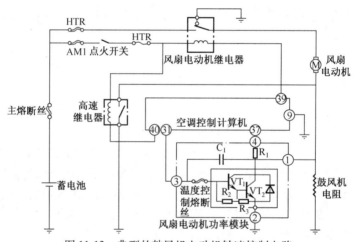

图11-13　典型的鼓风机电动机转速控制电路

①手动控制。当按下高速按键时，空调ECU输出高速控制信号（40号端子搭铁），使高速继电器线圈通电而吸合触点，鼓风机风扇电动机电流经高速继电器触点直接搭铁，电流最大而高速旋转。

当按下低速按键时，空调ECU输出低速控制信号（31号端子低电平），鼓风机控制模块大功率三极管VT_2截止，鼓风机风扇电动机电流经风扇电阻搭铁，电流最小而低速旋转。

②自动控制。按下"自动控制"按键，空调ECU从31号端子输出相应电动机转速控制信号（31端子输出占空比脉冲电压）使鼓风机控制模块大功率晶体管VT_2间歇性导通。当空调ECU要调高电动机转速时，就输出占空比大（脉冲电压的脉宽增加），从而使VT_2导通时间增加，风扇电动机的转速提高。

空调ECU通过31端子输出连续变化的占空比脉冲信号，可实现对鼓风机风扇电动机转速（风量）的无级调节。

空调控制模块指令鼓风机电动机继电器接通，鼓风机电动机继电器向鼓风机电动机和鼓风机电动机控制处理器提供电源电压，处理器通过鼓风机电动机转速控制电路、鼓风机电动机电源电路和搭铁电路进行工作。空调控制模块向控制处理器提供一个脉宽调制（PWM）信号来控制鼓风机电动机转速。

鼓风机电动机强制空气在车内循环流动。驾驶员可将鼓风机电动机开关置于期望的转速位置或选择自动操作，从而确定鼓风机电动机转速。在手动操作中，一旦选定了鼓风机电动机转速，转速将保持恒定直到选定新的转速。在自动操作中，空调控制模块将决定需要哪一种转速来达到或保持一个期望的温度。

（2）模式门控制。空调控制模式执行器使气流通过模式风门分配到期望的出风口。空调控制模块具有针对驾驶员和乘员的温度设置。如果乘员温度设置被关闭，那么驾驶员温度设置将同时控制驾驶员侧气温执行器和乘员侧气温执行器。

当乘员温度设置启动时，乘员侧气温可以独立于驾驶员温度设置之外进行调节。当模式风门调到除霜位置时，空调压缩机离合器自动接合，内循环执行器将动作到换气位置。在所有空气分配模式下，空调系统都允许空气流向面板外侧出风口，从而提高所有运行条件下的车厢内空气循环效率。面板出风口有两个工作位置，即开启、侧窗除雾器和关闭。要关闭这些出风口的气流，需将每个出风口的指轮开关转到关闭位置或侧窗除雾器位置。

（3）内外循环控制。空调控制模块通过内循环执行器控制进气，除霜模式下不能进行内循环。除雾模式下内循环执行器只能运行10min。在换气位置，进入车内的空气被乘客舱空气滤清器过滤。

（4）自动空调控制。自动操作状态下，空调控制模块将通过控制空调压缩机离合器、鼓风机电动机、气温执行器、模式执行器和内循环执行器来保持车内的舒适度。模式开关和鼓风机电动机开关必须选择"Auto（自动）"位置，才能使空调系统进入全自动操作状态。一旦达到期望的温度值，鼓风机电动机、模式执行器、内循环执行器和气温执行器将自动调节，以保持选定的温度。

当在自动操作中选定了最暖位置时，鼓风机电动机转速将逐渐提高并保持高速，气温执行器保持在完全加热位置，模式执行器将保持在地板位置。当在自动操作中选定最冷位置时，鼓风机也保持高速，气温执行器保持在完全制冷位置，模式执行器保持在面板位置，内循环执行器将保持在内循环位置。

11.2 安全气囊

11.2.1 概述

汽车安全气囊系统的确切名称是辅助防护系统（Supplemental Restraint System）或辅助防护气囊系统（Supplemental Restraint Air Bag System），英文缩写为SRS。因为SRS在汽车发生碰撞时能够起到安全防护作用，所以人们一直都将其称为安全气囊系统。

安全气囊系统是座椅安全带的辅助控制装置，只有在使用安全带的条件下，才能充分发挥保护驾驶员和乘员的作用。据美国General汽车公司1989年的一项研究表明：安全气囊系统SRS与安全带共同使用的保护效果最佳，可使驾驶员和前排乘员的伤亡人数减少43%~46%。由此可见，为了充分发挥SRS的保护作用，确保汽车驾驶员和乘员的人身安全，在汽车行驶时一定要系好安全带。

1. 安全气囊系统的功用

当汽车发生碰撞时，汽车与汽车或汽车与障碍物之间的碰撞，称为一次碰撞。一次碰撞后，汽车速度将急剧减慢，减速度急剧增大，驾驶员和乘员就会受到较大惯性力的作用而向前移动，使人体与转向盘、挡风玻璃或仪表台等构件发生碰撞，这种碰撞称为二次碰撞。在事故中，二次碰撞是导致驾驶员和乘员遭受伤害的主要原因。

汽车碰撞分为正面碰撞和侧面碰撞。当汽车发生正面碰撞时，在惯性力的作用下，驾驶员面部或胸部可能与转向盘和挡风玻璃发生二次碰撞，前排乘员可能与仪表台和挡风玻璃发生二次碰撞，后排乘员可能与前排座椅发生二次碰撞。当汽车遭受侧面碰撞时，驾驶员和乘员可能与车门、车门玻璃或车门立柱发生二次碰撞。车速越高，惯性力就越大，遭受伤害的程度也就越严重。

安全气囊系统 SRS 的功用是当汽车遭受碰撞，导致驾驶员和乘员的惯性力急剧增大时，使安全气囊迅速膨胀，在驾驶员、乘员与车内构件之间铺垫一个气垫，利用安全气囊排气节流的阻尼作用来吸收人体惯性力产生的动能，从而减轻人体遭受伤害的程度。正面安全气囊保护驾驶员和乘员的面部与胸部，侧面安全气囊保护驾驶员和乘员的颈部与腰部，护膝安全气囊保护驾驶员和前排乘员的膝部，窗帘式安全气囊（即气帘）保护驾驶员和乘员的头部，如图 11-14 所示。

图 11-14 安全气囊的工作原理

2. 安全气囊系统分类

（1）按碰撞类型分。根据碰撞类型的不同，安全气囊可分为正面碰撞防护安全气囊系统、侧面碰撞防护安全气囊系统和顶部碰撞防护安全气囊系统。正面碰撞防护安全气囊系统在欧美轿车的驾驶员和副驾驶处有较高的安装率，实际交通事故统计表明，安全气囊与三点式安全带配合使用，对正面碰撞事故中的乘员具有更好的保护效果。侧面碰撞防护安全气囊系统和顶部碰撞防护安全气囊系统也将逐渐普及。

（2）按照安全气囊安装数量分。按安全气囊数量不同，可分为单 SRS、双 SRS 和多 SRS。单 SRS 只装备驾驶席安全气囊。20 世纪 90 年代以前生产的汽车基本上都装备单 SRS。双 SRS 装备有驾驶席和前排乘员席两个安全气囊，20 世纪 90 年代后生产的大多数轿车都装备了双 SRS。装备三个或三个以上安全气囊的 SRS 称为多 SRS。

（3）按照安全气囊的触发机构分。按照安全气囊的触发机构可分为机械式和电子式两种。机械式安全气囊触发不需要使用电源，检测碰撞动作和引爆点火剂都是利用机械装置动作来完成。电子式安全气囊是利用碰撞传感器检测碰撞信号并送往气囊电子控制装置（SRS ECU），ECU 根据传感器信号判断碰撞强度并向安全气囊组件中的点火器发出点火指令引爆点火剂使气囊充气。

11.2.2 安全气囊电子控制系统

安全气囊系统主要由碰撞传感器、ECU、气囊组件和指示灯组成，如图 11-15 所示。

1. 碰撞传感器

安全气囊系统所用的碰撞传感器，根据所承担的任务不同分为碰撞传感器与安全传感器。碰撞传感器用来感测汽车碰撞的强度信息，是 SRS 的 ECU 判断安全气囊是否点火充气的重要依据；安全传感器则用来防止系统在非碰撞状况引起安全气囊误动作。

第 11 章 汽车车身电子控制系统

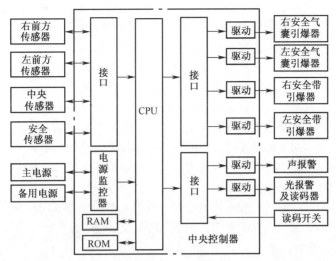

图 11-15 安全气囊电子控制系统的组成

1）滚球式碰撞传感器

滚球式碰撞传感器又称为偏压磁铁式碰撞传感器，结构如图 11-16 所示，主要由铁质滚球、永久磁铁、导缸、固定触点和壳体组成。两个触点分别与传感器引线端子连接。滚球用来感测减速度大小，在导缸内可移动或滚动。

当处于静止状态时，在永久磁铁磁力作用下，导缸内的滚球被吸向磁铁，两个触点与滚球分离，传感器电路处于断开状态。

当汽车遭受碰撞且减速度达到设定阈值时，滚球产生的惯性力将大于永久磁铁的电磁吸力。在惯性力的作用下，滚球就会克服磁力沿导缸向两个固定触点运动并将固定触点接通。当传感器用作碰撞信号传感器时，固定触点接通则将碰撞信号输入 SRS 的 ECU；当传感器用作碰撞防护传感器时，则将点火器电源电路接通。

2）偏心锤式碰撞传感器

偏心锤式碰撞传感器又称为偏心转子式碰撞传感器，是一种开关式减速度传感器，结构如图 11-17 所示。

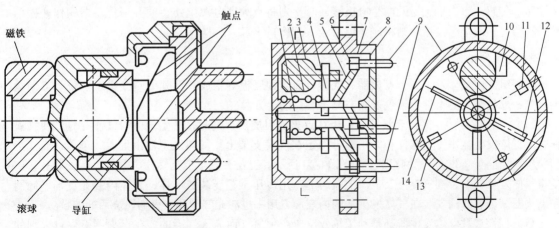

图 11-16 滚球式碰撞传感器　　　　图 11-17 偏心锤式碰撞传感器

1—心轴；2—复位弹簧；3—偏心锤；4—转盘；5—转动触点臂；
6, 12, 14—活动触点；7, 11, 13—固定触点；8—外壳；9—插头；10—止位块。

转子总成安装在传感器轴上，由偏心锤、转动触点组成，偏心锤偏心地安装在转盘上。转动触点臂的两端固定有触点，触点随触点臂一起转动。两个固定触点与绝缘固定在传感器壳体上，并用导线分别与传感器接线端子连接。

当传感器处于静止状态时，在复位弹簧弹力作用下，偏心锤与止位块保持接触，转子总成处于静止状态，转动触点与固定触点分离，传感器电路处于断开状态。

当汽车遭受碰撞且减速度达到设定阈值时，偏心锤产生的惯性力矩将大于复位弹簧弹力产生的力矩，转子总成在惯性力矩作用下克服弹簧力矩沿逆时针方向转动一定角度，同时带动转动触点臂转动，使转动触点与固定触点接触。当传感器用作碰撞信号传感器时，转动触点与固定触点接触则将碰撞信号输入 SRS 的 ECU；当传感器用作碰撞防护传感器时，则将点火器电源电路接通。

3) 压敏式碰撞传感器

半导体压敏式碰撞传感器由应变电阻片和集成电路组成，如图 11-18 所示。传感器测量减速度并将其转换为电信号送至点火控制电路，用于判断安全气囊是否需要启动。

4) 水银开关式碰撞传感器

水银开关式碰撞传感器利用水银具有良好的导电特性而制成，结构如图 11-19 所示，主要由水银、壳体、电极和密封螺塞组成。

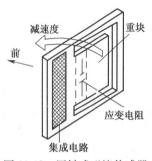

图 11-18　压敏式碰撞传感器

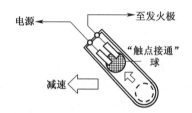

图 11-19　水银开关式碰撞传感器

当传感器处于静止状态时，水银在其重力作用下处于壳体底部，传感器的两个接线端子处于断开状态。当汽车发生碰撞且减速度达到设定阈值时，水银产生的惯性力在其运动方向的分力将克服其重力的分力而将水银抛向传感器电极，使两个电极接通。水银开关式碰撞传感器一般用作碰撞防护传感器，当传感器的两个电极接通时，则将点火器电源电路接通。当传感器用作碰撞信号传感器时，两个电极接通则将碰撞信号输入 SRS 的 ECU。

2. 气囊组件

气囊组件由气体发生器、点火器、气囊、饰盖和底板等组成。驾驶员侧气囊组件位于方向盘中心处，乘员侧气囊组件位于仪表板右侧手套盒的上方。

(1) 气体发生器。又称充气器，用于在点火器引燃点火剂时，产生气体向气囊充气，使气囊膨胀。气体发生器用专用螺杆和专用螺母固定在气囊支架上。气体发生器由上盖、下盖、充气剂（片状叠氮化钠）和金属滤网组成，如图 11-20 所示。上盖有若干个充气孔。下盖上有安装孔，以便将气体发生器安装到气囊支架上。上盖与下盖用冷压工艺压装成一体，壳体内装充气剂、滤网和点火器。金属滤网安装在气体发生器的内表面，用来过滤充气剂和点火剂燃烧后的渣粒。

目前，大多数气体发生器都是利用热效反应产生氮气而充入气囊的。在点火器引爆点火剂的瞬间，点火剂会产生大量热量，叠氮化钠受热立即分解释放氮气，并从充气孔充入气囊。

(2) 点火器。气囊点火器外包铝箔，安装在气体发生器内部中央位置，结构如图 11-21 所示。点火器的所有部件均装在药筒内。点火剂包括引爆炸药和引药。引出导线与气囊连接器插头

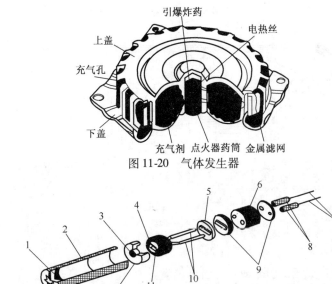

图 11-20 气体发生器

图 11-21 点火器

1—引爆炸药；2—药筒；3—引药；4—电热丝；5—陶瓷片；6—永久磁铁；
7—引出导线；8—绝缘套管；9—绝缘垫片；10—电极；11—电热头；12—药托。

连接，连接器（一般都为黄色）中设有短路片（铜质弹簧片）。当连接器插头拔下或插头与插座未完全结合时，短路片将两根引线短接，防止静电或误通电将电热丝电路接通使点火剂引爆造成气囊误膨开。

点火器的功用：当 SRS 的 ECU 发出点火指令使电热丝电路接通时，电热丝迅速红热引爆引药，引药瞬间爆炸产生热量，药筒内温度和压力急剧升高并冲破药筒，使充气剂（叠氮化钠）受热分解释放氮气充入气囊。

（3）气囊。一般采用聚酰胺织物（如尼龙）制成，内层涂有聚氯丁二烯，用以密闭气体。早期气囊的背面制作有 2 个～4 个通气小孔，用以排气节流吸收动能，目前普遍采用透气性较好的织物制作，因此没有制作通气孔。

在静止状态时，气囊像降落伞未打开时一样折叠成包，安放在气体发生器上部与气囊饰盖之间。气囊开口一侧固定在气囊安装支架上，先用金属垫圈与气囊支架座圈夹紧，然后用铆钉铆接。气囊饰盖表面模压有撕裂印痕，以便气囊充气时撕裂饰盖，减小冲出饰盖的阻力。

（4）饰盖。是气囊组件的盖板，上面模制有撕缝，以便气囊能冲破饰盖膨开。

（5）底板。气囊和充气器装在底板上，底板装在方向盘或车身上，气囊膨开时，底板承受气囊的反力。

3. 安全气囊指示灯

SRS 指示灯位于仪表板上，按通点火开关时，诊断单元对系统进行自检，若点亮 6s 后熄灭，表示安全气囊系统正常；若 6s 后 SRS 指示灯依然闪烁或一直不熄灭，表示安全气囊系统有故障，提示驾驶员应进行维修。

4. 电子控制装置

安全气囊电子控制装置包括引爆控制电路、驱动电路、储存电路和诊断电路等，如图 11-22 所示。

引爆控制电路在接到各传感器送来的碰撞信号后，通过比较、判别，确认碰撞发生时，向驱动电路发出指令，由驱动电路接通电源引爆气囊。自诊断电路不断分析和诊断安全气囊系统的各

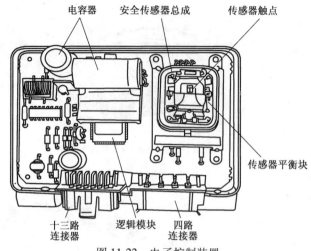

图 11-22 电子控制装置

种故障,这些故障可能造成无法引爆或意外引爆气囊。一旦发现故障,将点亮仪表板上的安全气囊系统报警灯,并将这些故障内容编成代码储存在记忆电路中,以备将来检修时用。如果诊断电路发现的故障有可能导致意外引爆气囊,诊断电路将向安全电路发出信号,在故障排除时,禁止触发气囊。

备用电源包括一个直流稳压器和一个储能器。直流稳压器保证供给系统电压的恒定性,使系统能正常工作而不发生失效引爆事故。电容储能器用来储存电能,在碰撞中发生电源中断时,它将担负起气囊系统的电源作用,避免失效引爆事故。

5. 安全气囊工作过程

下面以正面碰撞为例,介绍安全气囊系统的工作过程,如图 11-23 所示。

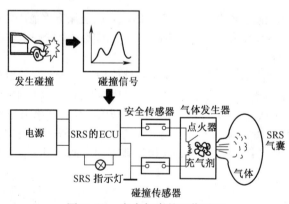

图 11-23 安全气囊的工作过程

当汽车遭受前方一定角度范围内(通常为车前方 ±30°)的碰撞时,安装在汽车前部碰撞传感器和 SRS 的 ECU 内部的安全传感器检测到汽车突然减速的信号,并当汽车遭受碰撞的减速度达到设定阈值时,上述碰撞传感器将信号输入 ECU,经 ECU 判别后发出指令控制气体发生器内点火器电路接通使点火剂引爆,点火剂受热爆炸产生大量热量使充气剂受热分解并释放出大量氮气充入气囊,气囊冲开气囊组件上的装饰盖并鼓向驾驶员或乘员,使驾驶员或乘员面部和胸部压靠在充满气体的气囊上,在人体与车内构件之间铺垫一个气袋,将人体与车内构件之间的碰撞变为弹性碰撞,通过气囊产生变形和排气节流来吸收人体碰撞产生的动能,从而达到保护人体的目的。整个过程时间为 100ms~120ms,如图 11-24 所示。

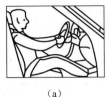   

(a)　　　　　　　　(b)　　　　　　　　(c)　　　　　　　　(d)

图 11-24　安全气囊系统的工作过程

（1）碰撞约 10ms 后，气囊达到引爆极限，点火器点燃气体发生器产生氮气，驾驶员仍然立坐着，尚未动作，如图 11-24（a）所示。

（2）碰撞约 40ms 后，气囊已完全充满，驾驶员头部及身体上部向前移动，安全带斜系在驾驶员身上并被拉长收紧，部分冲击能量已被吸收，如图 11-24（b）所示。

（3）碰撞约 60ms 后，驾驶员的头及身体上部压向气囊，气囊后面的排气孔在气体和人体压力作用下将氮气排出，利用排气节流作用吸收人体与气囊之间弹性碰撞产生的动能，如图 11-24（c）所示。

（4）碰撞约 10ms 后，大部分气体已从气囊逸出，驾驶员身体上部回到座椅靠背上，汽车前方恢复视野，如图 11-24（d）所示。

（5）碰撞约 120ms 后，碰撞危害解除，车速降低至零。

由此可见，在安全气囊系统动作过程中，气囊动作时间极短。从开始充气到完全充满的时间约为 30ms，从汽车受碰撞开始，到安全气囊收缩为止，所用时间极为短暂，仅为 120ms 左右，而人的眼皮眨一下所用时间约为 200ms。

11.3　汽车电控门锁

过去的汽车车门是由各个车门单独机械控制的（现在许多载货汽车的门锁仍采用这种控制方式）。随着轿车对乘用舒适性、操纵方便性、使用安全性的要求，现在的轿车都采用了电控中央门锁系统，并使用了电子技术和无线电技术，有的还接入汽车中央微电脑控制系统，与启动、点火系统相连接进行防盗控制。

11.3.1　电控门锁的类型

从目前各类汽车上使用的门锁情况来看，电控门锁的种类繁多，主要有以下几类。

1. 按控制方式分类

电控门锁基本上可分为机械电控门锁、无线电遥控门锁和红外线遥控门锁。目前应用较广泛的是无线电遥控点动门锁。

2. 按输入密码方式分类

（1）拨盘式电控门锁。采用机械拨盘开关输入开锁密码。这是一种在 20 世纪 70 年代—80 年代使用较为广泛的电动门锁。

（2）按键式电控门锁。采用键盘（或组合按钮）输入开锁密码，操作方便。其内部控制电路通常采用电子锁专用集成电路 ASIC，如具有四位密码的集成电路 LS7220 与 LS7225 等。这也是一种 20 世纪 70 年代—80 年代使用较为广泛的电动门锁。

（3）电子钥匙锁。又称钥匙式电子锁。它使用电子钥匙输入（或作为）开锁密码。电子钥匙是构成控制电路的重要组成部分。

电子钥匙可以由元器件或由元器件构成的单元电路组成,做成小型手持单元形式。它与主控电路间的联系可以是声、光、电和磁等中的任意一种形式。此类产品除了各种遥控汽车门锁以外,还有汽车转向锁、点火锁、电子密码点火钥匙等。

(4) 触摸式电子锁。采用触摸方法输入开锁密码。与按键电子锁相比,前者使用简单,使用寿命长、造价低。安装触摸电子锁的轿车前门没有门把手,代之以电子锁和触摸传感器。

(5) 生物特征式电子锁。它是将声、纹等人体生物特征作为密码输入,由计算机进行模式识别控制开锁。因此,生物特征式电子锁智能化程度相当高。这类电子锁与触摸式电子锁将成为汽车电控门锁的主流产品。

3. 按使用的执行机构不同分类

按使用的执行机构不同分类,汽车门锁可分为电磁式门锁与电动式门锁以及气动膜盒式门锁三种。电磁(也成电子锁)式门锁的开启和锁紧均由电磁铁驱动。电动(也称电动机)式门锁的开启和锁紧均是由电动机带动机械系统实现的。气动膜盒式门锁的开启和锁紧是压力泵产生的气压带动的。

电控门锁经过多年的发展已比较完善,目前电控门锁正向智能化、全自动方向发展。

11.3.2 电控门锁的基本构成

汽车的电控门锁系统主要由钥匙、控制电路和执行机构三大部分构成。

1. 电控门锁钥匙

打开或关闭电控门锁的方法很多,如使用钥匙、操作车门上的按键或拨盘,使用遥控器,触摸汽车车身上的某一部分等。较常见的是用钥匙和遥控器操作方式(或两种方式共用)。

(1) 钥匙操作方式。门锁中的钥匙常见的有普通钥匙、带密码电阻的钥匙以及有微型电子系统的钥匙等。

① 带密码电阻的钥匙。它是将编码集成电路的外接振荡电阻安装在钥匙的塑料手柄内,利用相同的电阻产生相同的振荡频率来实现编码与解码集成电路振荡频率一致。如果所使用的钥匙内电阻值不同,则由于电路中编解码集成电路的振荡频率不一致而无法使解码电路正常工作,进而使整个汽车也不能正常工作。

带密码电阻的钥匙一般为点火开关钥匙。每把钥匙上都有一个不同编码的电阻,点火锁芯上制有专门的电阻接触装置,当钥匙插入锁孔后,钥匙的解码器通过锁芯触点读取钥匙密码电阻,然后与预置的密码进行比较,如果两者一致。就会向点火系统供电并使车门打开。例如美国通用(GM)系列汽车就是用这种方式(外加遥控辅助控制)。

② 微型电子系统的钥匙。装有微型电子系统的钥匙一般也是点火钥匙,当钥匙插入锁孔转动钥匙时,电子控制装置就会向钥匙发出询问信号,钥匙发出响应信号,如响应信号正确,门锁才会被打开。

(2) 遥控器操纵方式。无线电遥控门锁是指不用将钥匙插入键孔而远距离进行开门或锁门的一种操作系统。它是一种由用户随身带的遥控器发出的微弱电波,由汽车天线接收该电波信号后,经ECU识别并处理后,输出控制信号去门锁系统,由该系统的执行器(电动机或电磁线圈)执行开锁或闭锁的动作。无线电遥控门锁系统的组成可用图 11-25 表示。

① 遥控发射器。它由编码电路、发射电路、开关键以及电池等组成,一般有 2 个~4 个按键,是一种小型发射装置,可随身携带。发射器开关按键每按动一次,就向外发送一次信号;在接收机一侧,每接收一次信号,就能上锁或开锁一次。

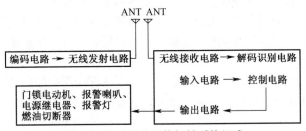

图 11-25 无线电遥控门锁系统组成

②遥控接收器。它由无线电接收组件（一般为模块）、电源（DC-DC 转换器）、主控芯片（一般为单片机）、输入输出接口电路（完成电路间的匹配）组成，是一个智能控制单元，安装在车内较为隐蔽的位置，用于接收遥控发射器发射的信号。遥控接收器将接收到的信号经识别解码后，输出控制信号驱动执行器工作。

如果遥控发射器丢失，也可采用机械钥匙打开或锁上门锁。有的遥控器与钥匙制成一体，如宝马系列轿车等。使用遥控器控制的车型较多，如奔驰、广州本田雅阁等。

2. 控制电路部分

汽车电控门锁的控制部分主要由输入、存储、编码、鉴别、抗干扰、驱动、显示、报警以及保险等单元组成，如图 11-26 所示。编码和鉴别电路是整个控制电路的核心。

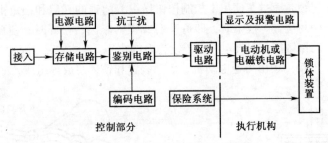

图 11-26 汽车的电控门锁控制电路

(1) 编码器。编码的实质就是人为地设定一组 n 位二进制数或 N 位十进制数密码。其目的是使所编的密码尽可能不易被人识别。对编码电路的要求是容量大、换码率高、保密性好、可靠性好、换码操作方便。

编码器的换码率可由 $c = 2^n$ 或 $c_1 = 10^N$ 算出，式中 c 为二进制换码器的换码率，是指二进制数列的各种不同的组合；c_1 为十进制编码器的换码率，是指十进制数列的各种不同的组合；n 为二进制数的位数；N 为十进制数的位数。

(2) 输入器和存储器。输入器的作用是由其在开锁时输入一组密码；存储器负责记忆这组密码并输送至鉴别器中。

(3) 鉴别器。其作用是对输入器并经存储器送来的和从编码器送来的两组密码进行比较。当两组密码完全相同时，鉴别器输出电信号，该信号经抗干扰电路处理以后去驱动显示单元。若用户有特殊要求，鉴别器还可以输出报警和封锁后级电路所需的电信号。

(4) 驱动输出级。它设置在执行机构之前，用以将鉴别器输送来的微弱信号进行功率放大后，去带动执行机构动作。

(5) 抗干扰电路。其作用是抑制来自汽车内外的电磁干扰，保证在恶劣电磁环境下电动门锁不会自动误动作，由此可提高汽车电控门锁的可靠性和安全性。电路通常采用延时、限幅和定相等来实现抗干扰的目的。

（6）显示器和报警器。该附加装置可用于显示鉴别结果和报警，以扩展电控门锁的功能。

（7）保险装置。该装置主要由速度传感器、车门锁止器和紧急开启接口等构成，它是汽车电控门锁特有的单元系统。当汽车的行驶速度超过一定限值时，车门锁止器会将锁体锁上；当车门控制电路失灵时，可通过紧急开启接口直接控制锁体的开启。

（8）电源。电动门锁的电源是一个不间断电源，以使存储器中的信息不丢失掉。一般是用一只容量很大的电容器连接在存储器供电端，当换蓄电池时，该电容器可为存储器提供不间断电源。

3. 执行器

执行器一般包括门锁驱动装置、报警喇叭、电源继电器、报警灯、燃油切断阀等。其中门锁驱动装置与门锁装成一体；报警灯与汽车转向信号灯共用；电源继电器、燃油切断阀安装在隐蔽的位置。

驱动门锁执行机构动作的形式有电磁线圈和直流电动机（包括永磁电动机）以及气动膜盒式三种形式。不论何种形式，都是由门锁控制器输出不同方向的电流，通过改变其线圈通电电流的方向，转换其运动方向来实现开锁或锁止运作的。

（1）电磁铁式。双线圈门锁执行机构的结构如图11-27所示，它有两个电磁线圈，一个是锁门线圈，另一个是开锁线圈。与门锁操纵机构相连的柱塞，能在两线圈中自由移动。当给锁门线圈通正向电流时，柱塞在电磁力的作用下左移，将门锁锁定；当给开门线圈通反向电流时，柱塞在电磁力的作用下右移，将门锁开启。双线圈门锁执行机构的继电器由晶体管定时电路控制。

电磁铁式电控车门锁是通过车门集中控制按钮操纵，门锁的开启和锁定由电磁铁机构直接驱动。平时该按钮处于中间位置。按下时，即可开启或锁紧车门；松开时，便自动复位。这种锁结构简单、操作方便、动作敏捷，但耗电量大，动作有撞击声。

（2）电动机式。电动门锁由可逆电动机、传动装置和锁体总成等组成，如图11-28所示。

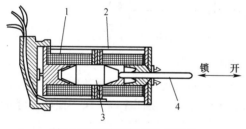

图11-27 双线圈门锁执行机构
1—锁门线圈；2—开锁线圈；3—柱塞；4—操纵杆。

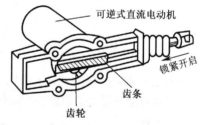

图11-28 直流电动机式中央门锁的执行机构

当门锁电动机运转时，通过门锁操纵连接杆操纵门锁动作。电动机的旋转方向由经过电动机电枢的电流方向决定。若锁门时，电动机电枢流通的是正向电流，电动机即正向旋转。开锁时，电动机电枢流通的则为反向电流，电动机即反向旋转。这样利用电动机的正转或反转，就可完成车门的闭锁和开锁动作。这种门锁体积小、耗电少，动作较迅速，在美国和日本的轿车上应用较多。

（3）气动式门锁。它是由气压驱动的，结构如图11-29所示。工作时，压力泵产生的空气输送到气压膜盒里，膜盒内的膜片通过连动杆带动门锁动作，从而实现锁止和开锁动作。气动式门锁在国产红旗系列轿车、捷达系列轿车以及奥迪系列轿车上应用较为广泛。

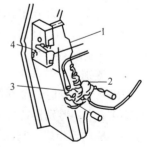

图11-29 前门锁执行机构
1—连接杆；2—膜盒；
3—门锁开关；4—门锁。

11.3.3 无线电遥控门锁系统工作原理

图 11-30 是一种具有记忆功能的门锁控制器典型应用电路。该电路还具有车速超过预设值时，自动锁上车门的功能。另外还可以用于动开关去锁住或打开全部车门，或仅是锁上或打开驾驶员侧车门等功能。

（1）门锁锁紧过程。当车门处于锁上位置时，门锁控制器 6 脚接地，使 6 脚内的反相器输入为低电平，经反相后输出的高电平加至门 A 的输入端，送至合锁计时器，由合锁计时器输出高电平而使 VT_1 管导通，KA_1 继电器线圈中就会有电流通过而吸合，其常闭触点 A 与 C 断开、常开触点 A 与 B 闭合后，就形成了如下的电流通路：蓄电池正极电流—断路器 FU_1—门锁电子控制器 8 脚—KA_1 继电器常开已闭合的触点 A 与 B—门锁控制器 10 脚—门锁电磁线圈—门锁控制器 11 脚—KA_2 继电器常闭触点 A 与 C—门锁控制器 12 脚—搭铁—蓄电池负极。

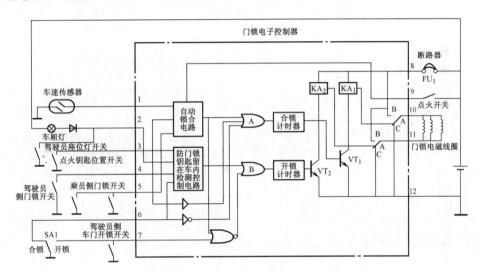

图 11-30 无线电遥控门锁电路原理

上述这一电流通路，使门锁电磁线圈中有从上到下的电流流过，门锁电磁线圈得电吸合，完成门锁锁紧过程。

（2）门锁打开过程。当车门门锁处于打开位置时，门锁控制器 7 脚接地，通过相关数字电路使开锁计时器输出高电平而使 VT_2 管导通，KA_2 继电器线圈中就会有电流通过而吸合，其常闭触点 A 与 C 断开、常开触点 A 与 B 闭合后，就形成了如下的电流通路：蓄电池正极电流—断路器 FU_1—门锁电子控制器 8 脚—KA_2 继电器常开已闭合的触点 A 与 B—门锁控制器 11 脚—门锁电磁线圈—门锁控制器 10 脚—KA_1 继电器常闭触点 A 与 C—门锁控制器 12 脚—搭铁—蓄电池负极。

上述这一电流通路，使门锁电磁线圈中有与锁门时相反（从下到上）的电流流过，从而使车门被打开，完成门锁打开过程。

（3）保护措施与电路。在车门门锁电子控制系统中，电磁线圈是一种有推杆的嵌入式线圈和永磁铁的偶极电磁线圈。改变流过该线圈的电流方向，使推杆伸出或缩回时，就可实现车门锁的锁上或打开。如果推杆因某种原因不能插入槽口或虽推杆可以动作，但门锁开关触点不能脱开，使电磁线圈中有持续的电流通过而使线圈过热时，就可能导致电磁线圈损坏。为了防止电磁线圈过热，合锁与开锁计时器为电磁线圈提供的是间断性的脉冲输出电流。

另外，作为一种附加的具有自动防止故障的装置，门锁控制系统中还设置了断路器 FU_1。当继电器出现故障或继电器触点粘连产生过电流时，断路器 FU_1 就会暂时切断整个锁控电路的供电，使其停止工作,以防损坏有关元器件。

(4) 车速超过自动锁止电路。在图 11-30 所示的电路中,设置了车速传感器,该传感器连接在门锁电子控制器 1 脚上,当车速超过事先设定值时,自动锁合电路就会有高电平输出,从而控制开锁与闭锁计时器处于锁住位置并失去控制作用,以防产生误动作。

第12章 汽车网络技术

12.1 汽车数据总线

自20世纪80年代以来,随着集成电路和单片机在汽车上的广泛应用,汽车上的电子控制单元越来越多,如电子燃油喷射装置、防抱死制动装置、安全气囊装置、电控门窗装置和主动悬架等。在这种情况下,如果仍采用常规的布线方式,即点对点的单一通信方式,将导致汽车上的电线数目急剧增加,连接线可达到700条~1000条,使得电线的质量占到整车质量的4%左右。另外,复杂的电路也降低了车辆的使用可靠性,并增加了维修的难度。现代汽车要求电控单元之间能够有效、快速地传递信息,网络通信的发展成为必然,因此,必须采用先进的数据总线技术。

12.1.1 汽车数据总线的定义

数据总线,就是指在一条数据线上传递的信息可以被多个系统共享,从而最大限度地提高系统整体的效率,充分利用有限的资源。这样可以通过不同的编码信号来表示不同的开关动作,信号解码后,根据指令接通或断开对应的负荷(前灯、刮水器、座椅调节等),从而将过去一线一用的专线制改为一线多用制,大大减少了车上电线的数目,缩小了线束的直径。

图12-1、图12-2所示分别为相同节点的传统点对点通信方式和使用CAN数据总线的通信方式,从图可以直观比较线束的变化(图中节点之间的连线仅表示节点间存在的信息交换,并不代表线束的多少)。

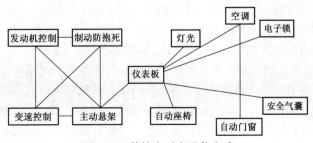

图12-1 传统点对点通信方式

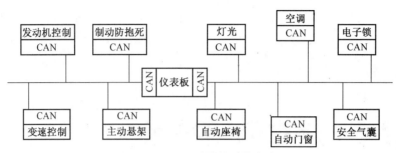

图 12-2 CAN 总线的通信方式

12.1.2 汽车数据总线的分类

现代汽车典型的控制单元有电控燃油喷射系统、电控传动系统、防抱死制动系统（ABS）、防滑控制系统（ASR）、废气再循环控制、巡航系统和空调系统。为了满足各子系统的实时性要求，有必要对汽车公共数据实行共享，如发动机转速、车轮转速、油门踏板位量等。但每个控制单元对实时性的要求是因数据的更新速率和控制周期不同而不同的。这就要求其数据交换网是基于优先权竞争的模式，且本身具有较高的通信速率，CAN 总线正是为满足这些要求而设计的。美国汽车工程师协会（SAE）车辆网络委员会根据标推 SAEJ2057 将汽车数据传输网划分为 A，B，C 三类，为了直观地说明其网络划分，这里用图 12-3 表示。

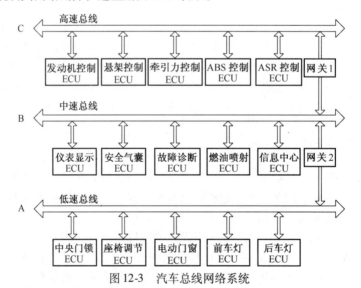

图 12-3 汽车总线网络系统

A 类：允许节点间的同一总线进行多路信号的发送或接收，适用于 1kb/s ~ 10kb/s 的低数据率汽车车体布线，主要应用于电动门窗、座椅调节、灯光照明等车身控制。为了定义并实施一种用于 A 类车用通信网的开放总线协议标准，由奥迪，摩托罗拉，BMW，VCT 等公司成立了协会，在潜心研究 A 类网已有协议的基础上提出了 LIN 协议标准。

B 类：这是数据在节点间传输的多总线系统，可取消多余的系统组件。当需要将许多功能集成在一个模块时，最适于利用 B 类连接方式。B 类网面向车辆电子信息中心、安全气囊、故障诊断、仪表显示等系统。B 类采用的标准是低速 CAN 总线，即 ISO11591，传输速率在 100kb/s 左右。

C 类：与 B 类的定义相同，但面向高数据率信号传输，典型用途是发动机控制、ABS 控制等实时控制系统。在 C 类标准中，欧洲的汽车制造商基本上采用的都是高速通信的 CAN 总线标推

ISO11898，其传输速度通常在 0.125Mb/s~1Mb/s。

随着多媒体技术在汽车上的应用，如 CD 机、环绕音响、高质视频等，它们就需要高速网络运行协议。CAN 由于速度限制（不能超过 1Mb/s），所以不能满足多媒体技术的要求。现在又开发出一种高速网络，以光纤为总线，称为 MOST（Media oriented Systems Transport）技术，它的传输速度可以达到 25Mb/s，能够很好地满足汽车多媒体的要求。

12.2 控制器局域网总线

为解决现代汽车中众多的控制与测试仪器之间的数据交换，20 世纪 80 年代初德国博世公司建立了 GAN（Controller Area Network）总线。1991 年 9 月，飞利浦公司制订并发布了 CAN 技术规范 V2.0，包括 A 和 B 两部分。2.0A 给出了 CAN 报文标准格式；2.0B 给出了标准和扩展两种格式。1993 年 11 月 ISO 正式颁布了道路交通运输工具——数据信息交换——高速通信控制器局域网（CAN）国际标准 ISO11898。CAN2.0B 协议数据传输速率可达 1Mb/s，相当于 SAE 的 C 级高级数据通信协议，汽车中采用的 SAE1939 通信标准的核心就是 CAN2.0B。

12.2.1 数据总线系统的组成及工作原理

1. CAN 数据总线系统组成

CAN 总线系统中每个电控单元的内部增加了一个 CAN 总线驱动器（含控制器和收发器），每个电控单元外部连接了两条 CAN 数据总线。在系统中作为终端的两个电控单元，其内部还装有一个数据传递终端（有时数据传递终端安装在电控单元外部），如图 12-4 所示。

2. CAN 各部件的功能

（1）CAN 控制器。接收控制单元中微处理器发出的数据，处理数据并传给 CAN 收发器。同时 CAN 控制器也接收收发器收到的数据，处理数据并传给微处理器。

（2）CAN 收发器。是一个发送器和接收器的组合，它将 CAN 控制器提供的数据转化成电信号并通过数据总线发送出去，同时，它也接收总线数据，并将数据传给 CAN 控制器。

（3）CAN 数据传递终端。实际是一个电阻器，作用是避免数据传输终了反射回来，产生反射波使数据遭到破坏。

（4）CAN 数据总线。用以传输数据的双向数据线，分为 CAN 高位（CAN_H）和低位（CAN_L）数据线。数据没有指定接收器，数据通过数据总线发送给各控制单元，各控制单元接收后进行计算。为了防止外界电磁波干扰和向外辐射，CAN 总线可采用双绞线形式，如图 12-5 所示，两条线上的电位是相反的，如果一条线的电压是 5V，另一条线就是 0V，两条线的电压和总等于

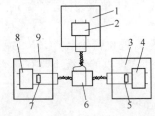

图 12-4　CAN 数据总线的组成
1，3，9—控制单元；2，4，8—CAN 总线驱动器；
5，7—终端电阻；6—CAN 数据总线。

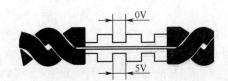

图 12-5　电位相反的两条相互缠绕的 CAN 总线示意图

常值。通过这种措施，CAN 总线得到保护而免受外界电磁场干扰，同时 CAN 总线向外辐射也保持中性，即无辐射。

3. 数据传递过程

现代汽车一般装配多个 ECU。ECU 之间的数据传输主要差别在于数据传输频率，如发动机高转速运行时，进行的是高频数据传输，每隔几毫秒就传输一次，而在低转速运行时，进行的是低频数据传输，每隔几十毫秒乃至几百毫秒才传输一次。

CAN 总线上的每个节点（ECU）都有自己的地址，连续监视着总线上发出的各种数据，当所收到的数据地址值与自身地址吻合时，该节点就获得令牌（一种通信规约，此方法允许唯一获得令牌的一个节点有权发送数据，以防止两个或两个以上的节点同时传输数据引起混乱），每一个节点都有机会得到令牌，完成数据传输。

例如：发动机电控单元向某电控单元的 CAN 收发器发送数据，该电控单元的 CAN 收发器接收到由发动机电控单元传来的数据，转换信号并发给本电控单元的控制器。CAN 数据传输系统的其他电控单元收发器均接收到此数据，但是要检查判断此数据是否为所需要的数据，如果不是将忽略掉。

12.2.2 CAN 总线的特点

CAN 总线通信接口集成了 CAN 协议的物理层和数据链路层功能，可完成对通信数据的成帧处理。CAN 总线的一个最大特点是废除了传统的站地址编码，而代之以对通信数据块进行编码。数据帧的标志码可由 11 位或 29 位组成，CAN2.0B 规定在标志符的前 7 位不能同时为逻辑零，这种按数据帧编码的方式，还可使不同的节点同时接收到相同的数据。数据段长度最多为 8 字节，可满足通常工业领域中控制命令、工作状态及测试数据的一般要求。同时，8 字节不会占用过长的总线时间，从而保证了通信的实时性。CAN 协议采用 CRC，并可提供相应的错误处理功能，保证数据通信的可靠性。CAN 具有以下特性：

（1）CAN 为多主方式工作，不分主从，通信方式灵活，通过报文标志符通信，无需站地址等节点信息。

（2）CAN 上的节点信息分成不同的优先级，可满足不同的实时要求。

（3）CAN 采用非破坏性总线仲裁技术，当多个节点同时向总线发送信息时，优先级较低的节点会主动地退出发送，而最高优先级的节点可不受影响地继续传输数据，从而大大节省了总线冲突仲裁时间。尤其是在网络负荷很重的情况下，也不会出现网络瘫痪情况。

（4）CAN 只需通过报文滤波即可实现点对点、一点对多点及全局广播等几种方式的数据传送与接收，无需专门的"调度"。

（5）CAN 的直接通信距离最远可达 10km。

（6）CAN 总线上的节点数取决于总线驱动电路。在标准帧（11 位报文标志符）时可达到 110 个，而在扩展帧（29 位报文标志符）时，个数不受限。

（7）采用短帧结构，传输时间短，受干扰概率低，具有极好的检错效果。CAN 的每帧信息都有 CRC 及其他检错措施，降低了数据出错概率。CAN 节点在错误严重的情况下具有自动关闭输出功能，以使总线上其他节点的操作不受影响。

（8）CAN 的通信介质可为双绞线、同轴电缆或光纤，选择灵活。

12.2.3 CAN 总线的通信协议

CAN 通信协议主要描述设备之间的信息传递方式。CAN 总线是个开放的系统，其标准遵循

ISO 的 OSI 七层模式，而 CAN 的基本协议只有物理层协议和数据链路层协议。实际上，CAN 总线的核心技术是其 MAC 应用协议，主要解决数据冲突的 CSMA/AC 协议。CAN 总线一般用于小型的现场控制网络中，如果协议的结构过于复杂，网络的信息传输速率势必会变慢。因此，CAN 总线只用了七层模型中的三层：物理层、数据链路层和应用层，被省略的四层协议一般由软件实现其功能，如图 12-6 所示。

Layer7 应用层	
Layer6 表示层	void
Layer5 会话层	void
Layer4 传输层	void
Layer3 网络层	void
Layer2 数据链路层	
Layer1 物理层	

Layer1: 传输线的物理接口
- 差分双绞线
- IC 集成发送和接收器
- 可采用光纤传输
- 可选的编码格式：PWM、NRZ、曼彻斯特编码

Layrt2: 数据链路层
- 定义消息格式和传输协议
- CSMA/CA 避免总线冲突

Layer: 应用层
- 工业标准和汽车应用有细微差别
- 为通信、网路管理和实时操作系统提供接口

图 12-6 OSI 与 CAN 层的定义

在 CAN 协议的结构中，由下向上为物理层、数据链路层和应用层。

（1）物理层定义实际信号的传输方法。本技术规范严格遵守 ISO11898 标准，以便允许根据它们的应用，对发送媒体和信号电平进行优化。

（2）CAN 的数据链路层是其核心内容，其中逻辑链路控制（Logical Link control，LLC）完成过滤、过载通知和管理恢复等功能，媒体访问控制（Medium Aeeess Control，MAC）子层完成数据打包/解包、帧编码、媒体访问管理、错误检测、错误信令、应答、串并转换等功能。这些功能都是围绕信息帧传送过程展开的。

（3）应用层协议可以由 CAN 用户定义成适合特别工业领域的任何方案。

12.2.4 CAN 总线的报文类型

在 CAN2.0B 的版本协议中有两种不同的帧格式，不同之处为标志符域的长度不同，含有 11 位标志符的帧称为标准帧；而含有 29 位标志符的帧称为扩展帧，是 CAN2.0B 协议新增加的特性。为使控制器设计相对简单，并不要求执行完全的扩展格式，对于新型控制器而言，必须不加任何限制地支持标准格式。但无论是哪种帧格式，在报文传输时都有以下四种不同类型的帧：

（1）数据帧（Data）。将数据从发送器传输到接收器。
（2）远程帧（Remote）。总线单元发出远程帧，请求发送具有同一标志符的数据帧。
（3）错误帧（Error）。任何单元检测到总线错误就发出错误帧。
（4）过载帧（Overload）。用在相邻数据帧或远程帧之间提供附加的延时。

数据帧或远程帧与前一个帧之间都会有一个隔离域，即帧间间隔。数据帧和远程帧可以使用标准帧及扩展帧两种格式。

12.3 CAN 总线在汽车上的应用

在汽车电控系统中，CAN 数据总线作为一种数据传输和分配系统，通过数据总线将数据传给

各个系统的控制单元,各控制单元通过 CAN 数据总线进行通信、交换数据和分析各控制单元内存储的故障。

12.3.1 基于 CAN 总线的汽车舒适性系统

1. 整体网络设计

汽车舒适系统属于 B 类 CAN 网络,B 类网络是面向独立模块间数据共享的中速网络,位速率在 10kb/s~125kb/s,主要用于车身电子舒适性模块、仪表显示等系统,各汽车厂商都规定了自己的实际速率,如大众宝来的舒适系统的位速率为 62.5kb/s。图 12-7 为一种汽车舒适系统的网络拓扑图,直观地表达了网络上各个节点之间的网络联系。

网络上共设计了 9 个节点,分别是驾驶员车门、副驾驶员车门、左后车门、右后车门控制单元,中央锁控制器,电动座椅,空调控制器,天窗控制器,仪表。节点间通过 CAN 总线以报文的方式传输数据。

四个车门控制单元可各控制自身车门锁、车窗升降器。驾驶员车门控制单元可通过总线控制其他三个车门锁、车窗升降器和调节左右后视镜。

中央锁控制单元负责舒适功能,接收车门、天窗等控制器发送来的信息,并发出相应的反馈信号送到仪表显示或控制报警。

电动座椅、空调控制器、天窗控制器既可以通过各自开关控制,也可通过接收总线上其他节点的相关指令控制座椅电动机、空调调节、天窗开合等。

仪表板节点接收总线传来的反馈信息并控制相应的仪表以实现信息可视化。实际上,在汽车网络中它还要担负起网关的功能,以协调各个不同 CAN 网络间的工作。

CAN 总线采用广播方式传输数据,同一时刻总线上传输数据只有一个,各个节点根据报文优先级竞争总线资源,若一个节点占领总线发送数据,则其他节点马上转为接收状态,并判断是否接收该数据,数据传输成功后释放总线。

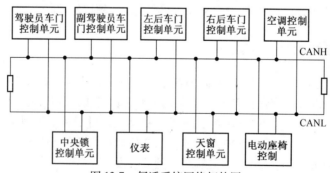

图 12-7 舒适系统网络拓扑图

2. 网络节点的硬件设计

硬件电路主要由 CAN 控制器和 CAN 收发器构成,对于车用电控单元来说,为了简化设计,提高可靠性,一般都采用集成的 CAN 总线控制器或自带 CAN 总线控制器的微处理器。采用自带 CAN 总线控制器的微处理器,不占用处理器的端口资源,可以大大简化接口电路的设计。考虑到以上因素,单片机芯片采用自带 CAN 控制器的,摩托罗拉公司的 9S12XDP512 芯片,此芯片为汽车级别,共有五个 CAN 控制器。CAN 收发器选用 PCA82C250 实现对总线的驱动电路。CAN 控制器和收发器的选取、抗干扰措施及输入输出电路的设计是关键。节点硬件原理如图 12-8 所示。

9S12XDP512 芯片完全符合 CAN2.0A/B 标准，属于车用芯片，具有很高的可靠性和稳定性，图中 PCA82C250 是 CAN 协议控制器和物理总线的接口。此器件对总线提供差动发送能力，对 CAN 控制器提供差动接收能力。晶振采用 8MHz，通信速率最高可达 1Mb/s，在 CANH 和 CANL 间并联两个 120Ω 电阻器完成对总线的驱动，根据示波器测试 CAN 信号，斜率电阻 R_s 应设 1kΩ，以保证每位数据变化时下降沿斜率不超出 50V/s，避免数据失真。

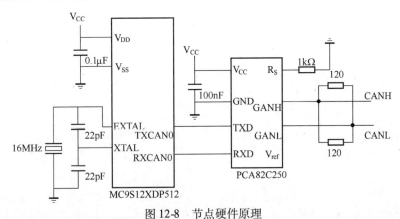

图 12-8 节点硬件原理

3. 网络节点的软件设计

软件设计主要完成各节点对数据的收发功能，对系统各节点的功能进行控制。设计的总体思想是：各节点监听总线状态，若总线空闲，根据报文 ID 优先级竞争总线资源发送数据，发送完毕后继续监听总线状态；若总线繁忙，即总线上有数据传输，接收所需报文的数据，处理后继续监听总线。

软件流程如图 12-9 所示。初始化程序包括 CAN 模块使能、CAN 复位、CAN 总线的同步设置、CAN 波特率选取和接收报文 ID 设置。舒适系统属于 B 类 CAN 网络，如对实时性要求不高的车灯控制和电动车窗控制电路采用低速 CAN 网络，所以波特率一般设置为 125kb/s。总线上存在很多报文，节点在接收时就需要判断哪些是该节点所需要的报文，设置 ID 接收寄存器（CANIDAR0 ~ 7）和 ID 接收屏蔽寄存器（CANIDMR0 ~ 7）配合使用可解决这一问题。硬件会自动判断是否接收，若满足下式，则予以接收。

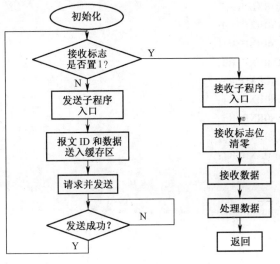

图 12-9 软件流程

CANIDAR ‖ CANIDMR = CANRXIDR ‖ CANIDMR

其中，CANRXIDR 是 ID 接收缓存区寄存器，存放从总线上接收来的报文 ID。程序采用查询方式接收和发送数据。

程序代码如下：

```
/ * * * * * * * * CAN initialization * * * * * * * * * * /
Void Mscaninit ( )
{
  CAN0CTL1_ CANE = 1;
  CAN0CTL0_ INITRQ = 1;
  While ( CAN0CTL1_ INITAK! = 1 );
  CAN0CTL1_ CLKSRC = 0;
  CAN0CTL1_ LOOPB = 0;
  CAN0CTL1_ LISTEN = 0;
  CAN0BTR0 = 0X07;
  CAN0BTR1 = 0X14;
  CAN1IDAC = 0x00;
  CAN0IDAR0 = ex pect_ ID [0];
  CAN0IDAR1 = ex pect_ ID [1];
  CAN0IDMR0 = 0x 40;
  CAN0IDMR1 = 0x 00;
  CAN0CTL0_ INITRQ = 0;
  While ( CAN0CTL1_ INITAK! = 0 );
  CAN0RIER_ RXFIE = 1;
  CAN0T IER = 0;
  CAN0RFLG_ RXF = 1;
}
/ * * * * * * * * receive data * * * * * * * * * * /
Vo id can_ r ( )
{
  receive_ ID [0] = CAN0RXIDR0;
  receive_ ID [1] = CAN0RXIDR1;
  receive_ data [0] = CAN0RXDSR0;
  receive_ data [1] = CAN0RXDSR1;
  receive_ data [2] = CAN0RXDSR2;
  receive_ data [3] = CAN0RXDSR3;
  receive_ data [4] = CAN0RXDSR4;
  receive_ data [5] = CAN0RXDSR5;
  receive_ data [6] = CAN0RXDSR6;
  receive_ data [7] = CAN0RXDSR7;
  CAN0RFLG_ RXF = 1;
}
/ * * * * * * * * transmit data * * * * * * * * * * /
Vo id can_ t ( )
{
  CAN0T BSEL = 1;
```

```
    CAN0T XIDR0 = transmit_ ID [ 0 ] ;
    CAN0T XIDR1 = transmit_ ID [ 1 ] ;
    CAN0T XDSR0 = transmit_ data [ 0 ] ;
    CAN0T XDSR1 = transmit_ data [ 1 ] ;
    CAN0T XDSR2 = transmit_ data [ 2 ] ;
    CAN0T XDSR3 = transmit_ data [ 3 ] ;
    CAN0T XDSR4 = transmit_ data [ 4 ] ;
    CAN0T XDSR5 = transmit_ data [ 5 ] ;
    CAN0T XDSR6 = transmit_ data [ 6 ] ;
    CAN0T XDSR7 = transmit_ data [ 7 ] ;
    CAN0T XDLR = 0X08 ;
    CAN0T FLG = 1 ;
    While ( CAN0TFLG! = 1 ) ;
}
Vo id main ( )
{
    Mscaninit ( ) ;
    While ( 1 )
    {
        If ( CAN0RFLG_ RXF = = 1 )
        {
            can_ r ( ) ;
        }
        Else
        {
            can_ t ( ) ;
        }
    }
}
```

12.3.2 CAN 总线在宝来轿车上的应用

1. 宝来车 CAN 总线的组成与结构

宝来车采用两条 CAN 总线，即驱动系统 CAN 总线和车身系统 CAN 总线，这两条总线完全能够满足 ISO 的定义。驱动系统 CAN 总线，其通信速率为 500kb/s，被称为高速 CAN，其连接对象为汽车动力和传动机构的控制单元等，汽车发动机控制单元、自动变速器控制单元、ABS 控制单元、安全气囊控制单元等。车身系统 CAN 总线，其通信速率为 100kb/s，被称为低速 CAN 或舒适系统 CAN，其连接对象为中央控制器，四个门控制器等。此外，宝来车还有一个重要特征，就是在车身系统的 CAN 中引入了网络管理的概念。这对于事件触发性质的数据通信来说是非常合适的。

因两个系统的传输速率不同，不可能进行相互通信，为获得对方系统的信息，又不涉及硬件上的任何改动，宝来车使用了网关——J533 完成了此任务，如图 12-10 所示。J533 集成在车载网络控制单元 J519 中，可对不同数据总线的信息进行选择，达到信息多重使用的目的。同时，J533 有一个自诊断地址，用来查询故障、清除故障存储器和故障表，及时排除汽车运行时出现的故障。

2. 宝来车驱动系统 CAN 总线

宝来汽车上典型的与驱动系统有关的控制单元有电控燃油喷射系统、自动变速器系统、防抱死制动系统、安全气囊系统等。由于每个控制单元对实时性的要求是因数据的更新速率和控制周期不同而不同的，为了满足各子系统的实时性要求，与对公共数据实行共享，如发动机转速、车轮转速、油门踏板位置等。如宝来车的四缸汽油机运行在 4000r/min，则电控单元控制两次喷射的时间间隔为 6ms，其中喷射持续时间为 30°的曲轴转角（1ms），在剩余的 5ms 内须完成转速测量、油量测量、A/D 转换、工况计算、执行器的控制等一系列过程。这就意味着数据发送与接收必须在 1ms 内完成，才能达到汽油机电控的实时性要求。这就要求其数据交换网是基于优先权竞争的模式，且本身具有极高的通信速率，宝来车采用了 CAN 总线正是为满足这些要求而设计的。宝来汽车驱动系统 CAN 的主要连接对象如图 12-11 所示。

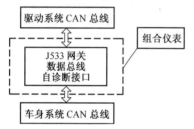

图 12-10　宝来汽车数据总线的诊断接口

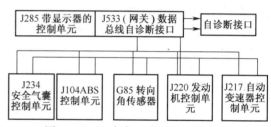

图 12-11　宝来车驱动系统 CAN 总线

显然，将以上控制器归并到一根总线上是非常合理的。因为它们所具备的基本特征是一致的，所控制的对象是与汽车的行驶直接有关的系统，它们之间存在着较多的信息交流，而且很多都是连续的和高速的。这样可提高发动机的动力性、经济性和排放性能。

3. 车身系统 CAN 总线

除驱动系统外，车身系统 CAN 也是一条主要的控制器局域网络。它的主要连接对象为中央控制器，四个门控制器，还包括记忆模块和其他组件，如图 12-12 所示。车身系统的控制对象主要是四个门上的集控锁、车窗、后备箱锁、后视镜及车内顶灯。在具备遥控功能的情况下，还包括对遥控信号的接收处理和其他防盗系统的控制。

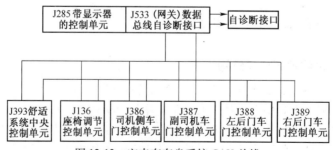

图 12-12　宝来车车身系统 CAN 总线

宝来车的司机座椅左下侧有几个按钮，当驾驶员坐在该坐椅上时，按动这些按钮就可以调节坐椅的纵向距离、前部高度、后部高度及靠背的倾斜度。在车门上还有后视镜电动调节按钮，驾驶员在车内就能把后视镜调到最佳角度。当把以上操作完成后，再按动座椅左下侧的记忆按钮，该车就记住了这位驾驶员的个人设定。当下次该驾驶员要驾车时，只要按一下记忆键，座椅就会自动调到最佳位置，使驾驶员有一个舒适、安全的驾驶环境。

当驾驶员离车时，把车钥匙插入门锁向左转 90°，保持片刻，司机侧中央门锁给司机一侧车门控制单元 J386 一个信号，司机侧车门控制单元 J386 此时就向 CAN 总线发出一个锁门信号，连在该总线上的副司机一侧车门控制单元 J387、左后车门控制单元 J388、右后车门控制单元 J389 收到该信号，马上执行锁门操作，同时将车门玻璃升起。连在该总线上的舒适系统中央控制单元将车内灯关闭，同时激活该车的防盗系统。

驾驶员要上车时，可在远处通过车钥匙遥控该车，当防盗系统通过无线电接收器收到开门信号时，控制单元向 CAN 总线发出一个解锁信号，连在该总线上的各车门控制单元收到该信号后，同时开锁，并且防盗系统自动停止工作。司机可直接开门入车，而不必把车钥匙插入门锁内，这种功能运用在夜间是非常方便、快捷的。

当汽车发生撞车事件后，撞车监测系统即发出信息给中央控制系统。中央控制系统能依据事件的类别，如前撞、后撞或侧撞来激活紧急制动系统、安全气囊系统、自动报警系统以及轿车门锁集控系统动作。由于安全气囊系统与车门锁集控系统之间存在着一定的关联性和时序性，因此在撞车事件发生时，可通过 CAN 网络的无损仲裁消解冲突，使车门锁集控系统滞后动作，在安全气囊系统解除后才能动作，从而避免车门被撞开造成人员被抛出车外的情况。而且在撞车后保证门锁处于打开状态，使车内乘员能顺利出来，提高了汽车的安全性。

宝来车中央控制器除承担遥控系统的信号接受和处理功能外，更重要的是扮演了系统诊断接口的角色，也就是说四个门控制器均不带诊断接口。所有诊断信息均按这样的路径传输：诊断测试仪—中央控制器—门控制器。宝来车身系统 CAN 在这层意义建立了传输通道，保证诊断信息的正常流通；另外，车身 CAN 能单线工作和在系统中实施网络管理。

参 考 文 献

[1] 曲金玉，崔振民. 汽车电器与电子控制技术. 北京：北京大学出版社，2006.
[2] 孙仁云，付百学. 汽车电器与电子控制技术. 北京：机械工业出版社，2006.
[3] 塞小平，麻友良. 汽车电器与电子控制技术. 北京：人民交通出版社，2006.
[4] 李春明，双亚平. 汽车电路识图. 北京：北京理工大学出版社，2006.
[5] 付百学. 汽车电子控制技术：上、下册. 北京：机械工业出版社，2010.
[6] 迟瑞娟. 汽车电子技术. 北京：国防工业出版社，2008.
[7] 舒华，姚国平. 汽车电子控制技术. 北京：人民交通出版社，2008.
[8] 凌永成，于京诺. 汽车电子控制技术. 北京：中国林业出版社，2006.
[9] 潘旭峰. 现代汽车电子技术. 北京：北京理工大学出版社，1998.
[10] 张幽彤，陈宝江，翟涌. 汽车电子技术原理及应用. 北京：北京理工大学出版社，2006.
[11] 李炎亮，高秀华，成凯. 汽车电子技术. 北京：化学工业出版社，2005.
[12] 陈家瑞. 汽车构造：下册. 北京：机械工业出版社，2005.
[13] 幺居标. 汽车底盘构造与维修. 北京：机械工业出版社，2002.
[14] 周林福. 汽车底盘构造与维修. 北京：人民交通出版社，2005.
[15] 王秀贞. 轿车自动变速器构造与维修. 北京：人民交通出版社，2007.
[16] 胡光辉 仇雅丽. 汽车自动变速器原理与检修. 北京：机械工业出版社，2008.
[17] 张吉国. 汽车修理工（技师 高级技师）. 北京：中国劳动社会保障出版社，2007.
[18] 麻友良. 汽车电路分析与故障检修. 北京：机械工业出版社，2006.
[19] 麻有良. 汽车空调技术. 北京：机械工业出版社，2009.
[20] 欧华春，李大成. 汽车空调实训教程. 重庆：重庆大学出版社，2008.
[21] 刘玉武. 汽车转向信号闪光器. 汽车电器，2007，(8).
[22] 陈无畏. 汽车车身电子与控制技术. 北京：机械工业出版社，2008.
[23] 柳为. 电动车窗. 汽车实用技术，2003，(9).
[24] 孙余凯，项绮明. 广州本田雅阁系列轿车电动后视镜. 电子世界，2009 (3).
[25] 李强. 辉腾W12型发动机管理系统结构、功能及维修（三）. 汽车维修与保养，2005 (7).
[26] 马明芳. 电控废气涡轮增压系统的结构与工作原理. 汽车运用，2008 (7).
[27] 贾仝仓. 解析轿车汽油机EGR控制方式. 内燃机，2008 (2).
[28] 黄林彬. 丰田U341自动变速器阀体维修图解. 汽车维修技师，2010 (7).
[29] 曹利民. 三菱帕杰罗速跑R4A51V4A51自动变速器动力传递路线分析. 汽车维修技师，2006 (12).
[30] 陈林山. 上海通用凯迪拉克CTS轿车自动空调电控系统分析. 汽车维护与修理，2006 (11).
[31] 吴鸣山，孙余凯. 汽车电控门锁系统类型与组成简介. 电子世界，2009 (11).
[32] 孙余凯，项缔明. 汽车电控门锁的基本控制原理. 电子世界，2009 (12).
[33] 王磊. CAN总线技术在汽车网络中的研究与实现. 长春工业大学学报（自然科学版），2007，28 (4).
[34] 唐岚. 宝来车的CAN总线特点分析. 西华大学学报（自然科学版），2005，24 (5).